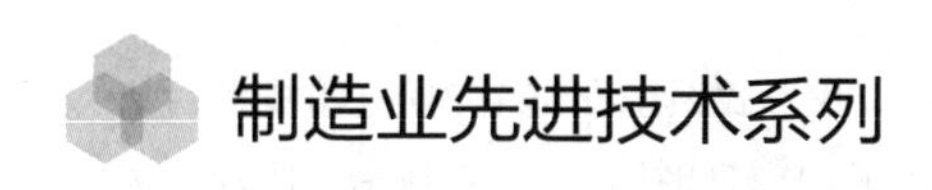

3D打印

技术原理、应用与实训

主　编　刘永辉　刘贵杰
副主编　张　银　梅敬成　梁丙臣
参　编　舒　睿　孙　竹　李　辰　赵　波
　　　　王小新　刘　华　马可欣　吕忠利

机 械 工 业 出 版 社

本书分 7 章，通过模块化形式系统介绍了 3D 打印技术的基础知识和原理，详细阐述了 3D 打印技术在工业制造、医疗、文化创意等领域的实际应用案例，讲解了 3D 打印实训内容。全书内容丰富，理论联系实际，体现了 3D 打印知识的完整性，书中各部分内容自成一体，相互独立，方便读者阅读。

本书既可作为高等院校、中职院校 3D 打印、快速成型技术及应用等相关课程的教材，也可作为 3D 打印技术的培训用书，还可作为工程技术人员的参考资料。

图书在版编目（CIP）数据

3D打印技术原理、应用与实训/刘永辉，刘贵杰主编. —北京：机械工业出版社，2024. 6

（制造业先进技术系列）

ISBN 978-7-111-75560-9

Ⅰ. ①3… Ⅱ. ①刘… ②刘… Ⅲ. ①快速成型技术 Ⅳ. ①TB4

中国国家版本馆 CIP 数据核字（2024）第 071893 号

机械工业出版社（北京市百万庄大街22号 邮政编码100037）

策划编辑：孔 劲　　责任编辑：孔 劲 李含杨

责任校对：张慧敏 张 征　　封面设计：马精明

责任印制：刘 媛

涿州市京南印刷厂印刷

2024年7月第1版第1次印刷

169mm×239mm · 18.75印张 · 355千字

标准书号：ISBN 978-7-111-75560-9

定价：78.00 元

电话服务　　网络服务

客服电话：010-88361066　　机 工 官 网：www.cmpbook.com

010-88379833　　机 工 官 博：weibo.com/cmp1952

010-68326294　　金 书 网：www.golden-book.com

机工教育服务网：www.cmpedu.com

序

近年来，3D 打印（又称增材制造）技术在我国得到了快速发展，特别是在大型金属构件的增材制造、消费级 3D 打印机和生物 3D 打印等方面达到了国际先进水平，在航空航天、汽车、家电、生物医疗等领域得到越来越广泛的应用，已有增材制造产品实现了批量生产，部分国产增材制造设备大规模出口海外。

3D 打印是基于离散 - 堆积原理的数字化制造技术，具有数字制造、降维制造、堆积制造、直接制造和快速制造等技术特征。在复杂构件整体化、结构与功能一体化、多材料梯度非均质化等创新结构的成型制造方面，以及个性化、网络化、制备与成型一体化、短流程、现场制造、原位制造等新型制造方式方面，3D 打印较传统成型制造技术都有着较大优势。因此，3D 打印被誉为能够引领产业变革的颠覆性技术之一，与切削加工（车 / 铣 / 钻等减材制造）、受迫成型（锻造 / 铸造等等材制造）一起，被认为是现代工业的三大成型制造技术。相信在我国建设创新型国家的征途上，3D 打印必将发挥十分重要的作用。

然而，在多年从事 3D 打印技术的研究和实践中，深感我国在 3D 打印的教育、教学和培训方面还有很大的缺憾，高质量的教材、课程少，在工程类专科和本科教育中的比重低，动手实操和应用实践不足。因此，高水平的教材和课程设计是改变这一现状的关键。

为促进我国 3D 打印技术的教育教学，促进 3D 打印技术在我国的普及和推广，中国海洋大学刘永辉教授及其团队，基于他们多年从事 3D 打印的创新应用和教育培训的实践经验，精心组织撰写了本书。本书详细介绍了 3D 打印技术的基本原理和最新成果，以基本概念、典型工艺（包括相应的材料和装备）、创新设计、数据处理、行业应用、实训案例等所形成的技术链为主线，对 3D 打印技术进行了较为全面、系统的阐述。不仅向读者详细介绍了立体光固化、材料喷射、黏结剂喷射、粉末床熔融、材料挤出、定向能量沉积、薄材叠层、复合增材制造等典型的3D打印工艺，以及面向3D打印的创新设计（DFAM）方法和多种3D打印数据格式，还融入了国内外在3D打印技术方面取得的最新研发成果和全球3D打印产业的最新发展状况，内容丰富、实用。

相信本书对读者了解3D打印技术、掌握3D打印相关的专业知识和应用技能、把握当前3D打印的国内外发展概况，都能起到有益作用。衷心地希望在社会各界有识之士的大力支持下、在广大专业人士和青年科技工作者的努力奋斗下，方兴未艾的3D打印技术能够不断地突破瓶颈，取得日新月异的发展。

清华大学长聘教授

中国机械工程学会增材制造技术分会副主任

2024年5月于北京

前　言

3D 打印技术，又称增材制造技术，是采用材料逐层累加的方法，直接将数字化模型制造为实体零件的一种新型制造技术。作为前沿性、先导性的技术之一，3D 打印技术使传统制造方式和生产工艺发生了变革，实现低成本、高效率的自由生产，被誉为“第三次工业革命的重要标志”。目前，随着新科技革命的兴起，国际社会高度重视 3D 打印技术的发展，世界各国纷纷出台相关政策措施，甚至将 3D 打印作为国家战略加以支持。

三十多年来，3D 打印技术快速发展。随着技术的不断成熟，已从快速原型制造（3D 打印 1.0 时代）向终端产品直接制造（3D 打印 2.0 时代）发展；随着成本的下降，3D 打印技术从航空航天等高端领域向家电、汽车、文化创意、医疗等多个领域拓展。3D 打印技术日益成为国家创新驱动发展、新旧动能转换以及绿色可持续发展战略的重要技术支撑。

为了更好地研究和推广 3D 打印技术，助力 3D 打印方面的科技人才培养，作者综合国内外最新相关成果撰写了本书，其中兼顾了不同知识背景读者的要求，既保证内容新颖、反映最新研究成果，又有理论知识探讨和应用实例。为方便读者学习，书中为部分图片实例提供了彩图，读者可通过扫描相应图片旁边的二维码进行查看。

本书的编写具有以下特点：

1）本书较为系统地介绍了 3D 打印技术的基础知识和原理，同时详细阐述了 3D 打印技术在工业制造、医疗、文化创意等重点领域的实际应用案例，最后还设置了 3D 打印实训内容，达到理论联系实际、举一反三、启迪创新的目的。

2）本书紧跟 3D 打印技术发展趋势，总结整理了近年来国内外在 3D 打印新技术、新应用等方面进行探索的最新成果。例如，本书按照 GB/T 35021—2018《增材制造 工艺分类及原材料》对 3D 打印技术的基本成型工艺类型进行了介绍；根据全球权威报告 *Wohlers Report* 对 3D 打印技术的最新产业发展现状进行了阐述；并介绍了基于云 CAD 的三维建模、面向 3D 打印技术的自由设计等最新技术成果。

3）本书采用模块化形式，既保持了知识的完整性，又使各部分内容自成一体、相互独立，可灵活地各取所需、为己所用，适用于不同学制、不同教学形式乃至生产一线工程技术人员的需求。

本书共分为 7 章。第 1 章为 3D 打印技术概论，简述了 3D 打印技术的基本原理、技术特点、工艺分类、发展历程、发展趋势及挑战；第 2 章介绍了 3D 打印技术的成型工艺类型，主要包括材料挤出、立体光固化、材料喷射、黏结剂喷射、粉末床熔融、定向能量沉积、薄材叠层、复合增材制造等基本工艺类型，以及近年来涌现的新的 3D 打印工艺类型，例如多射流熔融 3D 打印技术、连续液体界面制造技术、4D 打印技术及微纳尺度 3D 打印技术；第 3 章介绍了 3D 打印建模与创新设计，主要包括正向建模、逆向建模、正逆向混合建模及面向 3D 打印的自由设计技术；第 4 章介绍了 3D 打印技术中的数据处理；第 5 章、第 6 章分别介绍了 3D 打印技术在工业制造领域、医疗领域及文化创意领域的应用及实例，阐述了 3D 打印技术带来的变革性影响；第 7 章为 3D 打印实训内容，供实践教学参考。

本书由刘永辉、刘贵杰牵头编写。具体分工如下：第 1 章由刘贵杰、刘永辉编写；第 2 章由王小新、张银编写；第 3 章由刘永辉、李辰编写；第 4 章由梅敬成、张银和吕忠利编写；第 5 章由舒睿、赵波和马可欣编写；第 6 章由刘永辉、孙竹和刘华编写；第 7 章由梁丙臣、刘永辉和舒睿编写。全书由刘永辉统稿。

另外，在本书的撰写过程中，中国海洋大学研究生裴振、刘禹岐、韩傲、张丁文等参与了资料整理工作，还得到了华中科技大学蔡道生博士及西北工业大学林鑫教授的指导和帮助，在此一并表示感谢。本书引用了一些专家制作的图片资料作为案例用来阐述 3D 打印技术，在此也表示衷心感谢。

本书为教师教学提供了 PPT 课件，可联系作者（邮箱：56886213@qq. com）获取。

3D 打印技术涉及众多学科，限于作者水平，对有些问题的理解还不够深入，书中不足之处在所难免，恳请读者批评指正。

刘永辉
于青岛

目 录

第 1 章 3D 打印技术概论

3D 打印又称增材制造，是依据计算机的三维设计数据，采用液体、粉末等离散材料通过逐层累加制造实体零件的一种全新概念的制造技术。与传统的减材制造（如车、铣）相比，3D 打印是一种自下而上、材料累加的快速成型制造工艺，被称为“具有工业革命意义的制造技术”。3D 打印技术自 20 世纪 80 年代诞生以来，逐渐发展，期间也被称为材料累加制造（Material Increase Manufacturing）、快速原型（Rapid Prototyping）、分层制造（Layered Manufacturing）、实体自由制造（Solid Free-from Fabrication）、3D 喷印（3D Printing）等，增材制造（Additive Manufacturing，AM）是目前为止认可度较高的一种名称，被认为是第三次工业革命的重要标志。

1.1 3D 打印技术开创全新的制造方法

机器或设备中的零件要完成一定的功能，首先必须具备一定的形状。这些形状可以基于不同的材料成型原理来实现，按照零件由原材料或毛坯制造成为零件过程中质量 m 的变化，可分为等材制造技术（$\Delta m=0$）、减材制造技术（$\Delta m<0$）和增材制造（3D 打印）技术（$\Delta m>0$），不同原理采用不同的成型工艺方法。

与传统的减材制造、等材制造的加工方式相比，增材制造（3D 打印）采用逐层累积的加工方式，开辟了不用刀具、模具而制作原型和各类零部件的新途径，带来了制造方式的变革。从理论上讲，基于添加成型方式的增材制造（3D 打印）技术可以制造任意复杂形状的零部件，实现“自由制造”。

1. 等材制造技术（$\Delta m=0$）

等材制造技术基于材料基本不变原理，在成型前后，材料主要发生形状变化，而质量基本不变。该技术已有3000多年的历史，主要涉及用模具成型的方法，如铸造、锻造、注射成型、冲压等，如图1-1所示。

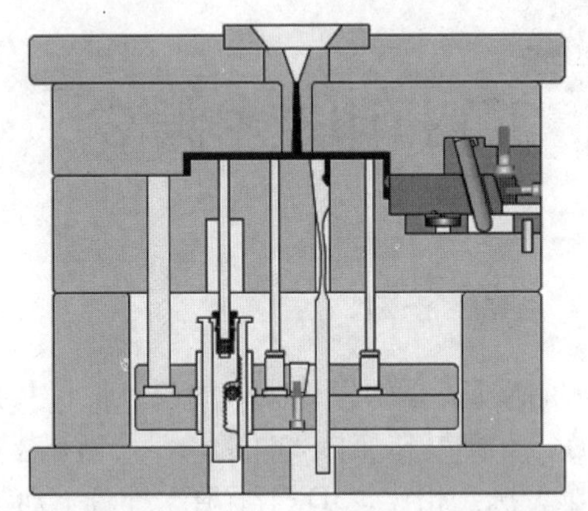

图1-1 等材制造技术的原理示意图——以注射成型为例

2. 减材制造技术（$\Delta m<0$）

减材制造技术基于材料去除原理，在制造过程中利用刀具或电化学方法，通过逐渐去除材料而获得需要的几何形状。该技术已有300多年的历史，涵盖车削、铣削、磨削、电火花加工等，传统的切削加工方法如图1-2所示。

图1-2 减材制造技术的原理示意图——以切削加工为例

3. 增材制造（3D打印）技术（$\Delta m>0$）

增材制造（3D打印）技术基于材料累加成型原理，指在成型过程中利用液体、粉末、丝等离散材料，通过光固化、选择性激光烧结、熔融堆积等技术，使材料逐层累加获得所需形状，如图1-3所示。该技术最早出现在20世纪80年代末，距今只有40多年的历史。

图 1-3　增材制造（3D 打印）技术的原理示意图——以激光熔覆和选择性激光熔融为例

1.2　3D 打印技术的原理及优势

1.2.1　3D 打印技术的基本原理

3D 打印技术最早被称为快速成型技术或快速原型制造技术，是在现代 CAD/CAM 技术、机械工程、分层制造技术、激光技术、计算机数控技术、精密伺服驱动技术及新材料技术的基础上集成发展起来的一种先进制造技术，可以自动、直接、快速、精确地将设计思想转变为具有一定功能的原型或直接制造零件，从而为零件原型制作、新设计思想的校验等提供一种高效、低成本的实现手段。

不同种类的快速成型系统因所用成型材料不同，成型原理和系统特点也各有不同。但是，其基本原理都是一样的，那就是“分层制造，逐层叠加”，类似于数学上的积分过程。形象地讲，快速成型系统就像是一台“立体打印机”。3D 打印工作原理是首先将物体的三维模型数据进行逐层切片，得到各层的二维轮廓信息，并自动生成加工路径；然后逐层打印对象，层与层之间用不同方式进行粘合，叠加后形成完整物体。

从广义上说，3D 打印的完整流程主要包括以下 5 个步骤：

1）3D 模型生成。利用三维计算机辅助设计（CAD）或建模软件进行建模，或通过激光扫描仪、结构光扫描仪等三维扫描设备来获取生成 3D 模型数据，不同模型生成方法所得到的 3D 模型数据格式也会不同，有的格式可能是扫描所获得的点云数据，有的格式可能是建模生成的 NURBS 曲面信息，等等。

2）数据格式转换。STL 格式是目前 3D 打印行业应用最广泛的数据格式类型，需要将上述所得到的3D模型转化为STL格式文件。STL文件不同于其他一些基于特征的实体模型，它是一种将CAD实体数据模型进行三角化处理后的数据文件，是用许多空间三角形小平面逼近原始CAD实体模型。

3）切片计算。通过CAD技术对三角网格格式的3D模型进行数字“切片”，将其切为一片片的薄层，每层对应着将来3D打印的物理薄层。

4）打印路径规划。通过切片得到的每个虚拟薄层都对应着最终打印物体的一个横截面，在之后的3D打印过程中，打印机需要进行类似光栅扫描来填满内部轮廓，所以具体的打印路径需要预先规划出来，并对其进行合理的优化。

5）逐层打印制造。根据上述切片及打印路径信息，3D打印机打印出每一个薄层并逐层叠加，直到最终打印完成整个实体模型。

图1-4所示为3D打印技术的原理示意图——以选择性激光烧结技术为例。

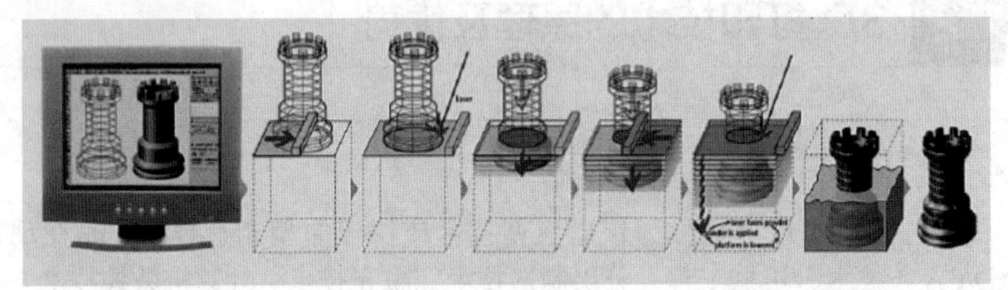

对3D数字模型进行切片和工艺路径规划　铺粉、激光扫描后烧结固化　降低工作台面，重新铺粉　激光扫描后烧结固化　重复上述过程，直至加工完成最终零件

图1-4　3D打印技术的原理示意图——以选择性激光烧结技术为例

1.2.2　3D打印技术的优势

与传统制造技术相比，3D打印具有以下技术特点：

1）突破传统制造对创新设计的限制，能够实现“自由制造”。采用传统制造技术，往往产品形状越复杂，需要的加工工序越多，制造成本也越高。而3D打印技术采用材料逐渐累加的方法来制造实体产品，这一技术不需要传统的刀具、夹具及多道加工工序，在一台设备上即可快速而精密地制造出任意复杂形状的产品，实现“自由制造”。

3D打印技术能够制造出传统方法难加工（如自由曲面叶片、复杂内流道等）甚至是无法加工（如内部镂空结构，见图1-5）的非规则结构；可实现零件结构的复杂化、整体化和轻量化制造，尤其在航空航天、生物医疗及模具制造等领域具有广阔的应用前景。

2）数字化驱动成型方式，生产方便快捷。无论哪种3D打印制造工艺，都是通过CAD数字模型直接驱动3D打印设备系统进行原型制造。从CAD数字模型或实体反求获得的三维数据到制成原型，一般仅需要数小时或十几小时，速度比传统成型加工方法快得多。该项技术在新产品开发中能有效缩短产品设计与开发周期，降低新产品的开发成本和企业研制新产品的风险。

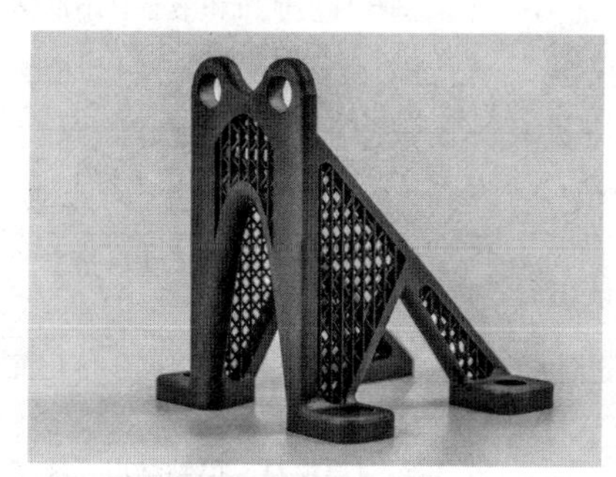

图 1-5　3D 打印能够实现“自由制造”

3）适合制造个性化、定制化产品。冲压、注射成型等传统制造方式的优势是同质化产品的批量制造，缺点是难以满足人们的个性化、定制化产品需求。3D 打印技术的出现大大降低了定制化制造门槛，具有任意复杂结构的产品都能够用 3D 打印技术直接制造出来，从而使产品的个性化、定制化设计与生产成为可能。

4）3D 打印技术大大降低了对制造人员的技能要求。对于传统制造技术，制造人员需要掌握一定的制造技能后才能够上岗操作，而 3D 打印技术并不需要过多的人工干预，设备操作简便，大大降低了对制造人员的技能要求。

1.3　3D 打印技术的工艺分类

经过多年的发展，产生了许多不同工艺形式的 3D 打印技术。根据 2018 年发布的 GB/T 35021—2018《增材制造 工艺分类及原材料》，3D 打印技术从工艺原理上可以分为立体光固化、材料喷射、黏结剂喷射、粉末床熔融、材料挤出、定向能量沉积、薄材叠层、复合增材制造等不同工艺类型，见表 1-1。

表 1-1　GB/T 35021—2018 界定的 3D 打印基本工艺类型

序号	工艺类型	定义	原材料	典型商业化技术
1	立体光固化	通过光致聚合作用选择性地固化液态光敏聚合物的 3D 打印工艺	液态	立体光固化成型（SLA）技术、数字光处理（DLP）技术
2	材料喷射	将材料以微滴的形式按需喷射沉积的 3D 打印工艺	液态	聚合物喷射（PolyJet）技术、纳米粒子喷射（NPJ）技术

（续）

序号	工艺类型	定义	原材料	典型商业化技术
3	黏结剂喷射	选择性喷射沉积液态黏结剂粘结粉末材料的3D打印工艺	粉末	三维立体打印（3DP）技术
4	粉末床熔融	通过热能选择性地熔化或烧结粉末床区域的3D打印工艺	粉末	选择性激光烧结（SLS）技术、选择性激光熔融（SLM）技术、电子束熔炼（EBM）技术
5	材料挤出	将材料通过喷嘴或孔口挤出的3D打印工艺	丝材	熔融沉积成型（FDM）技术
6	定向能量沉积	利用聚焦热将材料同步熔化沉积的3D打印工艺	粉末	激光近净成型（LENS）技术
7	薄材叠层	将薄层材料逐层粘结以形成实物的3D打印工艺	片材	叠层实体制造（LOM）技术
8	复合增材制造	在增材制造单步工艺过程中，同时或分步结合一种或多种增材制造、等材制造或减材制造技术，完成零件或实物制造的工艺	一般为粉末	—

3D打印在材料形式上与传统加工工艺有着非常大的区别，它主要采用液态、粉末、丝材、片材等离散材料。按照材料的物化特性分类，3D打印的材料包括金属、聚合物（或高分子）、陶瓷、复合材料等。

根据不同的3D打印工艺和原材料，可以分为单步工艺和多步工艺两种：实物通过单一工艺步骤获得预期的基本几何形状和特性，即为单步工艺；或者通过主要工艺步骤获得几何尺寸，再通过二级工艺步骤获得预期材料特性，即为多步工艺，如图1-6所示。

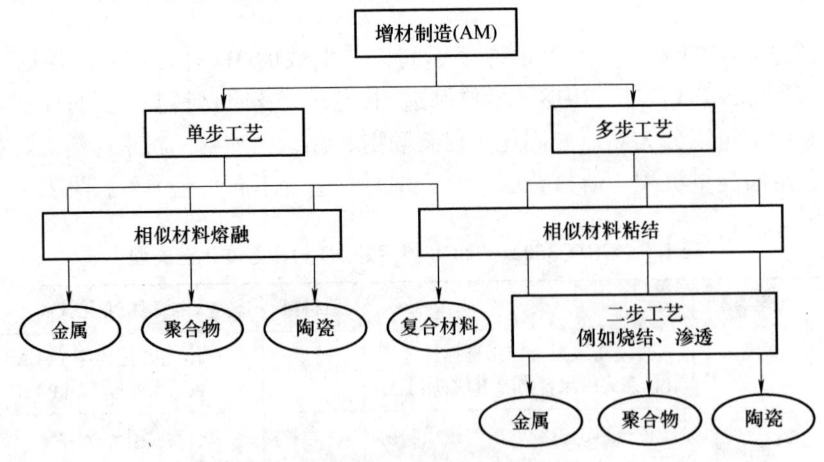

图1-6　单步和多步3D打印工艺

除了上述八种基本的3D打印工艺类型，近年来还涌现出许多新的3D打印工艺类型，例如多射流熔融（MTF）3D打印技术、连续液体界面制造（CLIP）技术、可改变形状的4D打印技术及微纳尺度3D打印技术等。

1.4 3D打印技术的发展现状

3D打印行业的发展一直处于快速增长的态势。根据美国专门从事3D打印技术咨询服务的Wohlers Associates公司发布的2023年度报告，2022年全球3D打印产品和服务市场增长了18.3%，达到180.27亿美元，如图1-7所示。其中，全球3D打印产品收入增长了17.0%，达到72.89亿美元；全球3D打印服务收入增长了19.1%，达到107.38亿美元。这个产业在过去十年中经历了爆发式的增长，期间3D打印市场增长超过6.9倍。在最近的六年（2017—2022年）中，年平均收入的增长率为20%。产品收入包括3D打印设备、系统升级、材料及售后市场产品（如软件、激光器等）带来的收入。服务收入包括制造服务提供商和设备制造商在3D打印设备上生产部件的收入，还包括设备维护合同、培训、研讨会、会议、展览、广告、出版物、研究和咨询服务等带来的收

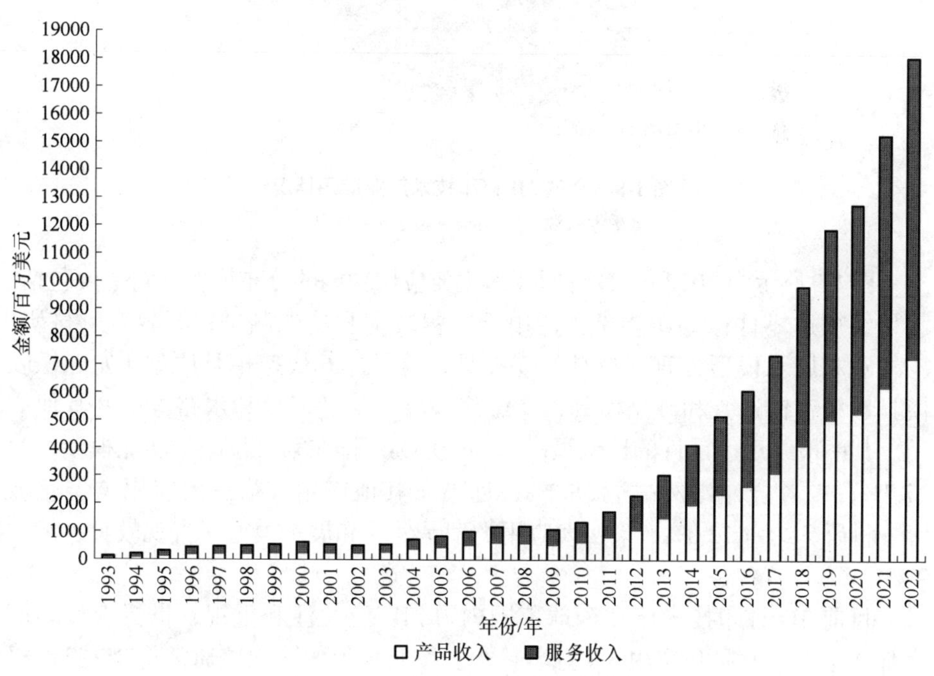

图 1-7　3D 打印产品和服务的收入

入。上述收入不包括生产飞机零件、医疗和牙科产品、珠宝、眼镜、照明、艺术和雕像等公司生产的3D打印零件的收入，这些3D打印应用型的公司正在发展中，数量相当大，但却难以量化，也不包括3D打印相关风险投资和其他私人投资。如果将上述因素都包含在内，3D打印产业的实际规模要大很多。

在Wohlers Associates公司2023年发布的年度报告中，对各行业应用3D打印技术的情况进行了分析，图1-8所示为全球3D打印技术产业应用情况统计。从主要行业分布来看，汽车领域约占15.8%；消费品/电子产品领域约占14.5%；航空航天领域约占13.9%；学术机构约占12.3%；医疗/牙科领域约占12.1%；能源领域约占7.8%。

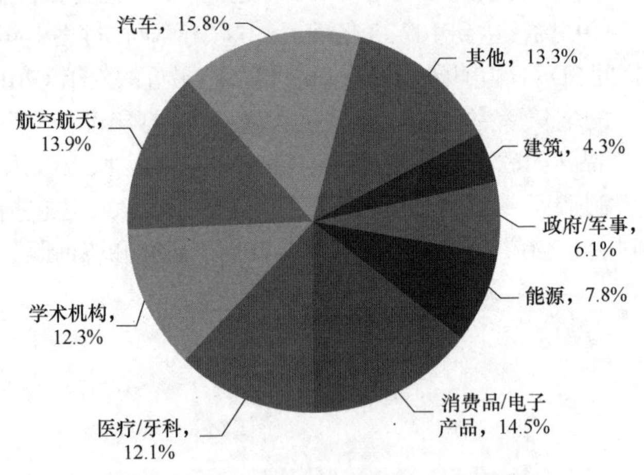

图1-8　全球3D打印技术产业应用情况

（数据来源：Wohlers Associates公司）

图1-9所示为2022年3D打印技术主要应用功能的分布比例。它主要包括：①最终用途零件；②功能模型，用于工程装配和功能测试；③教育、科研；④外观和展示模型、直观教具；⑤夹具、检具；⑥快速模具原型（如硅橡胶模具和精密铸造）和砂型模具；⑦金属模具，如随形冷却水路等；⑧其他应用。其中最终用途零件的比例最高，为30.5%；排在第二位的是功能模型，为27.7%；二者合计比例高达58.2%，远高于其他应用；第三大应用类型是教育、科研，约占12.0%；第四大应用类型是外观和展示模型、直观教具，约占9.4%。

目前3D打印技术已在全球范围内得到广泛关注和重视，世界上许多国家都在致力于发展和应用3D打印技术。按照售价的不同，通常将3D打印机分为工业级3D打印机和桌面级3D打印机两种。工业级3D打印机是指售价在 5000 美元及以上的设备，而售价低于 5000 美元的设备被称为桌面级 3D 打印机。图 1-10 所示为 2022 年工业级 3D 打印设备数量区域分布，从图中可以看出，欧洲、北美地区和亚太地区成为工业级 3D 打印设备的主要需求市场。其中，北美地区占 34.9%，欧洲占 30.7%，亚太地区占 28.4%，其他地区占 6.0%。

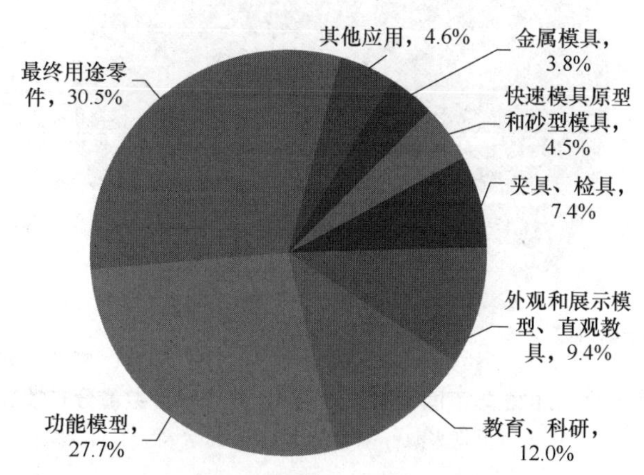

图 1-9　2022 年 3D 打印技术主要应用功能的分布比例

（数据来源：Wohlers Associates 公司）

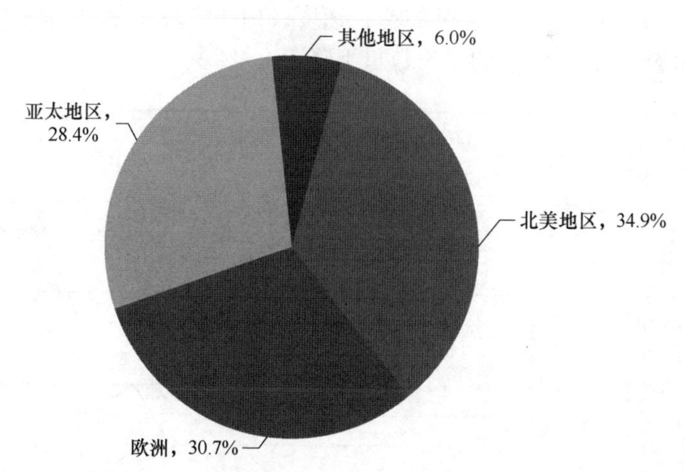

图 1-10　2022 年工业级 3D 打印设备数量区域分布

（数据来源：Wohlers Associates 公司）

2022 年不同国家工业级 3D 打印设备数量分布情况如图 1-11 所示。可以看出，美国的工业级 3D 打印设备数量位居第一（占 33.0%），中国位居第二（占 11.5%），德国和日本分别位居第三和第四（分别占 8.5% 和 8.2%）。

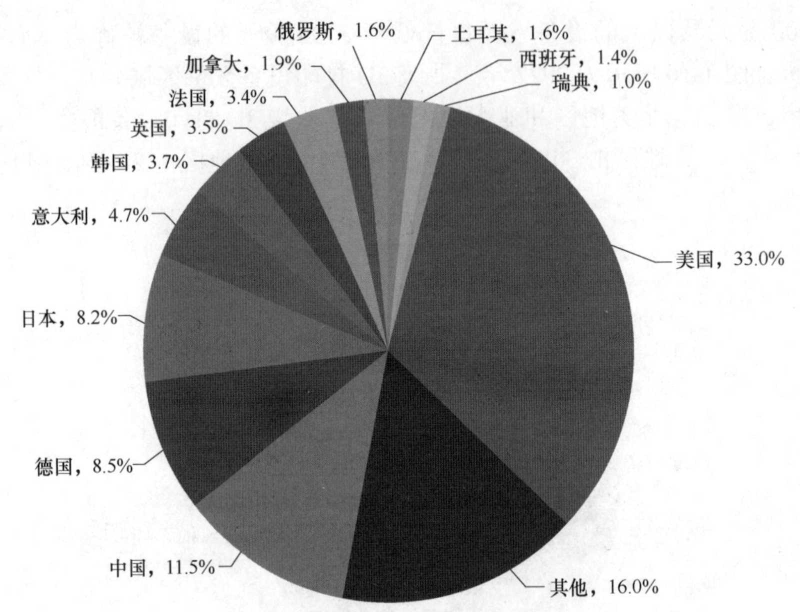

图 1-11　2022 年不同国家工业级 3D 打印设备数量分布情况

（数据来源：Wohlers Associates 公司）

图 1-12 所示为 1988—2022 年工业级 3D 打印机的销售数量情况。在 2022 年，约有 29446 台工业级 3D 打印机被售出，相比于 2021 年 26272 台的售出数量增长了 12.1%，保持了较高的增长速度；由于全球新冠疫情的影响，2020 年相比于 2019 年 22970 台的售出数量下降了 8.4%。

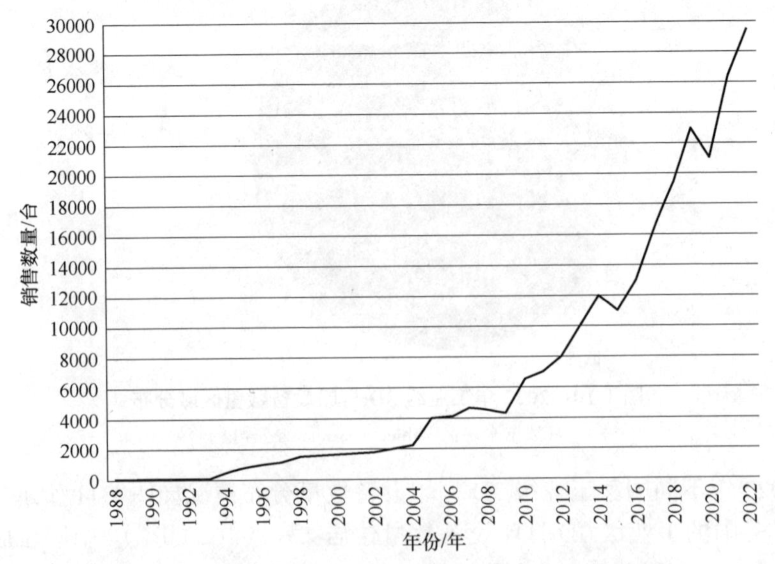

图 1-12　1988—2022 年工业级 3D 打印机的销售数量情况

图 1-13 所示为 2007—2022 年桌面级 3D 打印机的销售数量，从图中可以看出其增长情况，自 2012 年以来，个人 3D 打印机销售经历了爆发式的增长；由于新冠疫情影响，2022 年、2021 年、2020 年个人 3D 打印机的销售数量分别达到约85.5万台、80.6万台和75.3万台，较上年仅增长6.1%、7.0%和6.7%，相比于 2019 年 19.4% 的高增长率，增长速度明显放缓。

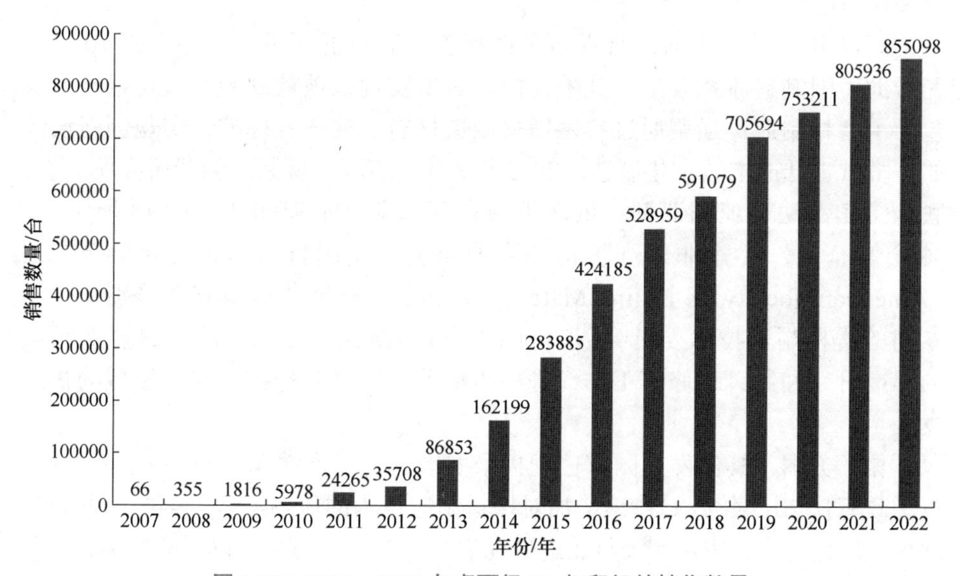

图 1-13　2007—2022 年桌面级 3D 打印机的销售数量

据 Wohlers Associates 公司预测，未来 3D 打印产业将继续保持较高速度增长的发展态势，到 2032 年 3D 打印技术的年产值预计将首次突破 1000 亿美元，如图 1-14 所示。

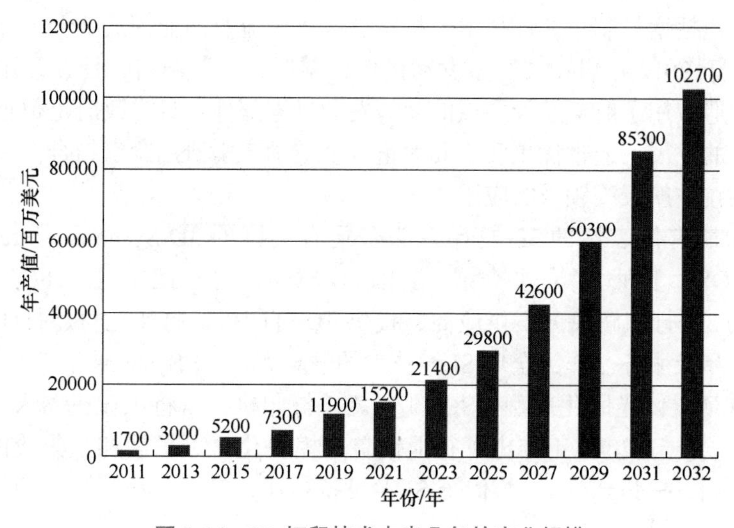

图 1-14　3D 打印技术未来几年的产业规模

1.4.1 3D 打印技术国外发展现状

3D 打印技术集合了信息网络技术与先进材料技术、数字制造技术，是先进制造业的重要组成部分，被称为第三次工业革命的标志性技术之一，正在推动智能制造、产品开发和生命科学领域的新一轮创新，已在全球范围内得到广泛关注和重视。

2012 年 3 月，美国白宫宣布了振兴美国制造的新举措，将投资 10 亿美元帮助美国制造体系改革。其中，白宫提出实现该项计划的三大背景技术就包括了增材制造，强调通过改善增材制造材料、装备及标准，实现创新设计的小批量、低成本数字化制造。2012 年 8 月，美国增材制造创新研究所成立，联合了宾夕法尼亚州西部、俄亥俄州东部和弗吉尼亚州西部的 14 所大学、40 余家企业、11 家非营利机构和专业协会。美国材料与试验协会 ASTM（American Society of Testing Materials）和国际标准化组织 ISO 分别成立了专门的增材制造技术委员会 ASTM F42 和 ISO/TC 261，开展增材制造领域的标准研究和制订、修订工作，进一步推动了增材制造技术在各领域的快速发展。

除了美国，其他发达国家也积极采取措施，以推动 3D 打印技术的发展。英国政府自 2011 年开始持续增加对增材制造技术的研发经费。英国工程与物理科学研究委员会中设有增材制造研究中心，参与机构包括拉夫堡大学、伯明翰大学、英国国家物理实验室、波音公司及德国 EOS 公司等 15 家知名大学、研究机构及企业。德国建立了直接制造研究中心，主要研究和推动增材制造技术在航空航天领域中结构轻量化方面的应用。法国增材制造协会致力于增材制造技术标准的研究。在政府资助下，西班牙启动了一项发展增材制造的专项，研究内容包括增材制造共性技术、材料、技术交流及商业模式四个方面。澳大利亚政府于 2012 年启动“微型发动机增材制造技术”项目，旨在使用增材制造技术制造应用于航空航天领域的微型发动机零部件。日本政府也很重视增材制造技术的发展，通过优惠政策和大量资金鼓励产学研用紧密结合，有力促进该技术在航空航天等领域的应用。

国外最有代表性的 3D 打印巨头公司有美国的 3D Systems、Stratasys 和德国的 EOS，下面逐个简要介绍。美国 3D Systems 公司创立于 1986 年，是全球最大的 3D 打印解决方案供应商，提供 3D 打印机、打印耗材、打印软件和培训等产品及服务。作为全球 SLA 技术的领导者，3D Systems 于 1987 年推出了全球首款立体光固化成型（SLA）SLA-1 打印机；后将工业机器人与 3D 打印机相结合，于 2016 年推出了行业内首个模块化、可扩展和全集成的 3D 打印生产平台——Figure 4，与传统 SLA 设备相比，Figure 4 生产平台的生产率快 50 倍以上，但生产成本仅为原来的 80%，可以用于自动化生产和大规模制造。从 2001 年开始，3D Systems 公司陆续收购了几十家 3D 打印企业，以不断提升在其他 3D 打印技术方面的技术实力。2001 年，3D Systems 公司收购了 DTM 公司，DTM 公司是选择性激光烧结（SLS）技术的开发者；2012 年又收购了彩色 3DP 技术领导者 Z Corporation 公司。目前，3D Systems 公司已经成为一家集多种 3D 打印技术、3D 内容和 3D 设计服务于一体的平台型企业，业务遍及汽车、航空航天、国防、消费品、建筑、医疗器械和牙科等许多领域。

Stratasys 公司是与 3D Systems 公司齐名的全球 3D 打印领域龙头企业，创立于 1988 年，是 3D 打印技术 FDM 的最早开发者。2012 年美国 Stratasys 公司和发明 PolyJet 技术的以色列 Objet 公司合并成立新的 Stratasys 公司，拥有了两种在性能上相互补充的主流 3D 打印技术：FDM 技术和 PolyJet 技术。FDM 技术可用于构建坚固耐用的零件，这些零件精度高、可重复使用，并且稳定可靠，但是表面比较粗糙；PolyJet 技术能够同时喷射不同的材料，在细节和表面粗糙度方面表现优异，能够模拟出透明、柔软和坚硬的材料以及工程塑料，甚至还可以将多种颜色和材料性质融入同一个模型。2013 年，Stratasys 公司收购桌面级打印机公司 MakerBot，开始将 3D 打印装备从原来的工业制造领域等拓展到普通消费市场。2014 年，Stratasys 公司推出全球首款彩色、多材料 3D 打印机 Objet 500 Connex3。通过对 Objet、MakerBot 等公司的并购，Stratasys 公司成为 3D 打印行业的领导者。近 30 年来，该公司已拥有 3D 打印相关技术超过 1200 项，涵盖了从设计原型到工具、模具制造，再到终端零件的整个产品生命周期，在航空航天、汽车、医疗、消费品和教育等行业都可以提供解决方案。Stratasys 公司已在全球安装了大量的原型和直接数字化生产系统，在数量上占有绝对优势。

德国 EOS 公司自 1989 年在德国慕尼黑成立以来，一直致力于 SLS、SLM 快速制造系统的研究开发与设备制造工作，已经成为全球一流的 SLS、SLM 快速成型系统的制造商，其装备的制造精度、成型效率及材料种类达到世界领先水平。EOS 公司生产的系列 SLS 设备，可用于铸造用蜡模、砂型制造，以及尼龙等塑料零件的直接制造。EOS 公司生产的 SLM 设备可以打印不锈钢、铝合金、钛合金、模具钢、高温合金等多种金属粉末材料，广泛应用于航空航天、医疗、汽车、家电等众多领域。

除了上述知名的 3D 打印制造商，其他较为著名的 3D 打印设备制造商还有 LENS 装备制造商美国 Optomec 公司、SLM 装备制造商德国 Concept Laser 公司、SLM 装备制造商德国 SLM Solutions 公司、EBM 装备制造商瑞典 Arcam 公司、SLM 装备制造商英国 Renishaw 公司、MJF 装备制造商美国惠普公司、CLIP 装备制造商美国 Crabon3D 公司等，具体见表 1-2。

表 1-2　国外主要 3D 打印设备公司情况

序号	公司	主要产品与技术工艺
1	美国 3D Systems 公司	SLA、SLS、SLM、3DP 设备及材料
2	美国 Stratasys 公司	FDM、PolyJet 设备及材料
3	德国 EOS 公司	SLS、SLM 设备及材料
4	美国 Optomec 公司	LENS 设备
5	德国 Concept Laser 公司	SLM 设备及材料
6	德国 SLM Solutions 公司	SLM 设备及材料
7	英国 Renishaw 公司	SLM 设备及材料
8	瑞典 Arcam 公司	EBM 设备及材料
9	美国惠普公司	MJF 设备及材料
10	美国 Crabon3D 公司	CLIP 设备及材料

1.4.2　3D 打印技术国内发展现状

我国 3D 打印技术自 20 世纪 90 年代初开始发展，清华大学、北京航空航天大学、华中科技大学、西安交通大学、西北工业大学等高校在典型的成型设备、软件、材料等方面的研究和产业化方面取得了重大进展，接近国外产品水平。这些最早接触 3D 打印的高校研究力量带动了北京殷华激光快速成形与模具技术有限公司（北京太尔时代科技有限公司的前身）、江苏永年激光成形有限公司、陕西恒通智能机器有限公司、西安铂力特增材技术股份有限公司、武汉华科三维科技有限公司、北京增材制造技术研究院有限公司等的创立和发展，随后国内其他许多高校和研究机构也开展了相关研究。国内研究 3D 打印技术的主要高校及其相关创办企业见表 1-3。

表 1-3　国内研究 3D 打印技术的主要高校及其相关创办企业

序号	高校 / 带头人	主要技术领域	相关创办企业
1	清华大学 / 颜永年	FDM 技术	北京殷华激光快速成形与模具技术有限公司、江苏永年激光成形有限公司

（续）

序号	高校 / 带头人	主要技术领域	相关创办企业
2	北京航空航天大学 / 王华明	LENS 技术	北京增材制造技术研究院有限公司
3	华中科技大学 / 史玉升	LOM、SLS、SLM 技术	武汉华科三维科技有限公司
4	西安交通大学 / 卢秉恒	SLA 技术	陕西恒通智能机器有限公司
5	西北工业大学 / 黄卫东	SLM、LENS 技术	西安铂力特增材技术股份有限公司

清华大学于 1988 年成立了国内首个快速成形实验室——清华大学激光快速成形中心，率先开展 FDM 快速成型技术的研究与开发，成功开发了多系列低成本 FDM 设备，并通过北京殷华激光快速成形与模具技术有限公司和北京太尔时代科技有限公司实现了商品化。1998 年，清华大学将制造科学引入生命科学领域，提出了“生物制造工程”学科概念和框架体系，并研发了多台生物材料快速成型机。

北京航空航天大学从 2000 年开始，面向航空航天等重大装备制造业发展的战略需求，在 LENS 金属直接制造方面开展了长期的研究工作，突破了钛合金、超高强度钢等难加工大型整体关键构件激光成型工艺、成套装备和应用关键技术，解决了大型整体金属构件激光成型过程零件变形与开裂瓶颈难题和内部缺陷与内部质量控制及其无损检验关键技术，所研究的飞机构件综合力学性能达到或超过钛合金模锻件，使我国成为目前世界上唯一突破飞机钛合金大型主承力结构件激光快速成型技术，并实现装机应用的国家。该技术已经成功应用于大型客机 C919 等多种型号飞机和发动机的制造上。依托上述领先的高性能大型金属增材制造技术，北京航空航天大学于 2014 年成立了北京增材制造技术研究院有限公司。公司紧密结合产学研用，面向三航（航空、航天、航海）及热核聚变反应堆等高端重大装备制造业发展的战略需求，致力于钛合金、高强钢、铝合金、镍基合金、热核聚变反应堆用特殊合金等高性能难加工材料大型复杂关键金属构件 3D 打印工艺、装备、材料的研发和产业化推广。

西安交通大学于 1993 年在国内率先开展 SLA 技术的研究，于 1997 年研制出国内第一台光固化成型机，并于 2005 年成立了快速制造国家工程研究中心。快速制造国家工程研究中心子公司陕西恒通智能机器有限公司，主要研制、生产和销售激光快速成型设备、光敏树脂材料以及快速模具设备，同时从事快速原型制作、快速模具制造以及逆向工程服务。近年来西安交通大学已在全国范围内成功建设了20多家产学研结合的推广基地和示范中心。2017年西安交通大学联合西北工业大学等单位在西安成立了国家增材制造创新中心。

华中科技大学于1991年成立快速制造中心，在国内率先开展LOM技术研究，并于1997年研制出LOM设备。随后致力于SLS、SLM技术的开发，并于2000年左右研制成功了基于CO_2激光器的HRP型SLS装备。在SLS技术基础上，华中科技大学从2003年左右开始研发直接制造金属零部件的SLM技术与装备。后来，又在大型复杂制件整体成型的关键技术方面获得突破，研制出了当时世界上最大成型空间（1.2m × 1.2m）基于粉末床的激光烧结3D打印技术，获得了2011年“国家技术发明奖”二等奖，并入选当年中国十大科技进展。通过转化技术，华中科技大学先后成立了武汉滨湖机电技术产业有限公司和武汉华科三维科技有限公司，这些企业成为3D打印设备研发和制造领域的领军企业。

西北工业大学凝固技术国家重点实验室于1995年开始研究SLM、LENS金属直接制造技术，在金属材料的打印和金属构件的修复再制造等领域取得了许多开创性的成果。已研制出的具有自主知识产权的系列化激光打印和修复再制造装备。应用该技术实现了C919飞机大型钛合金零件3D打印成型制造，为满足航空航天领域不断提升的制造技术要求提供了新的设计和制造手段。西北工业大学于2011年率先实现3D打印商业化，成立西安铂力特增材技术股份有限公司，该公司目前已经成为国内规模最大的金属3D打印技术全套解决方案提供商之一。

除了上述主要研究高校相关企业，国内还有许多3D打印设备研发和制造公司，具有代表性的有上海联泰科技股份有限公司、湖南华曙高科技有限责任公司、武汉易制科技有限公司、珠海赛纳打印科技股份有限公司等，见表1-4。

表1-4 国内其他主要3D打印设备公司情况

序号	公司	主要产品与技术工艺
1	上海联泰科技股份有限公司	SLA设备
2	吴江中瑞机电科技有限公司	SLA、SLS、SLM设备
3	湖南华曙高科技有限责任公司	SLS、SLM设备及材料
4	中山盈普光电设备有限公司	SLS设备及材料

（续）

序号	公司	主要产品与技术工艺
5	北京隆源自动成型系统有限公司	SLS、SLM、LENS、3DP设备
6	武汉易制科技有限公司	3DP设备
7	珠海赛纳打印科技股份有限公司	PolyJet设备

上海联泰科技股份有限公司（简称上海联泰）成立于2000年，是国内最早从事3D打印技术应用的企业之一，该公司为中国3D打印技术产业联盟理事单位、上海产业技术研究院3D打印技术产业化定点单位。上海联泰开发了SLA光固化成型设备和成型控制系统，目前拥有国内SLA技术最大份额的工业领域客户群，国内市场占有率超过60%。

湖南华曙高科技有限责任公司（简称华曙高科）由许小曙博士于2009年创立，专攻SLS、SLM工业级3D打印技术。经过多年的快速发展，华曙高科已逐步建立形成集金属、尼龙3D打印设备研发制造、3D打印材料研发生产以及产品加工服务为一体的全产业链格局。华曙高科是工信部3D打印智能制造试点示范项目企业，拥有高分子复杂结构增材制造国家工程实验室。华曙高科可为航空航天、医疗（含口腔）、汽车、工业模具、教育科研、电动工具、原型制作、消费品（眼镜、鞋底、首饰）、设计创意等行业提供高质量的SLS和SLM技术3D打印设备、材料、软件和加工服务。

武汉易制科技有限公司和珠海赛纳打印科技股份有限公司是在彩色3D打印技术研发及设备制造方面的领军企业。其中，武汉易制科技有限公司长期专注于3DP彩色3D打印技术的研发应用，2015年推出了中国首台全彩3D打印机，填补了国内空白。珠海塞纳打印科技股份有限公司长期从事彩色多材料3D打印自主核心技术的研究，是中国少数掌握直喷式彩色多材料3D打印自主核心技术的厂商。

随着3D打印技术在各领域的不断融合，其产业及技术发展中面临的标准化问题日益凸显，严重制约了3D打印产业的进一步发展。2016年4月，全国增材制造标准化技术委员会（SAC/TC 562）正式成立，在国家层面上开展3D打印技术标准化工作，提出了增材制造标准体系框架（见图1-15），并对口国际标准化组织ISO/TC 261。该标准化委员会的成立顺应了3D打印行业发展的迫切需求，并通过促进3D打印产业标准体系的建立与完善，有效推动3D打印技术的规模化应用，对行业发展具有十分重要的意义。

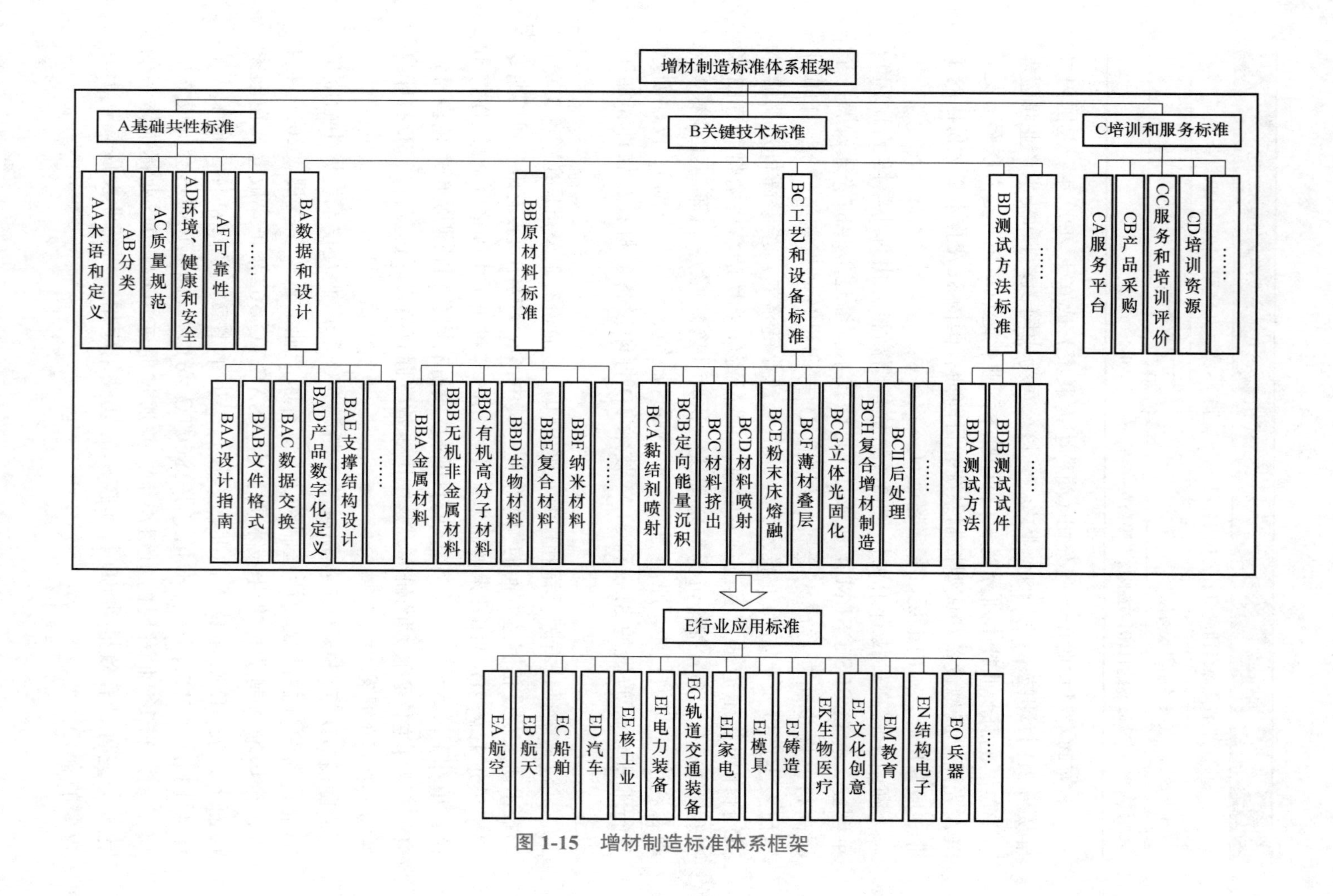

图1-15 增材制造标准体系框架

1.5 3D 打印技术的发展趋势

1. 从快速原型向终端产品直接制造转变

3D 打印技术最早称为快速成型技术或快速原型制造技术，主要应用是快速原型制作和新产品开发过程中的设计验证与功能验证。随着 3D 打印技术的快速发展，特别是成型材料在性能上的不断突破，3D 打印技术开始从快速原型制造向终端产品直接制造发展。

在众多的 3D 打印工艺中，以激光近净成型技术（LENS）、选择性激光熔融（SLM）、电子束熔炼技术（EBM）等为代表的金属 3D 打印技术成为零部件直接制造领域的研究热点。根据美国 Wohlers Associates 公司发布的 2023 年度报告，近几年全球金属 3D 打印机销量一直在高速增长，图 1-16 所示为 2005—2022 年全球金属 3D 打印机的销量数量统计，可以看出，2017 年和 2018 年全球金属 3D 打印机销售数量增长较快，分别增长了 79.9% 和 29.9%；虽然由于新冠疫情的影响，2020 年销售数量有所下降，比上一年下降约 7%，但在

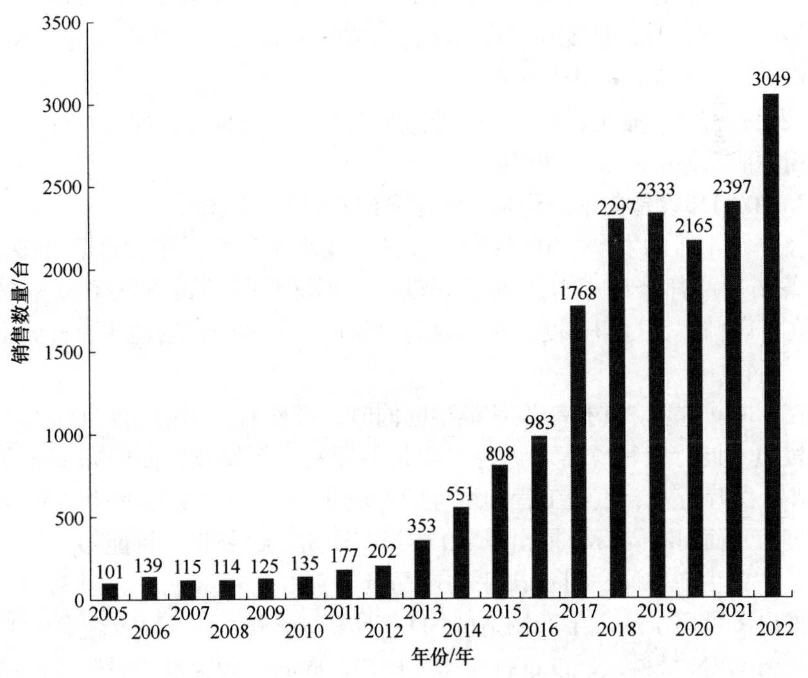

图 1-16　2005—2022 年全球金属 3D 打印机的销量数量统计

2021年又恢复了较高的增长速度，销售数量增长10.7%，2022年的增长速度更是高达27.2%。与传统铸造、锻造等工艺相比，金属3D打印技术不仅适合制造形状复杂的零件、大型薄壁件、轻量化零件等，还能够制造钛合金、镍基高温合金等特种合金零件以及个性化生物零件，在航空航天、汽车制造、核电、造船、医疗器械等许多领域具有十分广泛的应用前景。

2. 3D打印成型材料多样化、通用化、标准化

3D打印材料是制约当前3D打印产业化的关键因素。3D打印行业面临着材料种类少、不能通用、质量没有相应标准等突出问题。未来3D打印成型材料应当克服这些问题，朝着多样化、通用化和标准化的方向发展。

首先，材料多样化。与传统材料相比，3D打印材料种类依然相对较少。发展全新的3D打印材料，例如组织工程材料、功能梯度材料、纳米材料、非均质材料以及其他传统方法难以制作的复合材料成为当前3D打印材料研究中的热点。

其次，材料通用化、开源化。目前3D打印工艺使用的材料大部分是由各设备制造商单独提供，部分厂家甚至将设备与材料进行绑定销售。不同厂家的材料通用性很差，而且材料成型性能还不十分理想，阻碍了3D打印产业的健康发展。因此，开发性能优良的3D打印成型材料，并使其系列化、通用化，将能极大地促进3D打印产业的发展。

最后，材料专业化、标准化。通过规范材料相关标准，能够保障材料的优良使用性能，促进产业化推广应用。

3. 3D打印设备向系列化和专业化方向发展

经过几十年的发展，3D打印设备已经逐步实现系列化。目前许多3D打印设备制造商都推出了自己的系列设备，不同型号的设备除了成型空间不同，在打印精度、打印速度、打印材料以及产品模型的应用性能等方面也有所不同。

在不断扩展其3D打印设备类型的同时，有些有实力的3D打印设备制造商还按照不同行业特殊需求进行专业化的开发，例如开发面向珠宝行业、制鞋行业、医疗行业、生物工程领域等的专业3D打印设备。上海联泰科技（3D打印公司）面向制鞋行业推出了3D鞋模打印机，该款打印机能够实现鞋底模具的量产，生产率高，打印出来的产品具有良好的精细度。美国3D Systems公司推出了可用于珠宝生产制造的3D打印机FabPro 1000以及配套的FabPro JewelCast GRN材料，该设备打印速度极快，同时可确保高质量部件的精度和表面粗糙度，十分适合生产珠宝熔模铸件。

4. 3D 打印使产品生产走向个性化、定制化

个性化制造是 3D 打印技术区别于传统制造技术的主要优势之一。3D 打印个性化制造最有前景的领域之一就是医学与医疗工程，将会引发医学革命。这是因为医疗行业对于个性化、定制化具有显著的需求，而个性化、小批量和高精度恰好是 3D 打印技术的核心优势。利用 3D 打印技术可以制造器官、骨骼等实体模型，用来指导手术方案设计，也可以直接打印皮肤、血管和心脏等人体器官，具有十分广泛的应用前景。另外，随着人们生活水平日益提高，个性化、多样化的消费需求渐成主流，利用 3D 打印技术也可以满足人们在家电、汽车等消费领域的个性化定制产品的需求。

5. 3D 打印云服务平台不断涌现，开创全新商业模式

近年来，一些新兴公司以互联网为基础打造了 3D 打印设备共享平台，使人们能够将定制想法快速变成实际产品，例如 3D Hubs 公司。另一个著名的公司是 Shapeways，它不仅利用 3D 打印技术为客户定制他们自己设计的各种产品，还为客户提供了销售其创意产品的网络平台。其他著名的 3D 打印定制化云服务平台还包括比利时的 i.materialise，新西兰的 Ponoko，法国的 Sculpteo，中国的天马行空网、魔猴网、意造网，美国的 Cubify Cloud 和 Kraftwurx 等。

3D 打印云服务平台通过大数据、云计算、物联网、移动互联网为代表的新一代信息技术与 3D 打印技术相融合，开创了一种全新的商业模式。首先，大众定制化使得消费用户活跃地参与到了产品设计中，自己设计需要的产品；其次，交易对象由现实的实物产品向虚拟的数据产品转变；最后，集中式的生产将逐步转变为分布式制造，例如在网上购买个性化定制商品的设计文件后，人们就可以在附近的 3D 打印店打印出来。

1.6 3D 打印技术面临的挑战

随着 3D 打印技术的快速发展，在过去 30 年中，全球 3D 打印所有产品和服务的年平均收入增长率超过 26%，已形成数十亿美元的市场规模，并将继续在全球范围内呈现高速增长的趋势。与此同时，虽然 3D 打印产业已经形成一定的规模，但是 3D 打印技术距离大规模普及应用还存在一定差距，主要存在以下几个问题：

1）打印速度较慢。目前 3D 打印机的速度较慢，主要是受到 3D 打印工艺和打印精度的限制。

2）使用成本较高。就目前而言，3D 打印机所使用的耗材依然比较昂贵，其次是采购 3D 打印设备的费用较高。

3）打印耗材有限。尽管目前 3D 打印机可以打印百余种耗材，但常用的材料仍然偏少，无法满足使用需求，这也限制了 3D 打印技术的进一步推广应用。

4）知识产权问题。3D 打印技术是一种数字化制造技术，它根据计算机三维设计图，直接制造三维真实物体，改变了传统的制造模式，但同时 3D 打印技术给知识产权保护带来诸多挑战。

1. 简述增材制造（3D 打印）、减材制造和等材制造的定义，并分析三者的区别，各举出三个例子。

2. 简述 3D 打印技术的成型原理及特点。

3. 简述 3D 打印技术的主要工艺种类。

4. 简述 3D 打印技术的发展趋势。

参考文献

[1] Wohlers Associates.Wohlers Report [R]. 2023.

[2] 刘晓梅. 第三次工业革命背景下 3D 打印业企业竞争力影响因素研究 [D]. 上海：东华大学，2014.

[3] BLAZDELL P F，EVANS J R G. Application of a continuous ink jet printer to solidfreeforming of ceramics [J]. Journal of Materials Processing Technology，2000（99）：94-102.

[4] 杨恩泉. 3D 打印技术对航空制造业发展的影响 [J]. 航空科学技术，2013（1）：13-17.

[5] 王月圆，杨萍. 3D 打印技术及其发展趋势 [J]. 印刷杂志，2013（4）：10-12.

[6] KOCH G K，JAMES B，GALLUCCI G，et al. Surgical Template Fabrication Using Cost-Effective 3D Printers [J]. The International Journal of Prosthodontics.2019，32（1）：97-100.

[7] Mc Cullough E J，Yadavalli V K. Surface modification of fused deposition modeling ABS to enable rapid prototyping of biomedical microdevices [J]. Journal of Materials Processing Technology，2013，213（6）：947-954.

[8] MACY W D. Rapid/Affordable Composite Tooling Strategies Utilizing Fused Deposition Modeling [J]. Sample Journal，2011，47（4）：37-44.

[9] MIRELES J，KIM H C，LEE I，et al. Development of a Fused Deposition Modeling System for Low Melting Temperature Metal Alloys [J]. Journal of Electronic Packaging，2013，135（1）：1-6.

［10］DIEGEL O，SINGAMNENI S，HUANG B，et al. Curved Layer Fused Deposition Modeling in Conductive Polymer Additive Manufacturing［J］. Advanced Materials Research，2011（199-200）：1984-1987.

［11］TERRY W. Additive manufacturing：status and opportunities-additive manufacturing and 3D printing［J］. State of the Industry，2014（4）：157-160.

［12］史玉升，钟庆. 选择性激光烧结新型扫描方式的研究及实现［J］. 机械工程学报，2002，38（2）：35-39.

［13］杨森，钟敏霖，张庆茂. 激光快速成型金属零件的新方法［J］. 激光技术，2001，25（4）：254-257.

［14］李成. 基于 FDM 工艺的双喷头设备开发及工艺参数研究［D］. 南京：南京师范大学，2014.

［15］张媛. 熔融沉积快速成型精度及工艺研究［D］. 大连：大连理工大学，2009.

［16］GOSSELIN C，GRENIER M. On the Determination of Cusp Point of the Force Distribution in Overconstrained Cable-driven Parallel Mechanisms［J］. Meccanica，2011，46（1）：3-15.

［17］谭永生. FDM 快速成型技术及其应用［J］. 航空制造技术，2000，1：26-28.

［18］张睿琳. 3D 打印在航空发动机制造上的应用［J］. 技术与市场，2019，26（2）：153.

［19］徐文鹏. 3D 打印中的结构优化问题研究［D］. 合肥：中国科学技术大学，2016.

［20］廖钊华，邓君. DLP 光固化快速成型设备技术分析［J］. 机电工程技术，2018，47（9）：79-82.

［21］曾光，韩志宇，梁书锦，等. 金属零件 3D 打印技术的应用研究［J］. 中国材料进展，2014（6）：376-382.

［22］周宸宇，罗岚，刘勇. 金属增材制造技术的研究现状［J］. 热加工工艺，2018，47（6）：9-14.

［23］张阳春，张志清. 3D 打印技术的发展与在医疗器械中的应用［J］. 中国医疗器械信息，2015（8）：1-6.

［24］贺永，高庆，刘安，等. 生物 3D 打印——从形似到神似［J］. 浙江大学学报：工学版，2019，53（3）：6-18.

［25］兰红波，李涤尘，卢秉恒. 微纳尺度 3D 打印［J］. 中国科学：技术科学，2015，45（9），919-940.

［26］田小永，侯章浩，张俊康. 高性能树脂基复合材料轻质结构 3D 打印与性能研究［J］. 航空制造技术，2017（10）：34-39.

［27］刘屹环，朱丽. 4D 打印的发展现状与应用前景［J］. 新材料产业，2018（1）：61-64.

［28］JIA Y，HE H，GENG Y，et al. High through-plane thermal conductivity of polymer based product with vertical alignment of graphite flakes achieved via 3D printing［J］. Compos.Science and Technology，2017，145：55-61.

［29］SZYKIEDANS K，CREDO W. Mechanical Properties of FDM and SLA Low-cost 3-D Prints［J］. Procedia Engineering，2016（136）：257-262.

［30］刘利刚，徐文鹏，王伟明，等. 3D 打印中的几何计算研究进展［J］. 计算机学报，2015，38（6）：1243-1267.

[31] 何永军. 3D 打印技术——改变世界格局的源动力 [J]. 新材料产业，2013 (8)：2-8.
[32] 欧攀，刘泽阳，高汉麟. 基于柔性材料的双喷头 3D 打印技术研究 [J]. 工具技术，2019，53 (5)：24-28.
[33] 刘同协，甘新基，潘利民，等. 双色巧克力3D打印机的设计 [J]. 吉林化工学院学报，2019，36 (5)：26-29.
[34] 王亮，孙建华，孟兆生. 基于 3D 打印的轻量化轴类零件内部结构设计与研究 [J]. 机械研究与应用，2019，32 (2)：50-52.
[35] 叶淑源，周习远，苑景坤，等. 高速连续光固化 3D 打印工艺与树脂打印件性能研究 [J]. 机械工程学报，2021，57 (15)：255-263.
[36] 卢秉恒. 机械制造技术基础. [M]. 4 版 . 北京：机械工业出版社，2018.

第2章 3D打印技术的成型工艺类型

2.1 材料挤出工艺及代表性技术

2.1.1 材料挤出工艺原理

材料挤出（Material Extursion，ME）是将材料通过喷嘴或孔口挤出的一类3D打印工艺，其工艺原理如图2-1所示。首先将丝状的热熔性材料加热熔化到半流体形态，然后在计算机的控制下，根据截面轮廓信息，通过带有微细喷嘴的喷头挤压出来，凝固后形成轮廓状的薄层。一个层面沉积完成后，工作台下降一个分层厚度的高度，再继续熔融沉积，直至完成整个实体零件。

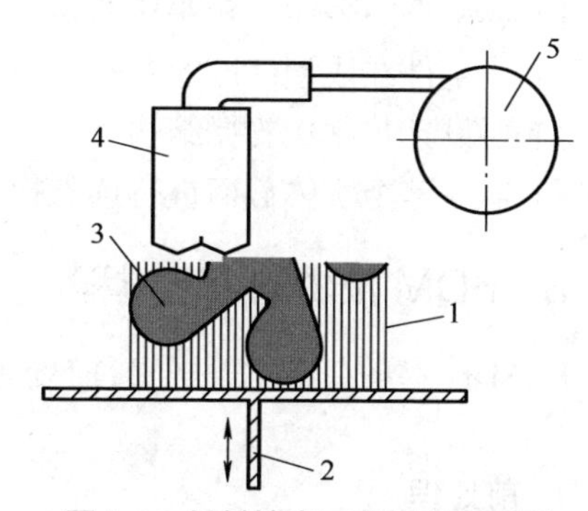

图2-1 材料挤出工艺原理示意图

1—支撑材料 2—成型和升降平台 3—成型工件
4—加热喷嘴 5—供料装置

材料挤出的原材料是线材或膏体，典型材料包括热塑性材料和结构陶瓷；结合机制是通过热粘结或化学反应粘结；激活源是热、超声或部件之间的化学反应；二次处理方法是去除支撑结构。

2.1.2 FDM技术的主要特点

熔融沉积成型（Fused Deposition Modeling，FDM）技术是材料挤出工艺的典型代表技术。美国Scott Crump博士于1988年提出FDM技术，并创立了一家推广该技术的公司，即 Stratasys 公司。FDM 技术的关键技术之一是对喷头挤出的材料精准地进行温度控制，保持材料始终处于熔融状态，过高或过低的温度均不利于成型产品的打印质量。温度过高，易出现打印精度低、产品变形等问题；温度过低，则会直接导致熔化材料堆积难以喷出，使喷头处于堵死状态，从而导致打印无法完成。

FDM 技术目前被广泛应用于新产品开发、快速模具制作、医疗器械设计开发及人体器官的原型制作，是市场上最为普及的 3D 打印技术之一，其主要优点如下：

1）操作简单。由于采用了热融挤压头的专利技术，整个系统构造和操作简单，维护成本低，系统运行安全。

2）成型材料广泛。既可以用丝状蜡、ABS 材料，也可以使用经过改性的尼龙、橡胶等热塑性材料丝。对于复合材料，如热塑性材料与金属粉末、陶瓷粉末或短纤维材料的混合物，做成丝状后也可以使用。

3）可以使用无毒的原材料（如 PLA），设备系统可在办公环境中安装使用。

4）可以成型具有任意复杂形状的零件，例如具有复杂内腔结构的零件。

5）去除支撑简单，无须化学清洗，分离容易。

当然，与其他成型工艺相比，FDM 技术也存在着许多缺点，主要有以下几点：

1）成型件的表面有较明显的条纹，影响表面精度。

2）成型件在成型高度的方向上强度比较弱。

3）要设计与制作支撑结构。

4）需对整个实体截面进行逐点扫描，成型速度慢。

2.1.3 FDM 技术的工艺过程

FDM 技术的工艺过程分为前处理、成型和后处理三个阶段，具体过程如下：

1. 前处理

1）进行三维建模，并输出 STL 等 3D 打印制造需要的文件格式。

2）将 3D 打印模型导入到相关软件中，完成 STL 文件的错误诊断与修复。

3）从模型精度、强度、支撑施加及时间等各方面综合考虑，合理确定模型的摆放位置。

4）规划模型加工路径和添加支撑，进行切片参数设定。

5）对模型进行切片分层，并将生成的切片数据文件进行存储。

2. 成型

首先，打开 3D 打印机，并导入前处理生成的切片模型；其次，进行系统

初始化，也就是 X、Y、Z 轴归零的过程；然后，喷头、成型室和成型平台进行预热，达到设定温度后，3D 打印机自动开始进行叠层制造；最后，模型成型结束，取出实体零件。

3. 后处理

通过 FDM 技术得到的模型后处理比较简单，主要就是去除支撑并对实体零件进行打磨等表面处理，使其精度、表面粗糙度等达到要求。

2.1.4 FDM 成型设备及材料

1. FDM 3D 打印设备构成

从整体来看，FDM 3D 打印机主要包括机械系统和控制系统两大部分，其中机械系统主要包括框架支撑系统、三轴运动系统和喷头打印系统，控制系统主要包括硬件系统和软件系统，如图 2-2 所示。

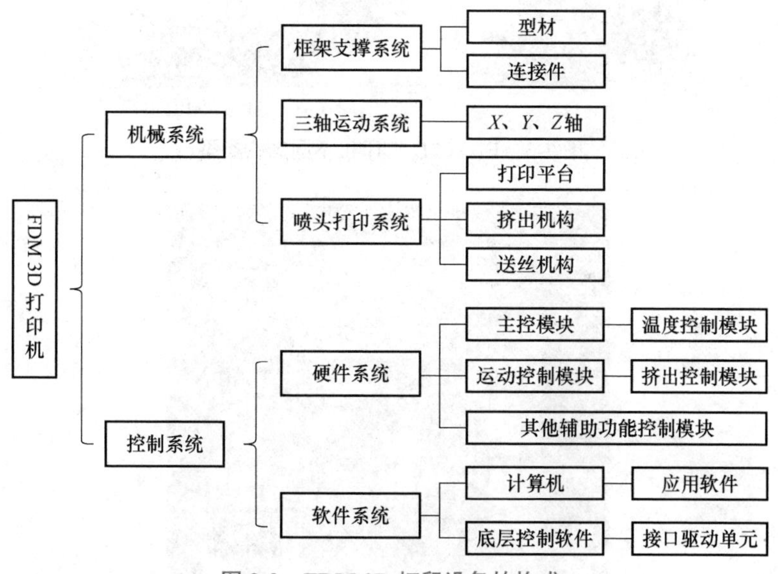

图 2-2 FDM 3D 打印设备的构成

根据结构形式的不同，FDM 3D 打印机分为 XYZ 式、并联臂式、龙门架式、直线臂式四种类型，如图 2-3 所示。

2. 典型 FDM 3D 打印设备简介

美国 Stratasys 公司自 1993 年推出第一台 FDM 3D 打印设备——FDM 1650 机型以来（见图 2-4），先后推出了 FDM 2000、FDM 3000、FDM 8000 机型以及 1998 年推出的引起市场极大关注的 FDM Quantum 机型，FDM Quantum 机型的最大成型体积达到 600mm × 500mm × 600mm。

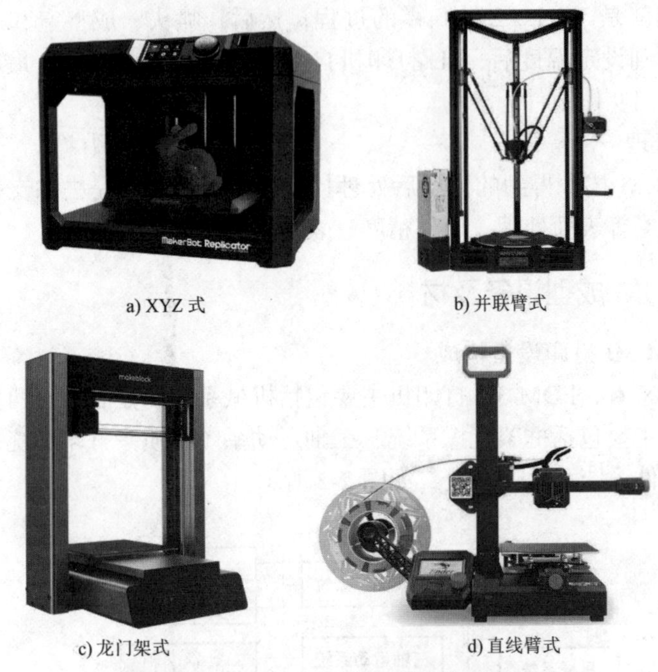

a) XYZ 式　b) 并联臂式　c) 龙门架式　d) 直线臂式

图 2-3　FDM 3D 打印机不同结构类型

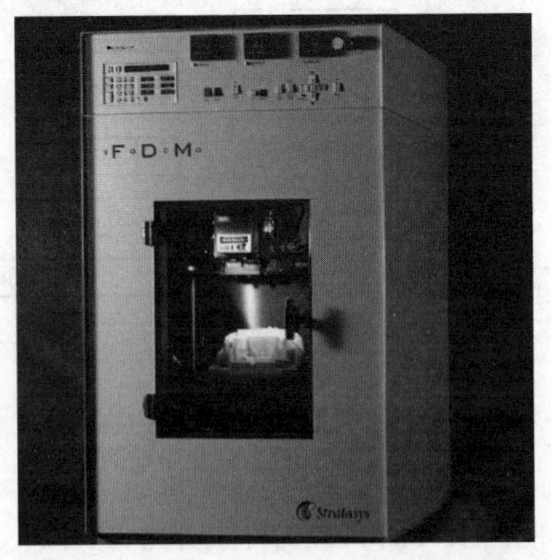

图 2-4　Stratasys 公司的 FDM 1650 机型

目前美国 Stratasys 公司的 FDM 技术在国际市场上仍然处于领先地位，尤其是在工业领域，占据了主导地位，其最新机型主要有 F370、F450mc、F770、F900 等。其中，F900 机型最大成型尺寸为 914mm × 610mm × 914mm，专为满足工业生产需求而设计，具有卓越的制造精度、可靠性和生产能力，F900 机型及其制件如图 2-5 所示。

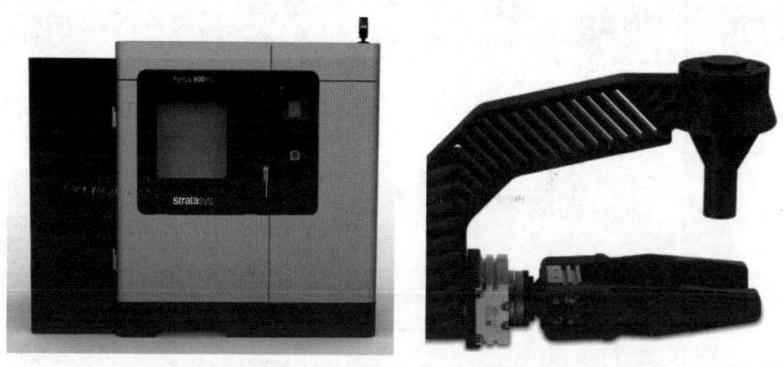

图 2-5 Stratasys 公司推出的 F900 机型及其制件

F770 机型配备市场上最长的全加热成型室，最大成型尺寸为 1000mm × 610mm × 610mm，这款 3D 打印机的设计专为满足用户对易用性和打印大型零件的需求，F770 机型及其制件如图 2-6 所示。

图 2-6 Stratasys 公司推出的 F770 机型及其制件

近几年来，桌面级 FDM 成型设备有了飞速发展，因其价格低廉被很多教育单位和企业选用。由于技术门槛比较低，目前国内外桌面级 FDM 成型设备的品牌多达几十家甚至上百家，其中比较有代表性的品牌有 MakerBot 公司的 MakerBot Replicator 系列、3D Systems 公司的 Cube 系列、上海复志信息科技股份公司（简称上海复志）的 RAISE 3D 系列、北京太尔时代科技有限公司（简称太尔时代）的 UP 系列等。

国内外部分 FDM 成型设备的特性参数见表 2-1。

表 2-1　国内外部分 FDM 成型设备的特性参数

市场	单位	设备型号	最大成型尺寸 /（mm×mm×mm）	打印层厚 /mm	成型材料
国外	Stratasys（美国）	F900（工业级）	914×610×914	0.127~0.508	ABS-M30™、ABS-M30i™、ABS-ESD7™、Antero 800NA、Antero 840CN03、ASA、PC-ISO™、PC、PC-ABS、PPSF、Nylon 12、Nylon 12CF、Nylon 6、ST-130、ULTEM™ 9085 树脂、ULTEM™ 1010 树脂
		F770（工业级）	1000×610×610	0.178~0.33	ASA（Red、White、Light Gray、Black、Yellow、Blue、Ivory）ABS-M30™（Black）
		Fortus 450mc（工业级）	406×355×406	0.127~0.33	ABS-M30™、ABS-M30i™、ABS-ESD7、Antero™ 800NA、Antero 840CN03、ASA、PC-ISO™、PC、PC-ABS、FDM Nylon 12™、FDM Nylon 12CF™、ST-130、ULTEM™ 9085 resin、ULTEM™ 1010 resin
	MakerBot（美国）	MakerBot Replicator+	295×195×165	0.1~0.3	PLA、Tough material、复合材料等
国内	太尔时代	UP600	500×400×600	0.1~0.6	UP Fila ABS、ABS +、PLA、TPU 等
		UP300	205×255×225	0.05~0.4	
		X 5	180×230×200		
	上海复志	Pro3 Plus	单喷头打印时：300×300×605；双喷头打印时：255×300×605	0.01~0.25	PLA、ABS、HIPS、PC、TPU、TPE、PETG、ASA、PP、PVA、尼龙、玻纤增强、碳纤增强、金属填充、木质填充
		Pro3	单喷头打印时：300×300×300；双喷头打印时：255×300×300		
		Pro2 Plus	单喷头打印时：305×305×605；双喷头打印时：280×305×605		
	创想三维	CR-10 Smart Pro	300×300×400	0.1~0.35	PLA、TPU、PETG、ABS、Wood、高温可打印 PA、碳纤维
		Ender-6	250×250×400	0.1~0.4	PLA、TPU、木材、碳纤维等

注：创想三维，即深圳市创想三维科技股份有限公司。

3. FDM 3D 打印成型材料

FDM 技术对成型材料的要求主要体现在黏度、熔融温度、黏结性及收缩率四个方面，即黏度低、熔融温度低、黏结性好、收缩率小。具体介绍如下：

1）材料黏度。材料黏度低会产生较好的流动性，有利于材料的顺利挤出；若材料黏度高，流动性差，会显著增加系统内部供丝压力，加重喷头起停效应，从而影响打印质量。

2）材料熔融温度。熔融温度低可以使材料在较低温度下挤出，有利于提高喷头和整个机械系统的寿命；减小材料在挤出前后的温度差和热应力，从而提高打印模型的精度。

3）材料黏结性。黏结性的好坏决定了零件成型后的强度。这是因为，FDM 技术打印的模型的层与层之间往往是零件强度最为薄弱的地方，如果粘结性较差，将会在成型过程中因热应力造成层与层之间开裂。

4）材料收缩率。由于挤出时，喷头内部需要保持一定的压力才能将材料顺利挤出，挤出后丝材一般会发生一定程度的膨胀。如果材料收缩率对压力比较敏感，会造成喷头挤出丝材直径与喷嘴的名义直径相差太大，影响零件的成型精度。此外，FDM 成型材料的收缩率对温度不能太敏感，否则会产生零件翘曲变形甚至开裂。

2.2 立体光固化工艺及代表性技术

2.2.1 立体光固化工艺原理

立体光固化（Stereo Lithography，SL）是通过光致聚合作用选择性地固化液态光敏聚合物的一类 3D 打印工艺。根据能量光源的不同，立体光固化又分为以立体光固化成型（Stereo Lithography Apparatus，SLA）技术为代表的采用激光光源的光固化工艺和以数字光处理（Digital Light Processing，DLP）技术为代表的采用受控面光源的光固化工艺，两种典型的立体光固化工艺原理示意图如图 2-7 所示。

如图 2-7a 所示，SLA 技术以液槽中的光敏树脂为固化材料，通过计算机控制紫外激光的运动，沿着零件的各分层截面信息在光敏树脂表面进行逐点扫描，被扫描到的区域的树脂薄层产生光聚合反应而固化，而未被扫描到的光敏树脂仍保持液态。当一层树脂固化完毕后，工作台下降一个分层厚度的距离，以使在原先固化好的树脂表面再敷上一层新的液态树脂，用以进行下一次的扫描固化。新固化的一层牢固地粘结在前一层上，如此循环往复，直至整个零件打印完毕。

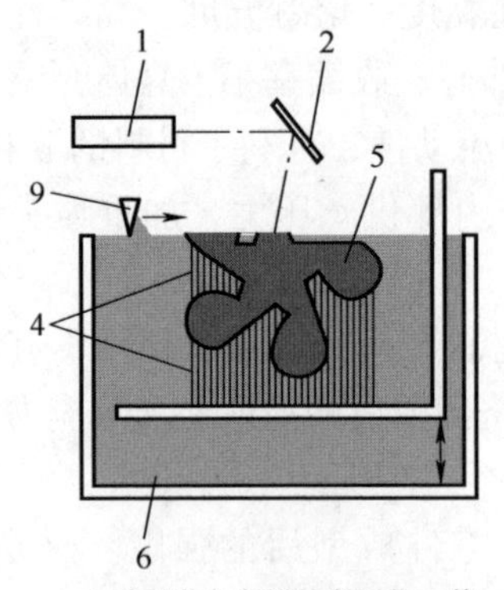

a) 采用激光光源的光固化工艺

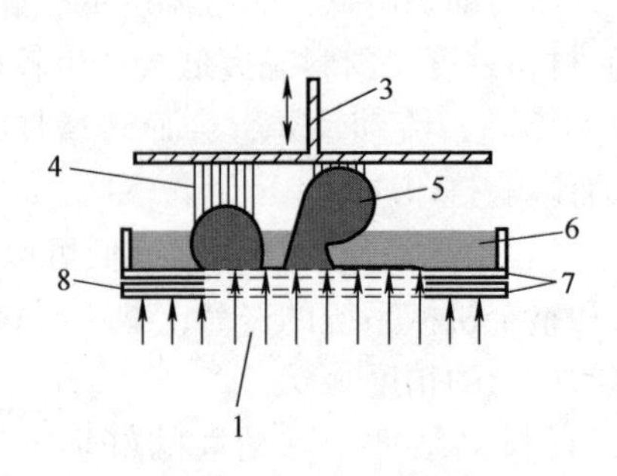

b) 采用受控面光源的光固化工艺

图 2-7 两种典型的立体光固化工艺原理示意图

1—能量光源 2—扫描振镜 3—成型和升降平台 4—支撑结构 5—成型工件
6—装有光敏树脂的液槽 7—透明板 8—遮光板 9—重新涂液和刮平装置

DLP 技术和 SLA 技术十分相似，都是以逐层打印的方式把物品打印成型，而且同样是利用液态光敏树脂作为原材料，打印时也需要添加支撑。但是与 SLA 技术的点状投射不同，DLP 技术是以投影机投影方式去将液态光敏树脂光固化，一次性投出一个截面的图形，使得每次固化成型一个截面，从而大大加快了打印速度。DLP 技术原理示意图如图 2-7b 所示。将 DLP 投影机置于盛有光敏树脂的液槽下方，其成像面正好位于液槽底部；通过能量和图形控制，可固化一定厚度和形状的薄层；固化后的树脂牢牢黏在工作平台上；接着工作台上升一层，DLP 投影机继续投在树脂液槽固化出第二层，并与上一层粘结在一起。这样通过逐层固化的方式，直至制作出整个三维实体零件。

立体光固化工艺的原材料包括液态或糊状的光敏树脂，可加入填充物；结合机制是通过化学反应固化；激活源是能量光源照射。

2.2.2 SLA 技术的主要特点

SLA 是最早发展起来的 3D 打印技术，该技术由 Charles Hull 提出并于 1986 年获得美国国家专利，同年他创立了世界上第一家 3D 打印公司——美国 3D Systems 公司。自从 1988 年美国 3D Systems 公司正式推出世界上第一台商品化 3D 打印设备 SLA-250 以来，SLA 已成为目前世界上研究最深入、技术最成熟、应用最广泛的一种 3D 打印成型技术。

与其他成型技术相比，SLA 技术具有成型零件表面质量好、尺寸精度高以及能够制造比较精细结构特征等优点，因而应用十分广泛，具体介绍如下：

1）成型过程自动化程度高。SLA 系统非常稳定，加工开始后，成型过程可以完全自动化，直至原型制作完成。

2）尺寸精度高。SLA 原型的尺寸精度可以达到 ±0.1mm。

3）优良的表面质量。虽然在每层树脂固化时侧面及曲面可能出现台阶，但上表面仍可得到玻璃状的光滑效果。

4）可以制作结构复杂、尺寸比较精细的模型。尤其是内部结构十分复杂、一般切削刀具难以进入的模型，SLA 技术能轻松地一次成型。

5）可以直接制作面向熔模精密铸造的具有中空结构的消失型。

6）制作的原型可以在一定程度上替代塑料件，尤其是在产品研发阶段，这种替代趋势越来越明显。

当然，SLA 技术也存在着许多缺点，主要有以下几点：

1）成型过程中伴随着物理和化学变化，制件较易弯曲，需要支撑，否则会引起制件变形。

2）液态树脂固化后的性能尚不如常用的注射成型零件，一般较脆，易断裂。

3）设备运转及维护费用较高。由于液态树脂材料和激光器的价格较高，并且为了使光学元件处于理想的工作状态，需要进行定期的调整，对空间环境要求严格，其费用也比较高。

4）使用的材料种类较少。目前可用的材料主要为感光性的液态树脂材料，并且在大多数情况下，不能进行抗力和热量的测试。

5）液态树脂有一定的气味和毒性，并且需要避光保存，以防止提前发生聚合反应。

6）在很多情况下，经成型固化后的原型树脂并未完全被激光固化，为提高模型的使用性能和尺寸稳定性，通常需要二次固化。

2.2.3 SLA 技术的工艺过程

SLA 技术的工艺过程同样分为前处理、成型和后处理三个阶段，具体过程如下：

1. 前处理

前处理阶段主要为 3D 打印的制作准备数据，具体包括对成型零件的 CAD 模型进行数据转换、确定摆放位置、添加支撑和切片分层等。

2. 成型

SLA 成型过程是在专用的 SLA 3D 打印成型设备上进行的。首先，起动 SLA 3D 打印成型设备系统，使得树脂材料的温度达到预设的合理数值，激光器开启后保持一定的稳定时间。其次，设备运转正常后，启动成型零件制作控制软件，读入前处理生成的层片数据文件并进行成型工艺参数设定；一般来说，3D 打印设备控制软件对成型工艺参数都有默认的设置，不需要每次在零件制作时都进行调整，只有在固化成型特殊的结构以及激光能量有较大变化时，才进行相应的调整。然后，在模型制作之前，要注意调整工作台网板的零位与树脂液面的位置关系，以确保支撑与工作台网板的稳固连接。最后，当一切准备就绪后，就可以启动 3D 打印叠层制作了，整个叠层的光固化过程都是在软件系统的控制下自动完成的，所有叠层制作完毕后，系统自动停止。

3. 后处理

SLA 的后处理主要包括成型零件的清理、去除支撑、二次固化以及必要的打磨等工作。

1）零件制作完成后，工作台升出液面，停留 5~10min，以排出填充在零件内部多余的树脂和晾干残留在零件表面的树脂。

2）将零件和工作台网板一起浸入丙酮、酒精等清洗液中进行清洗，并将零件表面的树脂完全去除干净。如果网板是固定在设备工作台上的，可直接用铲刀将零件从网板上取下进行清洗。

3）去除支撑结构。小心地去除支撑结构，注意不要刮伤零件表面和精细结构。

4）将成型零件置于紫外线烘箱中进行整体二次固化。对于有些性能要求不高的零件，可以不做二次固化处理。

5）对固化后的模型表面进行打磨、抛光、电镀和喷漆等后处理操作。

2.2.4 SLA 成型设备及材料

1. SLA 3D 打印设备构成

SLA 3D 打印设备主要包括光源系统、光扫描系统、液槽成型系统、平台升降系统、涂覆刮平系统和控制系统等，如图 2-8 所示。

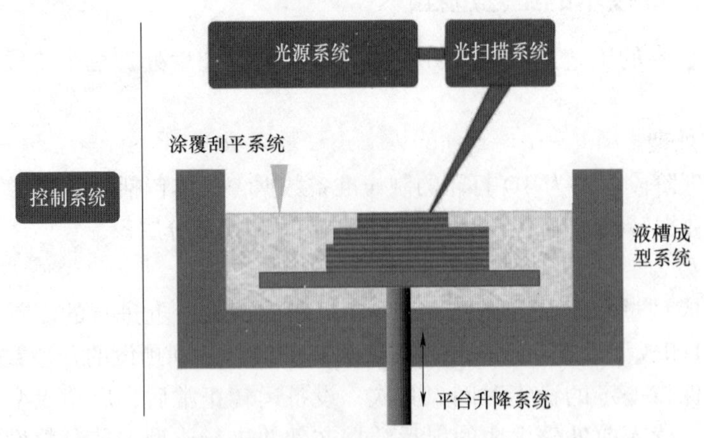

图 2-8 SLA 3D 打印设备的构成

2. 典型 SLA 3D 打印设备简介

作为成立于 1986 年的世界上第一家 3D 打印公司，美国 3D Systems 公司于 1988 年推出世界上第一台立体光固化 3D 打印设备 SLA-250，如图 2-9 所示。

目前，美国 3D Systems 公司依然是 SLA 成型设备研发和生产方面的领导者，在国际市场上占据的市场份额最大。3D Systems 公司于 2016 年将工业机器人与 3D 打印机相结合，推出了行业内首个模块化、可扩展和全集成的 3D 打印生产平台——Figure 4，可以用于自动化生产和大规模制造，与传统 SLA 成型设备相比，Figure 4 生产平台的生产率快 50 倍以上，生产成本却仅为原来的 80%，如图 2-10 所示。

图 2-9　3D Systems 公司推出的世界上第一台立体光固化 3D 打印设备 SLA-250

图 2-10　3D Systems 公司推出的 3D 打印生产平台——Figure 4

3D Systems 公司推出的较新的机型还有 ProX 950、ProX 800、SLA 750 以及 ProJet 7000 HD，其中 ProX 950 机型最大成型尺寸为 1500mm × 750mm × 550mm，如图 2-11 所示。

除了 3D Systems 公司，研究 SLA 成型设备的单位还有日本的 CMET、比利时的 Materialise（猛犸系列）以及中国的西安交通大学、华中科技大学、上海联泰科技股份有限公司、苏州中瑞智创三维科技股份有限公司等。目前，国内的 SLA 成型设备在技术水平上已经与国外接近。

国内外部分 SLA 成型设备的特性参数见表 2-2。

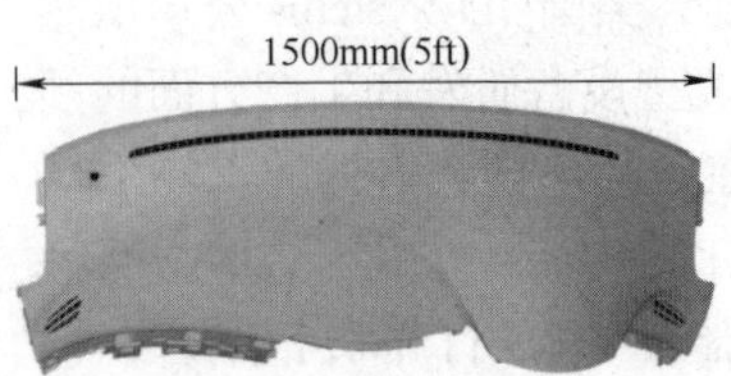

图 2-11　3D Systems 公司生产的 ProX 950 机型及其制件（汽车仪表板）

表 2-2　国内外部分 SLA 成型设备的特性参数

市场	单位	设备型号	最大成型尺寸 /（mm × mm × mm）	打印层厚 /mm	成型材料
国外	3D Systems（美国）	ProX 950	1500 × 750 × 550	0.05~0.15	Accura AMX Durable Natural、Accura Fidelity（SLA）、Accura Phoenix（SLA）等
		SLA 750	750 × 750 × 550	最小层厚 0.2	Accura AMX Durable Natural、Accura AMX Rigid Black、Accura Composite PIV、Accura HPC、Accura Phoenix（SLA）等
	Formlabs（美国）	Form 3L	335 × 200 × 300	0.025~0.3	Draft Resin、Grey Resin、Tough 2000 Resin 等
		Form 3+	145 × 145 × 185		Draft Resin、Durable Resin、Rigid 4000 Resin、Rigid 10K Resin、High Temp Resin、Tough 2000 Resin、Clear Resin 等
国内	苏州中瑞智创三维科技股份有限公司	iSLA2100T	2100 × 700 × 500	正常层厚 0.1、快速制作层厚 0.1~0.15、精密制作层厚 0.05~0.1	ZR680（精　细　白）、ZR710（强韧白）、ZR820（高透明）
		iSLA1900D	1900 × 1000 × 800		
		iSLA1600D	1600 × 800 × 600		
	上海联泰科技股份有限公司	Lite 800	800 × 800 × 550	0.07~0.25	UTR8220、UTR9000、DSM8000、DSM ledo、DSM Taurus、DSM evolve128、DSM 10122、DSM11122
		Lite 600（2.0）	600 × 600 × 400	0.07~0.25	
		Lite 300	300 × 300 × 200	0.05~0.25	

3. SLA 3D 打印成型材料

SLA 成型材料为液态光敏树脂，其性能的好坏直接决定着成型零件的质量。具体来说，SLA 成型材料应满足以下性能条件：

1）成型材料易于固化，且成型后具有一定的粘结强度。

2）成型材料的黏度不能太高，以保证加工层平整并减小液体流平时间。

3）成型材料本身的热影响区小，收缩应力小。

4）成型材料对光有一定的透过深度，以获得具有一定固化深度的层片。

2.2.5　DLP 技术介绍

DLP 技术是受控面光源的光固化工艺的典型代表性技术，作为 SLA 技术的改进与发展，是业界公认的第二代立体光固化成型技术。

DLP 源于 20 世纪 80 年代末美国德州仪器公司推出的图像投影技术，它使用高分辨率的数字光处理器投影仪来逐层固化液态光聚合物，由于能够实现整个层片的同时固化，因此速度比同类型的 SLA 技术更快。此外，DLP 技术成型精度高，成型后的零件在材料属性、细节和表面粗糙度方面可与注射成型的塑料部件相媲美；而且由于 DLP 不需要昂贵的激光发生器和激光振镜，整个系统的成本相比 SLA 有较大的降低，具有极高的性价比。

然而，由于光学系统本身的限制，DLP 无法形成较大的投影幅面，很难完成大尺寸零件的打印成型工作，因此 DLP 主要用于小尺寸、精密零件的打印制造，例如珠宝、牙科和医疗等领域，如图 2-12 所示。

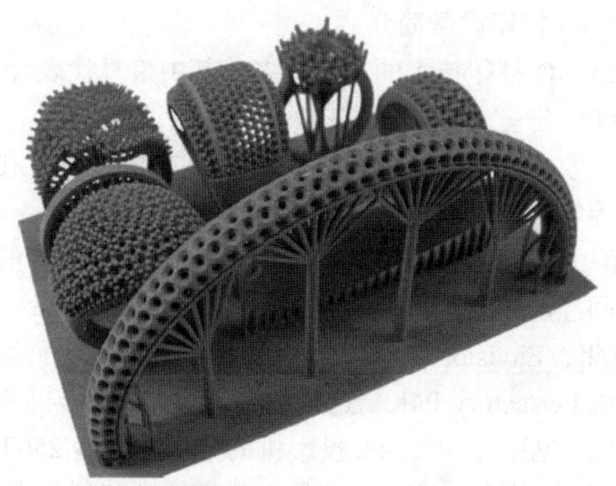

图 2-12　DLP 适用于小尺寸、精密零件的打印制造

1. DLP 3D 打印设备构成

DLP 3D 打印设备主要包括 DLP 投影系统、液槽成型系统、平台升降系统以及具有运算和控制能力的主控制系统等，如图 2-13 所示。

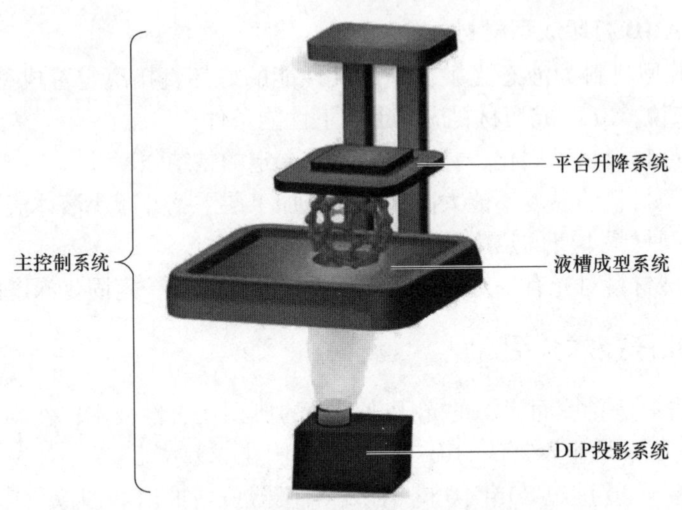

图 2-13　DLP 3D 打印设备的构成

主控制系统对零件的三维模型进行切片处理，将三维模型分割为一系列二维平面图像；然后控制置于液槽成型系统下方的 DLP 投影系统来实现图像的投影，一次性投出一个截面的图形，使得每次固化成型一个截面，从而大大加快打印速度，固化后的树脂牢牢黏在工作平台上；这样通过逐层固化的方式，直至制作出整个三维实体零件。其中，DLP 投影系统中使用的数字微镜器件（Digital Micromirror Device，DMD）芯片是 DLP 3D 打印设备的核心，要根据打印尺寸、打印精度、打印速度以及光源波长来选择合适的芯片型号。

2. 典型 DLP 3D 打印设备简介

目前研究 DLP 3D 打印技术的企业较多，其中最具代表性的是德国的光固化巨头 EnvisionTEC 公司。EnvisionTEC 公司成立于 2002 年，是 DLP 3D 打印技术的创始公司，拥有世界上最先进的 DLP 3D 打印技术，在牙科、助听器、生物打印、珠宝等领域处于全球领先地位。

自 2002 年第一代机型问世至今，EnvisionTEC 公司生产的 Perfactory 系列打印机在二十年间经历了多次改款进化，至今已成为 EnvisionTEC 最受欢迎的机型之一。2018 年，EnvisionTEC 公司发布了行业内首款配备真正 4K 投影机的 DLP 3D 打印机 Perfactory P4K，这是一款采用 4K 投影机和人工智能（AI）的 DLP 3D 打印机（见图 2-14），4K 投影机的分辨率高达 2560 × 1600px，并在像素调制中部署了 AI 技术，可实现“具有超高精度和超高表面粗糙度”的部件的 3D 打印。

2021 年，EnvisionTEC 公司被全球低成本金属 3D 打印龙头美国 Desktop Metal 公司收购，此次收购是 Desktop Metal 公司首次进军 DLP 市场及其不断增长的牙科、珠宝和生物制造行业。2022 年 Desktop Metal 公司宣布推出新的

3D 打印品牌和全资子公司 ETEC，专注于工业制造领域，不断将 3D 打印推向规模化、批量化制造的 2.0 时代。图 2-15 所示为世界上最大的 DLP 3D 打印机 Xtreme 8K，专为最终用途零件的批量生产而设计。由于在成型液槽上方装有双投影仪系统，该设备最大成型尺寸为 450mm × 371mm × 399mm，而且打印速度非常快，每天可打印数千个零件；Xtreme 8K 可打印硬塑料、高温塑料、弹性体和橡胶等多种材料；成型零件质量稳定，可与传统注射成型零件相媲美。

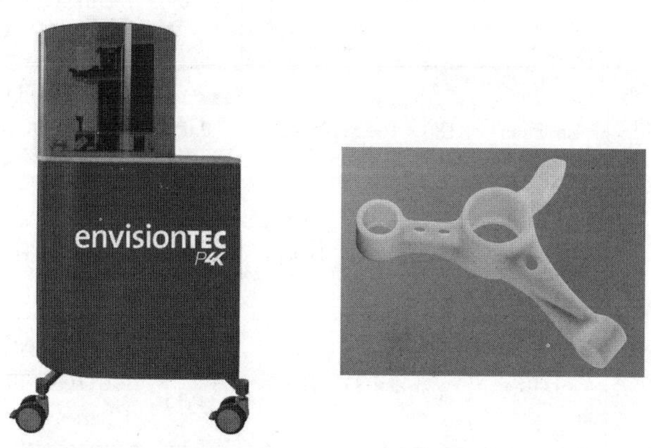

图 2-14 首款配备 4K 投影机的 DLP 3D 打印机 Perfactory P4K 及其制件

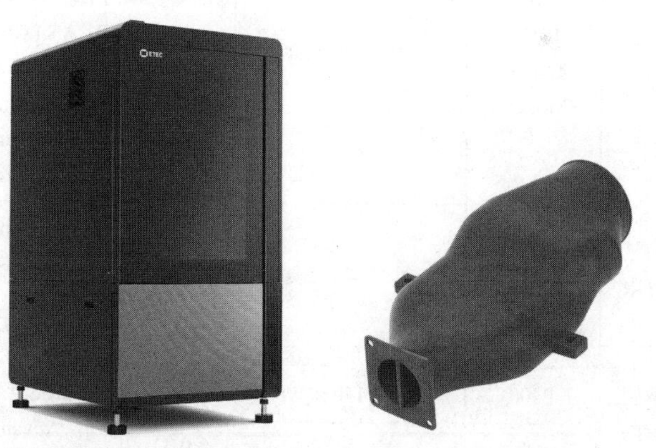

图 2-15 世界上最大的 DLP 3D 打印机 Xtreme 8K 及其制件（耐高温风道）

近几年来，随着 DLP 技术的快速发展，除了 EnvisionTEC 公司，还涌现出了许多研究和生产 DLP 3D 打印设备的其他企业，其中比较有代表性的有法国的 Prodways，中国的杭州先临三维科技股份有限公司、浙江闪铸三维科技有限公司、苏州铼赛智能科技有限公司（RAYSHAPE）等。国内外部分 DLP 成型设备的特性参数见表 2-3。

表 2-3　国内外部分 DLP 成型设备的特性参数

市场	单位	设备型号	最大成型尺寸 /（mm × mm × mm）	打印层厚 /mm	成型材料
国外	EnvisionTEC（美国）	Xtreme 8K	450 × 371 × 399	0.1~0.175	DuraChain™ Elastic ToughRubber™ 70 Black、DuraChain™ Elastic ToughRubber™ 90 Black、DuraChain™ FreeFoam™（R&D）等
		Envision one	180 × 101 × 175 及以上	0.05~0.15	LOCTITE 3955 HDT280 FST、LOCTITE IND406、LOCTITE E-3843、E-ToughFlex 等
		P4K 系列	从 90 × 56 × 180 到 233 × 141.5 × 180	0.025~0.15	RC Series、E-ToughFlex、HTM 140、Easy Cast2.0 等
		D4K	143 × 83 × 110	0.025~0.15	WIC100 Series、E-Perform、LOCTITE IND406、RC Series 等
	Prodways（法国）	ProMaker LD20 Dental Models	300 × 445 × 200	0.025~0.15	PLASTCure Clear 200、PLASTCure Cast 300、PLASTCure Cast 300 HD、PLASTCure Model 310、PLASTCure Model 320、PLASTCure ABS 3000、PLASTCure Rigid 10500、PLASTCure Absolute Aligner
国内	浙江闪铸三维科技有限公司	Hunter	120 × 67.5 × 150	0.02~0.2	FHD1100（灰色）、FHD1200（绿色）、FHD1400（黄色）、FHD1300（肉色）、FHD1500（透明）等
	苏州铼赛智能科技有限公司	P400	250 × 140 × 395	0.025~0.3	Basic 系列、Functional 系列、Advanced 系列、Dental 系列等
		P200	144 × 81 × 190		
	杭州先临三维科技股份有限公司	AccuFab-L4K	192 × 120 × 180	0.025~0.1	白色材料：TR01；黄色材料：DM12；透明材料：SG01；韧性材料：ST45、ST80；刚性材料：RG35、RG50；柔性材料：FL60、EL150 等

2.3 材料喷射工艺及代表性技术

2.3.1 材料喷射工艺原理

材料喷射（Material Jetting，MJ）是将材料以微滴的形式按需喷射沉积的一类 3D 打印工艺，其工艺原理示意图如图 2-16 所示。

材料喷射工艺的原材料包括液态光敏树脂或熔融态的蜡等，可添加填充物；结合机制是通过化学反应黏结或者通过将熔融材料固化黏结；激活源是用来实现化学反应黏结的辐射光源或熔融材料固化黏结的温度场。

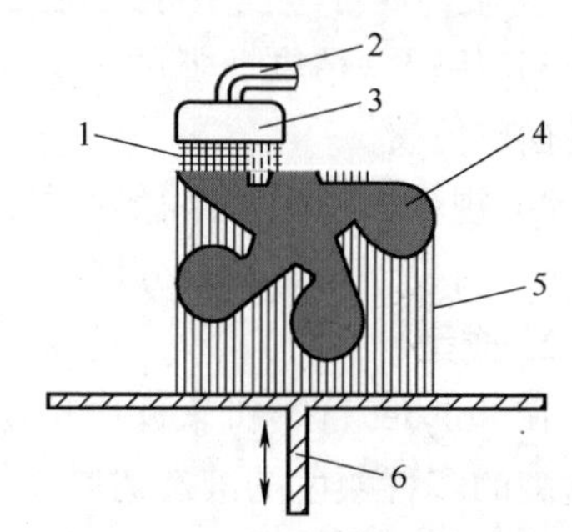

图 2-16　材料喷射工艺原理示意图

1—成型材料微滴　2—成型材料和支撑材料的供料系统（为可选部件，根据具体的成型工艺来定）　3—分配（喷射）装置（辐射光或热源）　4—成型工件　5—支撑结构　6—成型和升降平台

2.3.2 PolyJet 技术的主要特点

PolyJet 技术是材料喷射成型的主要代表技术，由以色列 Objet 公司于 2000 年推出。如图 2-16 所示，PolyJet 在成型原理上与 SLA 相同，都是通过紫外光将液态的光敏树脂进行固化成型，只不过 PolyJet 是“边喷射边固化”。

在计算机的控制下，光敏树脂沿着零件的各分层截面信息被喷射到工作台上后，紫外线灯随即发射出紫外光对光敏树脂材料进行固化；完成一层的喷射打印和固化后，工作台会下降一个层厚的距离，喷头继续喷射打印材料进行下一层的打印和固化；如此循环往复，直至完成整个零件。在成型过程中除了要使用用来生成实体的光敏树脂材料，还要使用一种用来打印支撑的光敏树脂材料。

该技术的优点是：①成型工件的精度和表面质量均较高，最薄层厚度能达到 16um；②能够实现多种不同性质的材料同时成型；③能够实现彩色打印；④适合普通的办公室环境。该技术的缺点是：①成本较高，目前该技术的设备、材料及维护费用均较高；②与 SLA 等技术相比，打印速度较慢；③由于成型原理上 PolyJet 与 SLA 本质相同，因此制件的强度、硬度等机械性能较差，一般需要进行二次固化；④需要支撑结构。

2.3.3 PolyJet 技术的工艺过程

PolyJet 技术的工艺过程分为前处理、成型及后处理三个阶段，具体过程如下：

1. 前处理

前处理阶段主要为 3D 打印的制作准备数据，具体有以下几个步骤。

1）进行三维建模，并输出 STL、OBJ 和 3MF 等 3D 打印制造需要的文件格式。

2）将 3D 打印模型导入相关软件，完成模型文件的错误诊断与修复。

3）从模型精度、强度、支撑施加及时间等各方面综合考虑，合理确定模型的摆放位置。

4）规划模型加工路径和添加支撑，进行切片参数设定。

5）对模型进行切片分层，并将生成的切片数据文件进行存储。

2. 成型

在 PolyJet 打印机软件中单击“打印”按钮，打印机开始工作。其原材料为盒装的多种颜色的液态树脂，树脂之间可进行混合，由多组条状喷头同时喷射出一层非常薄的树脂到成型平台上；同时紫外线灯跟随喷头一同运动，通过照射紫外光立即将喷射到平台上的树脂固化；完成一层喷射打印及固化后，成型平台精确地下降一个层厚，打印喷头继续喷射光敏树脂进行下一层的打印，如此往复直至整个模型打印完成。

3. 后处理

当整个打印成型过程完成后，需要使用水枪将支撑材料和附着在零件表面上的液体光敏树脂去除，然后进行整体二次固化（对于有些性能要求不高的零件，可以不做二次固化处理），即得到拥有整洁和光滑表面的最终成型零件。

2.3.4 PolyJet 成型设备及材料

1. PolyJet 3D 打印设备构成

PolyJet 3D 打印设备一般包括液滴喷射系统、紫外光源系统、成型和升降平台、控制系统等部分，如图 2-17 所示。

2. 典型 PolyJet 3D 打印设备简介

PolyJet 技术是以色列 Objet 公司于 2000 年推出的专利技术，Objet 公司于 2011 年被美国 Stratasys 公司收购。2014 年 Stratasys 公司推出全球首款彩色多材料工业级 3D 打印机——Objet 500 Connex3，如图 2-18 所示。该 3D 打印机采用独特的三重喷射技术，通过将三种基本材料的液滴进行混合，可以同时打印刚性、柔性、透明以及彩色材料；能够一次性打印出满足要求的产品部件，无须后期组装或上色，极大地节约了时间。

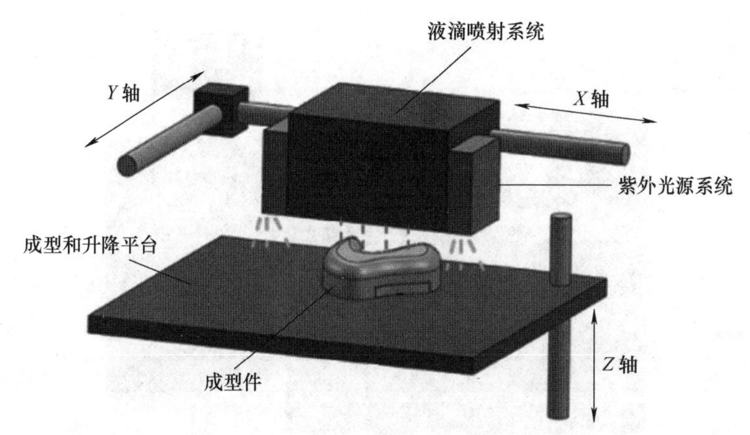

图 2-17　PolyJet 3D 打印设备的构成

近年来，作为 PolyJet 技术的全球引领者，美国 Stratasys 公司面向不同用户的需求，陆续推出一系列新的 3D 打印设备，其最新机型主要有 J850 Prime、J850 Pro、J850 Digital Anatomy、J850 TechStyle、J720 Dental 等。其中，J850 Prime 能提供目前最先进的全彩、多材料 3D 打印解决方案（见图 2-19），其最大成型尺寸为 490mm × 390mm × 200mm；可以输出超过 60 万种经 PANTONE 色彩验证的颜色，通过将七种基本材料的液滴混合，能够同时打印刚性、柔性、透明以及彩色材料；与传统模型制作方法相比，打印时间减少了 80%，能够有效提高研发效率，缩短新产品上市的时间，可以应用于消费品设计、包装开发以及医疗模型制作等众多领域。

图 2-18　Stratasys 公司推出全球首款彩色多材料工业级 3D 打印机——Objet 500 Connex3

J850 Digital Anatomy 能够创建具有高逼真度的医学模型，该模型具有高精确度的生物力学特征，从而能够更有效地模拟人体组织。图 2-20 所示为 J850 Digital Anatomy 打印的心脏功能模型，该模型使用了超软的 TissueMatrix 和 Agilus30™ 材料，可模拟真实心肌的触感和反应。

J850 TechStyle 是在 J850 Prime 基础上的升级版设备，是行业内首款可在纺织品上直接打印的 3D 打印机（见图 2-21），凭借创新的 3DFashion™ 技术，可以直接在织物、服装、鞋类和豪华配饰上进行彩色打印和设计，获得具有精致细节的不同材质的纹理和表面效果，为高端时尚行业带来 3D 打印个性化定制的历史性变革。

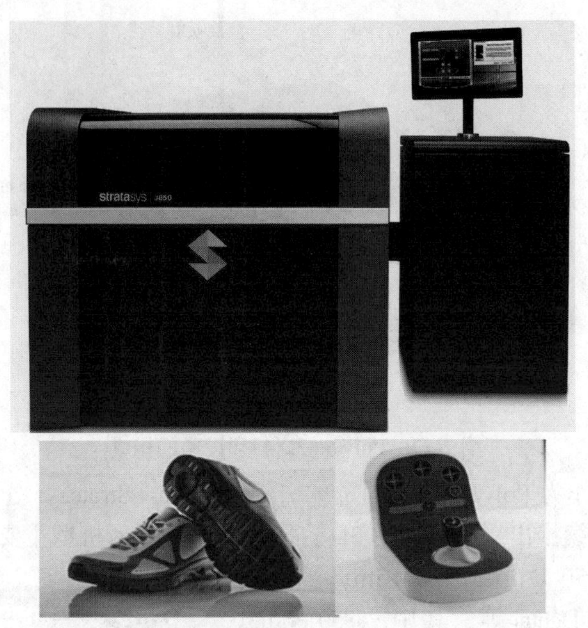

图 2-19 美国 Stratasys 公司推出的 J850 Prime 全彩、多材料 3D 打印机及其制件

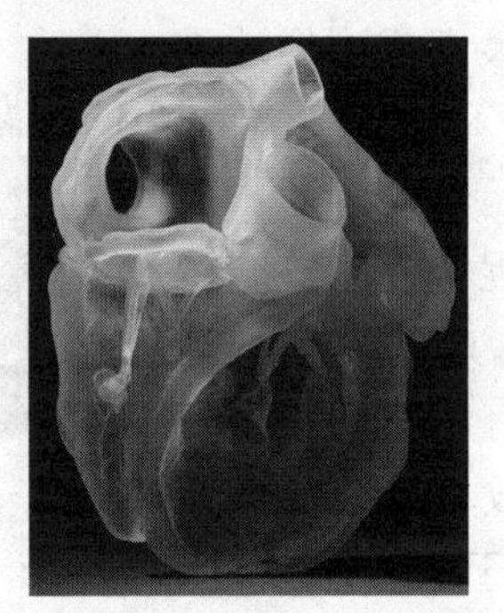

图 2-20 J850 Digital Anatomy 打印的心脏功能模型

图 2-21 J850 TechStyle 打印机及其制件（鞋子）

除了Stratasys公司，研究和制造PolyJet设备的单位还有美国的3D Systems公司（MultiJet系列）、法国Prodways集团的子公司Solidscape以及我国的珠海赛纳三维科技有限公司等。

国内外部分PolyJet成型设备的特性参数见表2-4。

表2-4 国内外部分PolyJet成型设备的特性参数

市场	单位	设备型号	最大成型尺寸/（mm×mm×mm）	成型材料
国外	Stratasys（美国）	J850 Prime	490×390×200	VeroUltra™不透明材料、Agilus30™柔性材料、VeroClear™和VeroUltraClear透明材料
		J4100	1000×800×500	Vero系列刚性不透明材料、Agilus30™系列柔性材料、VeroClear™和VeroUltraClear™透明材料、Digital ABS Plus™系列数字材料
	3D Systems（美国）	ProJet 6000 HD	250×250×250	Accura AMX Durable Natural、Accura AMX Rigid Black等
		ProJet 7000 HD	380×380×250	
国内	珠海赛纳	J300Plus	295×295×250	RGD系列成型材料、FLX系列软质成型材料、ABS系列成型材料等
		J400Plus	395×345×250	

3. PolyJet成型材料

大多数3D打印技术使用的材料种类有限，与其他3D打印技术相比，PolyJet技术最突出的优势之一是使用的成型材料为数字材料，能够制造出高度精确、精妙细致的模型来满足不同行业的原型制作需求。

PolyJet技术使用的数字材料是一种复合材料。PolyJet技术可混合多达29种基本树脂，基本树脂是指材料盒中未混合的材料。其不仅能在单个零件中组合使用多种材料（多材料3D打印），而且还能通过控制基本树脂的不同混合比例创造出新的数字材料，从而实现不同的材料属性和颜色，如图2-22所示。

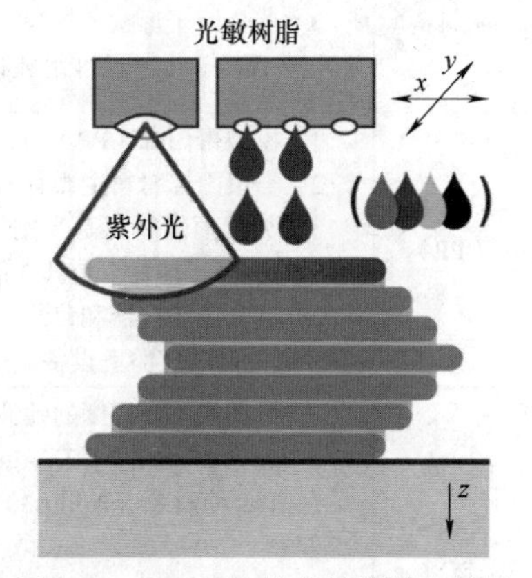

图2-22 PolyJet技术使用数字材料

目前，Stratasys公司最新的PolyJet技术可提供超过60万种、具有各种属性（从刚性到橡胶，从不透明到透明）的材料选择。数字材料能够用比过去更快的速度创造精确原型，这就是使用数字材料进行3D打印的意义所在。表2-5列出了Stratasys公司PolyJet成型材料的主要应用类型。

表2-5　Stratasys公司PolyJet成型材料的主要应用类型

材料种类	主要特点	应用产品图片
数字材料	1）灵活性高，肖氏硬度A值的范围为27~95 2）刚性材料范围从模拟标准塑料到硬且耐高温的数字ABS Plus 3）刚性或柔性材料鲜艳多彩，Stratasys J850可提供50万种颜色选择 4）PolyJet多重喷射3D打印机可用	
耐高温材料	1）适用于热气和热水等热功能测试，例如卫生洁具和家具电器的评估 2）适合于高温应用环境，与其他PolyJet基本树脂相比，高温材料的热变形温度（HDT）能够提高55℃ 3）具有良好的性能，耐高温材料的强度和刚度是ABS材料（平均值）的1.5~2倍	
透明/半透明材料	1）使用RGD720（半透明）、Veroclear（透明）和VeroUltraClear（透明）打印彩色透明部件和原型 2）透明材料VeroClear具有出色的清晰度，能够逼真地模拟PMMA热塑性材料 3）适合用于透明部件的形状和外观测试，如玻璃、消费品、护目镜、灯罩和灯箱、液体流动情况可视化、医疗应用、艺术和展览建模	
刚性不透明材料	1）绚丽的色彩选择带来前所未有的设计自由 2）结合类橡胶材料，用于包覆成型、质感柔软的手柄等 3）适合用于形状和外观测试、移动部件和组装件、销售、营销和展览模型、电子部件组装和硅胶成型	
类聚丙烯（PP）材料	1）模拟聚丙烯（PP）外观和功能 2）类聚丙烯材料主要有两种：Durus和Rigur 3）类聚丙烯材料是半刚性、强韧材料，它的抗冲击性是Vero材料的2倍，伸长率是其3倍，韧性是其2倍 4）适合用于容器和包装、灵活的卡扣配合应用和活动铰链、玩具、电池盒、实验室设备、扬声器和汽车零部件原型制作	
类橡胶材料	1）可提供不同程度的弹性体特征 2）类橡胶材料主要有Agilus30和Tango两个系列，其中Tango系列有四种材料，Agilus30系列有三种材料，肖氏硬度范围为27~75 3）适合用于橡胶挡板、包覆成型、触感柔软的镀膜与防滑表层、按钮、握柄、拉手、把手、垫圈、密封件、软管、鞋类以及展览和通信模型	

（续）

材料种类	主要特点	应用产品图片
生物相容性	1）该材料专用于医疗和牙科领域且与人体相接触 2）拥有5项医疗认证，包括细胞毒性、基因毒性、迟发型超敏反应、刺激性和USP VI级塑料 3）适用于皮肤接触（超过30天）以及短期黏膜接触（长达24h）的应用	

2.3.5　NPJ技术介绍

纳米粒子喷射（Nano Particle Jetting，NPJ）技术是以色列XJet公司于2016年首次公开的3D打印专利技术，是材料喷射成型的另一种代表性技术。如图2-23所示，与传统的2D喷墨打印机的工作原理类似，NPJ技术直接喷射含金属粉末或陶瓷颗粒的油墨来成型零件。首先将包裹纳米金属粉末、陶瓷颗粒或支撑粒子的液体装入3D打印机，并逐层喷射到构建平台上，然后构建腔内的高温会将多余的液体蒸发，最终留下一个固体金属或陶瓷零件。

图2-23　纳米粒子喷射（NPJ）技术示意图

NPJ技术的优点是：①打印产品的精度和表面质量都比较高，不用进行打磨等后处理操作（见图2-24）；②成型零件在拉伸强度等机械性能方面几乎和铸造零件相当；③支撑结构可以使用不同的材料，与其他金属3D打印技术相比，支撑更容易去除，这将为设计师提供更多的自由发挥空间；④无须惰性气体或者真空环境，更加安全；⑤材料选择方便，颗粒度也可调节；⑥整个打印过程几乎不需要人为的干预，操作简便。其缺点是原材料成本较高。

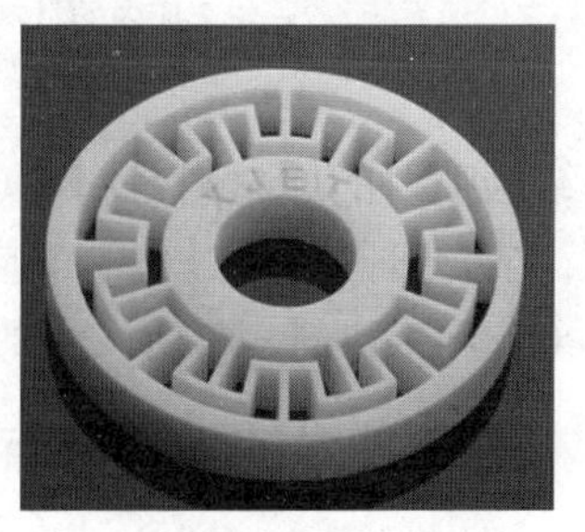

图2-24　利用NPJ技术成型的金属和陶瓷零件

2.4 黏结剂喷射工艺及代表性技术

2.4.1 黏结剂喷射工艺原理

黏结剂喷射（Binder Jetting，BJ）是选择性喷射沉积液态黏结剂粘结粉末材料的一类 3D 打印工艺。其工艺过程与粉末床熔融工艺类似，所不同的是，材料粉末不是通过烧结连接起来的，而是通过喷头喷涂黏结剂（如硅胶）将零件的截面“印刷”在材料粉末上面。

黏结剂喷射的工艺原理如图 2-25 所示，首先在成型室工作台上均匀地铺上一层粉末材料（如金属、陶瓷、石膏、型砂、塑料等）；然后喷头按照零件截面形状将黏结剂有选择性地喷射到已铺好的粉末上，将成型材料黏结形成实体截面；一层打印结束后，工作台降低一个层厚重新铺粉再喷射黏结剂，重复该过程直到整个零件打印完成。最后，用黏结剂粘结方式得到的零件强度较低，还需进行后处理，例如将蜡、环氧树脂和其他黏结剂用于聚合物材料的浸渗和强化，而对于金属和陶瓷材料则通常使用高温烧结、热等静压或浸渗熔融材料等方法来进行强化。

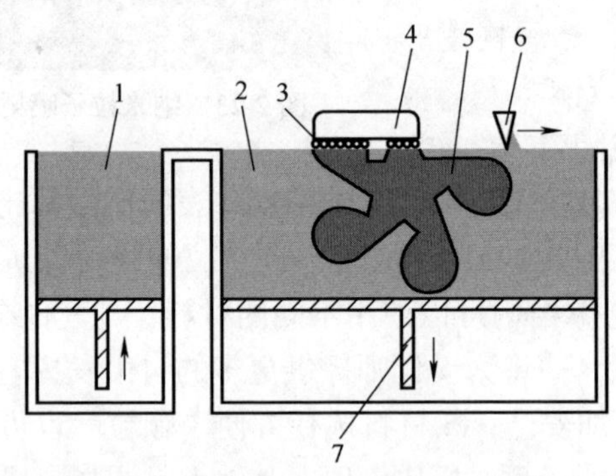

图 2-25　黏结剂喷射工艺原理示意图

1—粉末供给系统　2—粉末床内的材料　3—液态黏结剂　4—含有与黏结剂供给系统接口的分配（喷射）装置　5—成型工件　6—铺粉装置　7—成型和升降平台

黏结剂喷射的原材料是粉末、粉末混合物或特殊材料，以及液态黏结剂、交联剂；结合机制是通过化学反应和（或）热反应固化粘结；激活源取决于黏结剂和（或）交联剂，与所发生的化学反应相关。

2.4.2 3DP 技术的主要特点

三维打印技术（Three Dimensional Printing，3DP）是黏结剂喷射工艺的

典型代表技术。3DP 技术由美国麻省理工学院（MIT）的 Emanual Sachs 教授等人于 1993 年发明，随后美国 Z Corporation 公司于 1995 年获得 3DP 技术的专利授权，并陆续推出了一系列彩色 3DP 打印设备。1996 年，美国 Extrude Hone 公司获得 MIT 金属黏结剂喷射 3D 打印的独家专利授权，并于 1998 年推出世界上首台金属 3DP 设备 ProMetal RTS-300。2018 年，金属黏结剂喷射技术被 *MIT Technology Review* 评价为全球十大突破性技术。

3DP 技术的优点是：①与其他技术相比，由于无须复杂昂贵的激光系统，设备整体造价大大降低；②成型速度快；③无须支撑结构；④能够实现彩色打印。

3DP 技术的缺点是：①粉末粘结获得的直接成品强度较低，需要进行一系列后处理工艺来进行性能强化；②由于成型原理的局限性，成型零件表面比较粗糙，并且有明显的颗粒感。

2.4.3　3DP 技术的工艺过程

3DP 技术的工艺过程分为前处理、成型及后处理三个阶段，具体过程如下：

1. 前处理

首先，利用 UG、Pro/E、SolidWorks 等三维 CAD 软件完成零件的三维模型设计；其次，将完成的三维数字模型转换为 STL、OBJ 等 3D 打印制造需要的文件格式；最后，利用切片软件进行离散分层，并形成工艺文件，计算机会将每层截面都形成矢量数据，用来控制黏结剂喷射头在实际运动过程中的方向和速度。

2. 成型

在 3DP 打印机控制软件中单击“打印”按钮，打印机开始工作。首先，按照设定的层厚进行铺粉；其次，利用喷头按指定路径将液态黏结剂喷射在已铺好的粉末上，被喷射黏结剂的地方固化为实体截面，未被喷射的地方的粉末则对整个模型起到支撑作用；然后，工作台下降一个层厚的距离；最后，重复上述过程直到整个零件打印完成。

3. 后处理

零件打印完成后，工作人员将零件从工作台上拿下来，去除表面残留粉末，并进行后处理，例如将蜡、环氧树脂和其他黏结剂用于聚合物材料的浸渗和强化，而对于金属和陶瓷材料则通常使用高温烧结、热等静压或浸渗熔融材料等方法来进行强化，以保证零件具有足够的机械强度和耐热性能。

2.4.4　3DP 成型设备及材料

1. 3DP 3D 打印设备构成

3DP 成型设备一般包括喷射系统、粉末材料供给系统、运动控制系统、成型环境系统等，如图 2-26 所示。

3DP 设备的喷射系统主要由打印喷头、供墨装置等部件组成。喷头是整个 3DP 设备中最核心的部件，其性能决定了成型零件的质量，因此选择一个合适的喷头对于 3DP 设备的设计是十分重要的。3DP 的打印喷头采用微滴喷射技术，该技术是一种以微孔为中心，在背压或者激励作用下，流体通过喷孔形成射流的技术。供墨装置用来对打印喷头持续供应墨水。

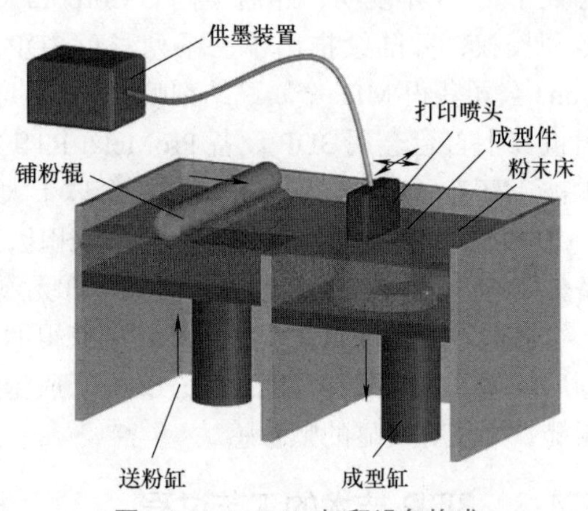

图 2-26　3DP 3D 打印设备构成

粉末材料系统主要完成粉末材料的储存、铺粉、回收、刮粉和粉末材料的真空压实等功能。主要包括成型缸、送粉缸、回收腔、铺粉辊等。运动控制系统主要包括成型腔活塞运动、储物腔活塞运动、Y 向运动及其与 X 向运动的匹配、铺粉辊运动等运动控制。成型环境系统主要包括成型室内的温度和湿度调节。

2. 典型 3DP 3D 打印设备简介

2005 年，Z Corporation 公司推出世界上首台高精度彩色 3D 打印机 Spectrum Z510，以石膏粉、有颜色的胶水作为成型材料，标志着 3D 打印进入了彩色时代，如图 2-27 所示。

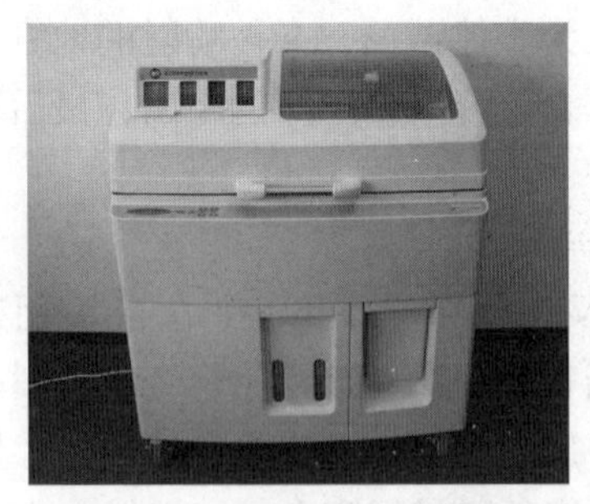

图 2-27　世界上首台高精度彩色 3D 打印机 Spectrum Z510 及其制件

2012 年，Z Corporation 公司被美国 3D Systems 公司收购，其产品被开发成为 3D Systems 公司的 ProJet CJP X60 系列打印机。图 2-28 所示为目前市场上最大的全彩 3DP 3D 打印机 ProJet CJP 860Pro，该设备最大成型尺寸为

508mm × 381mm × 229mm，配备五个打印喷头，与其他 3D 打印技术相比，打印速度提高了 5~10 倍，而且具有极高的分辨率，能够完美呈现产品概念模型的细节特征。

图 2-28 目前市场上最大的全彩 3DP 3D 打印机 ProJet CJP 860Pro 及其制件

美国 ExOne 公司（前身为 Extrude Hone）提供两种 3DP 增材制造系统，分别用来打印砂型和金属零件。1996 年，美国 Extrude Hone 公司获得 MIT 金属黏结剂喷射 3D 打印的独家专利授权，并于 1998 年推出世界上首台金属 3DP 设备 ProMetal RTS-300。2002 年，Extrude Hone 推出了第一台打印砂型模具的 3D 打印机 S10，该技术将 3D 打印技术与传统铸造工艺相结合，被称为"间接" 3D 打印技术。2005 年，ExOne 从 Extrude Hone 独立出来，专注于黏结剂喷射打印金属零件和铸造用砂型模具。截至 2019 年，ExOne 已成功推出 10 多款金属、砂子、陶瓷和复合材料的 3D 打印机，在全球安装的 ExOne 机器中，约有一半用于 3D 打印金属铸造中使用的模具和型芯，另一半则用于直接 3D 打印金属、陶瓷和复合材料零部件。2021 年，ExOne 被 3D 打印行业巨头 Desktop Metal 公司收购。

ExOne 公司最新的金属打印机主要有 X160Pro、X25Pro、InnoventX 等型号，其中 X160Pro 是目前市场上最大的黏结剂喷射金属 3D 打印机（见图 2-29），其最大成型尺寸为 800mm × 500mm × 400mm；拥有开放的材料系统，能够打印多种金属、陶瓷和复合材料；采用工业压电打印头和三重压实（Triple ACT）专利技术，能够精确分配、铺粉和压实超细粉末，可制造高密度、高精度和可重复性的零件；能够实现连续化、批量化生产。

黏结剂喷射砂型 3D 打印技术目前已被广泛用于铸造领域，被认为是降低传统铸造生产劳动强度、人力成本以及实现绿色制造的重要技术。ExOne 公司最新的砂型打印机主要有 S-Print、S-Max、S-Max Pro 和 S-Max FLex 等型号。其中 S-Max Flex 是世界上最大的铸造砂型 3D 打印机（见图 2-30），其最大成型尺寸为 1900mm × 1000mm × 1000mm，成型速度达 115L/h；采用 Desktop

Metal 独特的单通道喷射（Single-Pass Jetting，SPJ）技术，可以在一个行程同时完成铺粉和黏结剂喷射，使 3D 打印的速度更快、制造成本更低；尺寸精度高达 ±0.5mm。

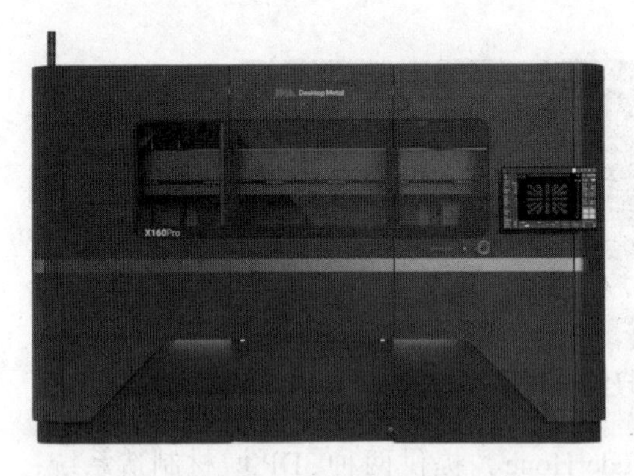

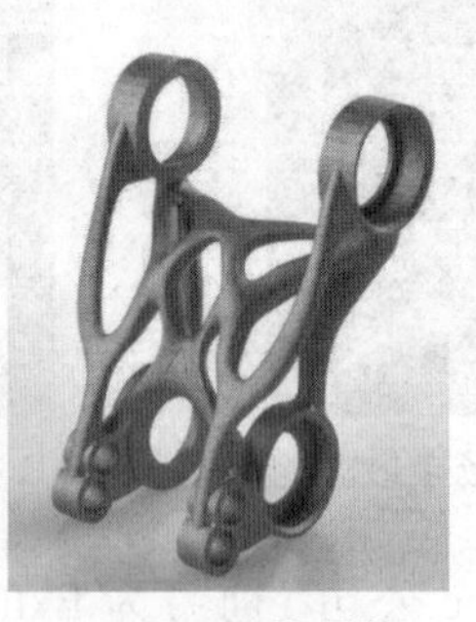

图 2-29　市场上最大的黏结剂喷射金属 3D 打印机 X160Pro 及其制件

图 2-30　世界上最大的铸造砂型 3D 打印机 S-Max Flex 及其制件

除了 3D Systems、ExOne 公司，其他发展较为成熟的 3DP 成型设备公司还有德国的 VoxelJet、美国的 GE Additive，以及中国的宁夏共享集团有限公司、广东峰华卓立科技股份有限公司、武汉易制科技有限公司等。国内外部分 3DP 成型设备的特性参数见表 2-6。

3. 3DP 成型材料

3DP 成型材料为粉末材料，其主要成分包括基体材料和添加材料。基体材料是构成最终成型零件的主体材料，对制件的尺寸稳定性等性能影响较大。常用的基体材料类型包括金属、陶瓷、石膏、型砂、高分子材料等。添加材料主要起改善铺粉性能和成型过程、提高制件强度等作用。

表 2-6 国内外部分 3DP 成型设备的特性参数

市场	单位	设备型号	最大成型尺寸 /（mm × mm × mm）	打印层厚 / mm	成型材料
国外	3D Systems	ProJet CJP 660Pro（全彩）	254 × 381 × 203	0.1	VisiJet PXL
		ProJet CJP 860Pro（全彩）	508 × 381 × 229		
	ExOne	S-Print®（砂型）	800 × 500 × 400	0.2~0.5	专用砂
		S-Max®（砂型）	1800 × 1000 × 700		
		S-Max® Flex（砂型）	1900 × 1000 × 1000	0.28~0.5	
		InnoventX（金属）	65 × 160 × 65	0.03~0.2	不锈钢、模具钢、镍合金、铝、钛合金、金属复合材料、陶瓷等
		X160Pro（金属）	500 × 800 × 400		
	Voxeljet	VX1000 HSS	1000 × 540 × 180	0.1~0.15	PA12 塑料
		VX4000	4000 × 2000 × 1000	0.2~0.3	专用砂
国内	武汉易制科技有限公司	Easy3DP-G450（全彩）	450 × 220 × 300	0.1~0.2（可调）	石膏粉末
		Easy3DP-M500 金属）	500 × 450 × 400	0.04~0.2（可调）	铁基粉末、不锈钢粉末、铜粉等
		Easy3DP-S2200（砂型）	2200 × 1000 × 1000	0.1~0.5（可调）	硅砂、石英砂、覆膜砂等
	台湾研能科技股份有限公司	ComeTrue®T10（全彩粉末）	200 × 160 × 150	0.103 或 0.12	石膏粉末
		ComeTrue®M10（陶瓷）		0.04~1（默认为 0.12）	特制的陶瓷基复合粉末

3DP 粉末材料的特性直接决定了是否能够成型以及成型零件的性能和质量，主要包括制件的强度、致密度、精度、表面粗糙度以及变形情况等。粉末材料的特性主要包括粒径及粒度分布、颗粒形状、密度等。粉末的粒径和粒度分布直接影响着粉末的物理性能以及与液滴的作用过程。粒径太小的颗粒会因范德瓦耳斯力或湿气而容易产生团聚，影响铺粉效果，同时，粒径太小也会导致粉末在打印过程中易飞扬，堵塞打印头；粒径较大的粉末滚动性好，铺粉时不易形成裂纹状，但打印精度差，无法表达细节。理论上，球形的粉末流动性较好，且内摩擦较小；形状不规则的粉末滚动性较差，但填充效果好。

用于打印头喷射的黏结剂要求性能稳定，能长期储存，对喷头无腐蚀作用，黏度低，表面张力适宜，以便按预期的流量从喷头中挤出，且不易干涸，能延长喷头抗堵塞时间，低毒环保等。目前最常用的是以水为主要成分的水基黏结剂。

2.5 粉末床熔融工艺及代表性技术

2.5.1 粉末床熔融工艺原理

粉末床熔融（Powder Bed Fusion，PBF）是通过热能选择性地熔化或烧结粉末床区域的一类3D打印工艺。典型的粉末床熔融工艺目前主要有三种：选择性激光烧结（Selective Laser Sintering，SLS）技术、选择性激光熔融（Selective Laser Melting，SLM）技术以及电子束熔炼（Electron Beam Melting，EBM）技术，其中SLS和SLM属于基于激光的粉末床熔融工艺，而EBM属于基于电子束的粉末床熔融工艺（见图2-31）。

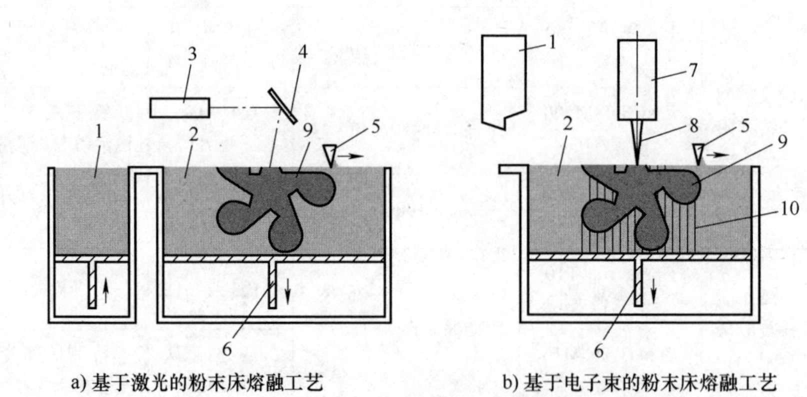

a) 基于激光的粉末床熔融工艺　　b) 基于电子束的粉末床熔融工艺

图2-31　两种典型的粉末床熔融工艺原理示意图

1—粉末供给系统（在有些情况下，为储粉容器，如b图所示）　2—粉末床内的材料　3—激光　4—扫描振镜　5—铺粉装置　6—成型和升降平台　7—电子枪　8—聚焦的电子束　9—成型工件　10—支撑结构

注：对于成型金属粉末，通常需要成型基板和支撑结构；而对于成型聚合物粉末，通常不需要上述基板和支撑结构。

1. 选择性激光烧结（SLS）技术

SLS制造系统主要由激光器、扫描振镜、工作台、粉末供给系统、铺粉辊和工作缸等组成。其成型原理为：采用铺粉装置预先在工作台上铺上一层粉

末材料，并加热至恰好低于该粉末烧结点的某一温度，激光束在计算机的控制下，按照截面轮廓信息在粉层上扫描，使粉末的温度升高到熔化点并进行烧结固化，在非烧结区域的粉末仍然呈松散状，作为工件和下一层粉末的支撑。当一层截面烧结完成后，工作台下降一个层厚的距离，再进行下一层的铺粉和烧结，直至完成整个零件。SLS 使用的激光器是 CO_2 激光器。

SLS 技术的优点是：①打印的材料种类广泛，从原理上来说，任何受热能够形成原子间黏结的粉末材料都可以作为 SLS 的成型材料，目前可成功进行成型加工的材料有尼龙、蜡、金属、陶瓷等；②无须支撑结构；③成型的零件强度较高，可以直接作为终端产品使用；④材料利用率高。SLS 技术的缺点是：①成型件表面比较粗糙；②烧结过程有异味；③加工时间较长；④由于使用了大功率激光器，除了本身的设备，还需要很多辅助保护工艺，整体技术难度较大，制造和维护成本较高。

2. 选择性激光熔融（SLM）技术

SLM 是在 SLS 基础上发展起来的一种直接金属成型技术，于 1995 年由德国 Fraunhofer 激光技术研究所提出，其成型原理与 SLS 技术类似。SLM 技术需要使金属粉末完全熔化，直接成型金属件，因此需要高功率密度激光器。激光束开始扫描前，水平铺粉辊先把金属粉末平铺到加工室的基板上，激光束将按当前层的轮廓信息选择性地熔化基板上的粉末，加工出当前层的轮廓；然后可升降系统下降一个层厚的距离，滚动铺粉辊再在已加工好的当前层上铺设金属粉末，设备调入下一图层进行加工；如此循环往复，直到整个零件加工完毕。整个加工过程在抽真空或通有保护气体的加工室中进行，以避免金属在高温下与其他气体发生反应。

SLM 技术的优点是：①直接制造金属功能件，无须中间工序；②SLM 工艺过程中金属粉末在高能激光辐照下完全熔化，从而使金属粉末颗粒之间产生冶金结合，加工的零件不需要后处理、致密度高，并且具有较好的力学性能；③粉末材料可为单一材料也可为多组元材料，原材料无须特别配制。基于上述优点，SLM 成为近年来 3D 打印技术的主要研究热点和发展趋势。

SLS 和 SLM 都能够制造金属零件，二者的区别主要在于：①SLS 是选择性激光烧结，所用的原材料是经过处理的高熔点的金属粉末与低熔点金属（或者高分子材料）的混合粉末，在加工的过程中，低熔点的材料部分熔化而高熔点的金属粉末不熔化。SLS 利用被熔化的材料实现黏结成型。因此金属粉末烧结成型后存在孔隙，力学性能较差，还需要粉末冶金的烧结工序才能形成最终的金属功能件。②SLM 是选择性激光熔融，顾名思义，也就是在加工的过程中用激光使粉体完全熔化，不需要黏结剂，因此成型的精度和力学性能都比 SLS 要好。

3. 电子束熔炼（EBM）技术

EBM 技术是一种新兴的先进金属成型制造技术。其技术原理与 SLM 大致相同，最大的区别是能量源从激光换成了电子束。其实现过程为：将零件的三维实体模型数据导入到 EBM 设备，然后在 EBM 设备的工作仓内平铺一层金属粉末，利用高能电子束经偏转聚焦后在焦点所产生的高密度能量，根据截面轮廓信息对金属粉末进行有选择的扫描，被扫描到的金属粉末层高温熔融并凝固，从而加工出当前层的轮廓；然后可升降系统下降一个层厚的距离，铺粉器重新铺放新一层金属粉末，逐层“铺粉 - 熔化”的过程反复进行直到整个零件加工完毕。

与 SLM 相比，EBM 技术电子束的能量利用率高，可成型难熔材料；由于在真空环境下成型，大大降低了金属氧化的程度；同时真空环境也提供了一个良好的热平衡系统，从而提高了成型稳定性；另外，由于电子束的转向不需要移动部件，所以加快了扫描和成型的速度。

2.5.2 SLS 技术的工艺过程

SLS 工艺使用的材料一般有石蜡、高分子材料、金属、陶瓷粉末和它们的复合粉末材料。其中，高分子粉末材料 SLS 技术应用最为成熟和广泛。

同其他成型技术一样，SLS 成型制造工艺过程也分为前处理、成型以及后处理三个阶段。

1. 前处理

前处理阶段主要为 3D 打印的制作准备数据，具体包括：

1）进行三维建模，并输出 STL 等 3D 打印制造需要的文件格式。

2）将 3D 打印模型导入相关软件，完成 STL 文件的错误诊断与修复。

3）从模型精度、强度及时间等各方面综合考虑，合理确定模型的摆放位置。

4）规划模型加工路径，进行切片参数设定。

5）对模型进行切片分层，将生成的切片数据文件进行存储并输入到 SLS 成型系统中。

2. 成型

整个 SLS 制造过程主要分为预热、叠层制造和冷却三个阶段。

1）预热阶段。在 SLS 成型开始之前，成型腔内的粉末材料通常需要被预热到一定的温度并在后续的成型过程中一直维持恒定直至结束。预热的目的主要有：①降低烧结过程中所需要的能量，防止激光能量过大而造成材料分解；②减小已烧结区域和未烧结粉末之间的温度梯度，防止成型零件翘曲变形。

2）叠层制造阶段。采用铺粉装置在工作台上铺上一层粉末材料，激光束

在计算机的控制下，按照截面轮廓信息在粉层上扫描，使粉末的温度升高到熔化点并进行烧结固化。当一层截面烧结完成后，工作台下降一个层厚的距离，再进行下一层的铺粉和烧结，如此循环往复直至完成整个零件。

3）冷却阶段。当叠层制造完成后，需要将成型缸缓慢冷却至40℃以下，以减小成型零件因局部结晶产生非均匀收缩而引起的翘曲变形。

3. 后处理

打印完毕后，取出零件并使用毛刷清除浮粉。对于用于最终使用的尼龙类成型零件，可以进一步进行喷砂处理，来提高零件的表面强度。对于用于熔模铸造的PS类成型零件，需要进行渗蜡等补强处理，以提高零件的表面质量和强度。

2.5.3　SLS成型工艺参数

SLS成型工艺参数主要包括激光功率、扫描速度、扫描间距、铺粉层厚和预热温度等，它们对成型零件的精度和强度影响很大，例如层与层之间的粘结、烧结体的收缩变形、翘曲变形甚至开裂。

1. 激光功率

随着激光功率的增加，尺寸误差向正方向增大，并且厚度方向尺寸误差的增大趋势要比长宽方向的大，这主要是因为对于波长一定的激光，其光斑直径是固定的。当激光功率增加时，光斑直径不变，但向四周辐射的热量会增加，这样导致长宽方向的尺寸误差随着功率的增加向正误差方向增大。由于激光的方向性，导致热量主要沿着激光束的方向进行传播，所以随着激光功率的增加，沿厚度方向即激光束的方向，更多的粉末会被烧结在一起。

当激光功率增加时，成型零件的强度也随之增大。因为当激光功率比较低时，粉末颗粒只是边缘熔化而粘结在一起，球形颗粒粉末之间存在着大量的孔隙，使得强度不会很高。当激光功率增大到一定程度时，粉末颗粒从完全熔化到固化。层内和层间的粉末已经不是一个个的颗粒了，而是熔化烧结成一个固体，使得致密度提高，强度也随之有相当大的提高。但是激光功率过大会加剧因熔固收缩而导致的制件翘曲变形，所以要综合考虑来选取。

2. 扫描速度

扫描速度对原型尺寸精度和性能的影响正好与激光功率的影响相反。扫描速度增大，则单位面积上的能量密度减小，相当于减小了激光功率。因此当扫描速度增大时，尺寸误差向负误差的方向减小，成型零件的强度会降低，但扫描速度对成型效率有一定的影响，扫描速度越快，成型效率越高。

3. 扫描间距

扫描间距指两条激光扫描线之间的距离。扫描间距越小，单位面积上的能量密度越大，粉末熔化就越充分，成型零件的强度越高。同时，扫描间距越小，两束激光的重叠部分就越大，温度也会升高，这会使更多的粉末烧结在一起，导致尺寸误差向正误差方向增大。反之，当扫描间距增大时，尺寸误差向负误差方向减小，成型零件的强度降低。扫描间距也是影响成型效率的一个重要指标，间距越大，成型效率越高，所以在实际生产中，应综合考虑选取合适的扫描间距。

4. 铺粉层厚

一般来说，铺粉层厚越小越好。一方面，铺粉层厚增加，需要熔化的粉末增加，向外传递的热量减少，会使尺寸误差向负方向减小；另一方面，随着铺粉层厚增加，各层粘结的牢固程度逐渐减弱，使成型零件的强度下降。但是过小的铺粉层厚会导致打印效率下降、成型总时间成倍增加，因此应综合考虑进行参数的选取。

5. 预热温度

预热是 SLS 工艺中的一个重要环节，对粉末材料进行预热，可减小因烧结成型时在工件内部产生的热应力，防止发生翘曲变形，提高成型精度。反之，没有预热，或者预热温度不均匀，不仅会使成型时间增加，而且会影响成型零件的精度和性能，甚至使烧结过程不能进行。

2.5.4 SLS 成型设备及材料

1. SLS 3D 打印设备构成

SLS 成型设备一般由成型室、CO_2 激光器、光路系统、预热系统、气体保护系统、供粉及铺粉系统、控制系统等组成，如图 2-32 所示。

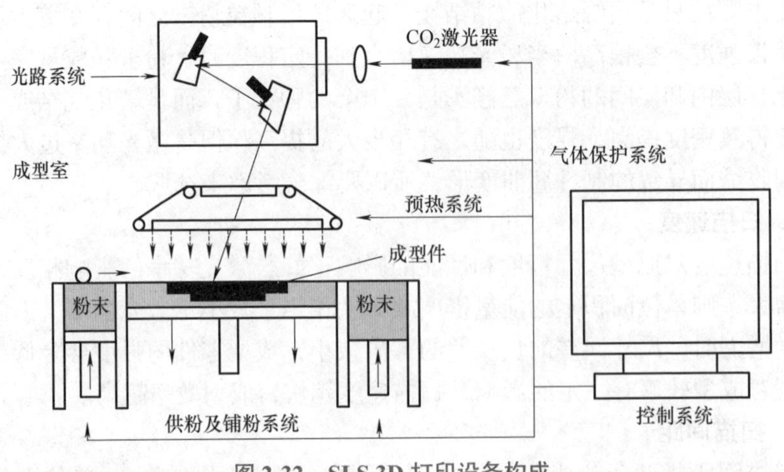

图 2-32　SLS 3D 打印设备构成

2. 典型 SLS 3D 打印设备简介

SLS 是由美国 Texas 大学的研究生 Carl Deckard 于 1989 年发明的，凭借这一核心技术他组建了 DTM 公司，并于 1992 年推出了第一台商业化 SLS 成型设备 Sinterstation 2000（见图 2-33），随后分别于 1996 年、1998 年推出了 Sinterstation 2500 和 2500Plus 两种机型。

2001 年，DTM 公司被 3D Systems 公司收购，3D Systems 继承了 DTM 系列 SLS 产品。目前 3D Systems 公司最新的 SLS 打印机主要有 SLS380、sPro140、sPro230 等型号，其中 sPro230 的最大成型尺寸为 550mm × 550mm × 750mm（见图 2-34），能够一体成型大型零件或批量生产中小型零件；打印层厚为 0.08~0.15mm，成型精度高；使用材料为坚固耐用的尼龙或复合材料，可以满足非常严苛的工程使用要求。

图 2-33　第一台商业化 SLS 成型设备 Sinterstation 2000

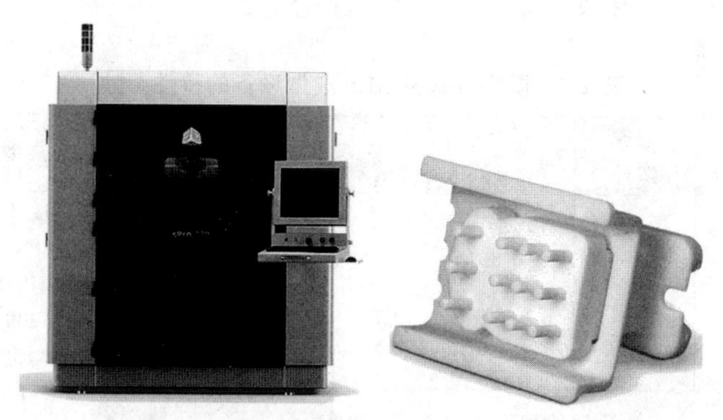

图 2-34　SLS 成型设备 sPro230 及其制件

德国 EOS 公司是近年来粉末床熔融（SLS、SLM）设备销售最多、增长速度最快的制造商，其设备具有较高的制造精度、成型效率及多样化的材料种类，因此在同类产品中处于领先水平。1994 年，EOS 公司推出了其研发的第一款 3D 打印设备 EOSINT P350。2008 年，EOS 推出了首个高温 SLS 成型设备 EOSINT P800，设备工作温度最高可达到 385℃，将 SLS 技术的材料应用从传统的尼龙材料扩展到了 PEEK 等高温热塑性材料。目前 EOS 公司最新的 SLS 打印机主要有 EOS P396、EOS P500、EOS P770、EOS P810 等型号，其中 EOS P810 是世界上首款面向碳纤维增强 PEKK 材料的高温激光烧结系统（见图 2-35），其最大成型尺寸为 700mm × 380mm × 380mm，采用双激光扫描系统，提高了成型效率，扫描速度为 12m/s，层厚为 0.12 mm，使用碳纤维增强 PEKK 材料成型的零件具有强度高、质量轻、耐高温等优点。

图 2-35　EOS P810 型号 3D 打印机及其制件

除了美国的 DTM 公司、3D Systems 公司、德国的 EOS 等国外公司，研究 SLS 技术的国内代表性单位还有湖南华曙高科技股份有限公司、上海盈普三维打印科技有限公司、武汉华科三维科技有限公司等。

国内外部分 SLS 成型设备的特性参数见表 2-7。

表 2-7　国内外部分 SLS 成型设备的特性参数

市场	单位	设备型号	最大成型尺寸 /（mm × mm × mm）	激光器参数	成型材料
国外	EOS（德国）	EOS P396	340 × 340 × 600	70W CO_2 激光器	PA 1101、PA 1102 black、PA 2200、PA 2201、PA 2210 FR、PrimePart FR（PA 2241 FR）、PA 3200 GF、Alumide、EOS TPU 1301、PP 1101、ALM FR-106、ALM HP 11-30、ALM PA 640 GSL
		EOS P770	700 × 380 × 580	2 × 70W CO_2 激光器	Alumide、PA 1101、PA 1102 black、PA 2200、PA 2201、PA 3200 GF、PrimePart FR（PA 2241 FR）、PrimePart PLUS（PA 2221）
		EOS P810	700 × 380 × 380		HT-23 from Advanced Laser Materials（ALM）

（续）

市场	单位	设备型号	最大成型尺寸/（mm×mm×mm）	激光器参数	成型材料
国外	3D Systems（美国）	SLS 380	381×330×460	100W CO_2激光器	DuraForm PAx Black、DuraForm PAx Natural（SLS）、DuraForm ProX PA（SLS）、DuraForm ProX HST Composite（SLS）
		sPro™ 140	550×550×460	70W CO_2激光器	DuraForm PAx Black、DuraForm PA（SLS）、DuraForm HST Composite（SLS）、DuraForm GF（SLS）、DuraForm EX Natural（SLS）、DuraForm EX Black（SLS）
		sPro™ 230	550×550×750		
国内	湖南华曙高科技股份有限公司	Flight HT252P	250×250×320	300W光纤激光器	FS3201PA-F、FS3300PA-F、FS3401GB-F、FS2300PA-F、LUVOSINT®TPU X92A-1064 WT等
		Flight SS403P	400×400×450或400×400×540（高缸）	1×500W光纤激光器、2×300W光纤激光器	
		HT1001P	1000×500×450	2×100W CO_2激光器	FS3300PA、FS3401GB、FS4100PA、FS3150CF、FS3250MF、FS6140GF、FS1092A-TPU、FS1088 A-TPU、Ultrasint PA6等
	上海盈普三维打印科技有限公司	P550DL	550×550×850	2×140W CO_2激光器	尼龙、TPU等粉末
		S800QL	800 × 800× 600	4×500W CO_2激光器	
	武汉华科三维科技有限公司	HK PK3535	350×350×350	100W CO_2激光器	PEEK粉末材料，PA6、PA12等熔点低于400℃的高分子粉末材料
		HK P5050	500×500×400	55W CO_2激光器	PA、PP等熔点低于230℃以下材料

2.5.5　SLM技术的工艺过程

SLM技术由SLS技术发展而来，但在成型本质上又区别于SLS技术，发展至今，SLM技术具有以下特点：

1）成型质量好。采用具有高功率密度的光纤激光器，原型可获得较高的尺寸精度和表面质量。

2）力学性能好。金属成型零件具有冶金结合的组织特性，相对密度接近100%，可实现良好的力学性能。

3）成型结构不受限制。适合各种复杂形状结构件的制作，尤其是采用传统技术无法制作的复杂空腔异形结构。

4）原材料包括模具钢、钛合金、铝合金、镍合金以及金属基复合材料等多种类型，应用日益广泛，材料利用率高。

5）个性化制造。摆脱了传统制造过程中金属零件对模具的依赖性，可满足个性化金属零件的制造需求。

SLM 成型制造工艺过程同样分为前处理、成型以及后处理三个阶段。

1. 前处理

首先，利用 UG、Pro/E、SolidWorks 等三维 CAD 软件完成所需生产零件的三维模型设计。其次，将完成的三维数字模型转换为 STL 等 3D 打印制造需要的文件格式。最后，利用切片软件进行离散分层，并形成工艺文件。

2. 成型

激光束开始扫描前，先在工作台上安装具有与成型零件相同材料的基板，提供金属零件生长所需的基体，将基板调整到与工作台面平齐的位置后，送粉缸上升送粉，铺粉辊滚动将粉末平铺到基板上；在计算机的控制下，激光束根据零件 CAD 模型的二维切片轮廓信息扫描熔化粉层中对应区域的粉末，以加工出当前层的轮廓；然后工作缸下降一个层厚的距离，送粉缸再上升一定高度，铺粉辊滚动将粉末铺设到已加工好的金属层上，计算机调入下一个层面的二维轮廓信息，并进行加工；如此循环往复，直至整个三维零件实体制造完毕。

由于 SLM 成型过程中温度梯度、热应力和热变形较大，为了避免出现裂纹、翘曲、脱层等缺陷，可采取基板预热、优化激光扫描策略等工艺控制方法。

3. 后处理

零件加工完毕后，需要采用线切割将零件从基板上切割下来。之后进行喷砂或高压气处理，以去除表面或内部残留的粉末。有支撑结构的零件需要进行机械加工去除支撑，并进行抛光。

2.5.6 SLM 成型工艺参数

与 SLS 技术类似，SLM 的工艺参数主要包括激光功率、扫描速度、扫描间距、铺粉层厚、扫描路径等。

1. 激光功率

激光功率主要影响激光作用区域内的能量密度。激光功率越高，材料的熔融越充分，越不易出现粉末夹杂等不良现象，熔化深度也随之增加。然而，激光功率过高，容易产生或加剧粉末材料的剧烈汽化或飞溅现象，形成多孔状结构，致使成型零件表面不平整甚至翘曲变形。

2. 扫描速度

扫描速度指激光光斑沿扫描轨迹运动的速度。扫描速度对成型零件的致密度和表面质量影响较大。随着扫描速度减小，激光停留在粉末表面的时间相对延长，可使粉末熔化充分，从而得到较高的零件致密度。但是速度过低时，粉末吸收激光能量增加，会在表面产生明显的波纹状影响成型零件的表面质量。此外，扫描速度对快速成型效率也有一定的影响，所以要根据实际情况来选取。

3. 扫描间距

扫描间距指激光扫描相邻两条熔覆道时光斑移动的距离。当扫描间距过大时，扫描区域彼此分离，相邻两条熔化区域之间粘结不牢或无法连接，会导致成型零件的表面凹凸不平，严重影响制件的强度。扫描间距过小，扫描线又会重叠严重，相邻区域的部分金属重复熔化，不仅导致成型效率降低，而且成型零件会产生翘曲和收缩缺陷。

4. 铺粉层厚

铺粉层厚指每一次铺粉前工作平面下降的高度。当要求较高的表面精度或产品强度时，层厚应取较小值。这是因为厚度越小，层与层结合的强度越高，产品强度越高，表面质量越好，但是会导致打印效率下降、成型的总时间成倍增加。

5. 扫描路径

扫描路径指激光光斑的移动方式。扫描路径（或扫描策略）对成型零件的显微组织、机械性能和尺寸精度等起到至关重要的作用。在 SLM 工艺中，高能量的输入和非均匀的温度分布会造成非常大的温度梯度和热应力，从而导致翘曲变形等缺陷的产生。选择合适的激光扫描路径，有利于降低 SLM 成型过程的温度梯度，避免成型件出现裂纹和翘曲变形等缺陷。

常见的扫描路径有逐行扫描（每一层沿 *X* 或 *Y* 方向交替扫描）、分块扫描（根据设置的方块尺寸将截面信息分成若干个小方块进行扫描）、带状扫描（根据设置的带状尺寸将截面信息分成若干个小长方体进行扫描）、分区扫描（将截面信息分成若干个大小不等的区域进行扫描）、螺旋扫描（激光扫描轨迹呈螺旋状），如图 2-36 所示。

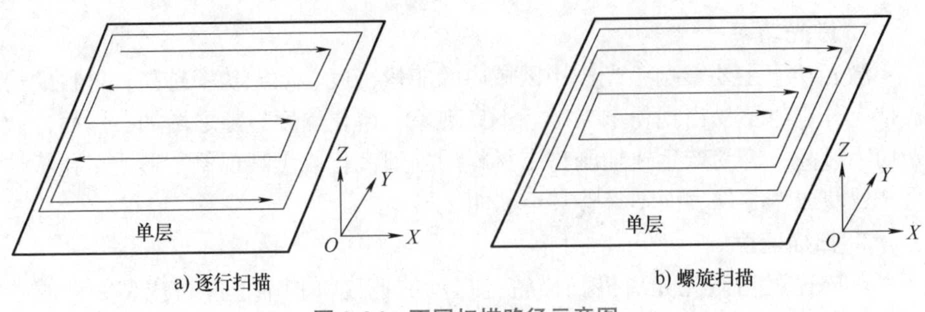

a) 逐行扫描　　b) 螺旋扫描

图 2-36　不同扫描路径示意图

2.5.7　SLM 成型设备及材料

1. SLM 3D 打印设备构成

SLM 利用高能激光热源将金属粉末完全熔化后快速冷却凝固成型，从而得到高致密度、高精度的金属零件，其思想来源于 SLS 技术并在其基础上得以发展。与 SLS 系统类似，SLM 成型设备一般由成型腔室、激光器（光纤激光器）、光路系统、预热系统、气体保护系统、供粉及铺粉系统、控制系统等组成。

其中激光器是 SLM 设备提供能量的核心功能部件，直接决定 SLM 零件的成型质量。SLM 设备通常采用能量更高的光纤激光器，光束直径内的能量呈高斯分布。

2. 典型 SLM 3D 打印设备简介

德国 Fraunhofer 激光技术研究所最早深入探索了激光完全熔化金属粉末的成型机理，并于 1995 年首先提出了 SLM 技术。随着激光技术的不断发展，先进高能的光纤激光器被引入 SLM 设备中，SLM 制件的质量有了明显的提升。2003 年底，世界上第一台应用光纤激光器的 SLM 设备由德国 MCP-HEK 公司推出，利用该设备成型零件的致密度达到了 100%，可以直接应用于工业领域。

目前，欧美等发达国家在 SLM 设备的研发及商业化进程上处于世界领先地位，例如德国 EOS、SLM Solutions、Concept Laser、英国 Renishaw 等公司，其中德国 EOS 公司是全球领先的 SLM 增材制造系统的制造商。通过对 SLM 技术的不懈研究，EOS 公司先后推出 M270、M280、M290、M300、和 M400 等一系列商品化 SLM 设备。其中 EOS M400 SLM 成型系统采用先进的 Yb-fiber 单激光器，功率高达 1000W，具有高效能、长寿命、光学系统精准度高等特点，最大成型尺寸为 400mm × 400mm × 400mm，如图 2-37 所示。

图 2-37　EOS M400 SLM 机型及其制件

为了进一步满足航空航天等领域大尺寸、高效率、复杂构件的增材制造需求，大尺寸、多光束 SLM 增材制造设备成为近年来国际研究的热点。2012 年 11 月，德国 SLM Solutions 公司采用四激光器（也可选配双激光）及扫描振镜组成 SLM 增材制造成型系统——SLM 500，设备成型尺寸为 500mm × 280mm × 365mm，能满足大型复杂构件的应用需求，如图 2-38 所示。

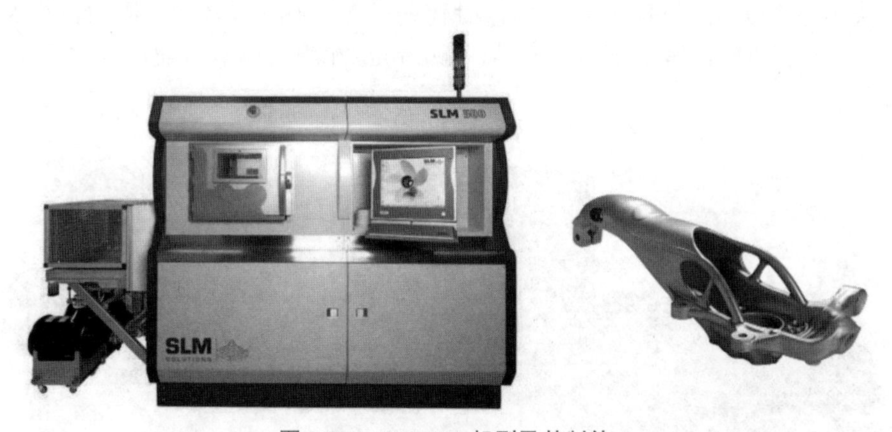

图 2-38　SLM 500 机型及其制件

2015 年，德国 Concept Laser 公司推出了 X line 2000R 型大尺寸、多光束 SLM 设备。该设备其最大打印尺寸为 800mm × 400mm × 500mm，采用双激光系统，每个激光器功率高达 1000W。2016 年，EOS 公司推出了面向高端产品的大幅面、多光束、超高速 SLM 金属增材制造设备 EOS M400-4（见图 2-39），其最大成型尺寸为 400mm × 400mm × 400mm，采用四激光扫描系统，每个激光器功率为 400W，成型效率高达 $100cm^3/h$，成型材料广泛，包括不锈钢、模具钢、高温合金等。

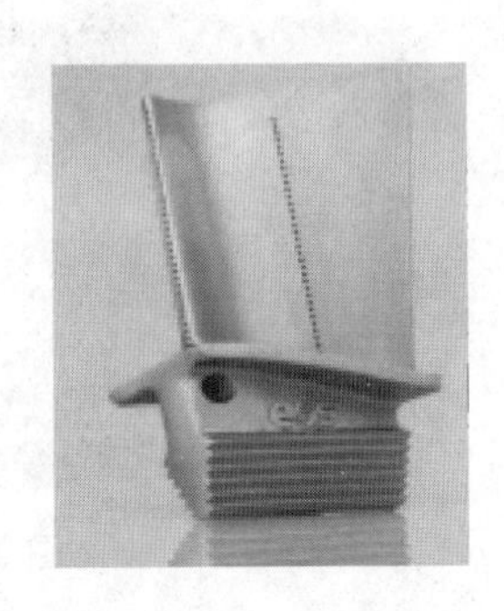

图 2-39　EOS M400-4 型号金属 3D 打印机及其制件

2020 年，SLM Solutions 公司推出了全球首台配置有 12 个激光器的大尺寸、多光束金属 3D 打印设备——NXG XII 600，每台激光器的功率为 1000W，设备最大成型尺寸为 600mm×600mm×600mm。与标准单激光系统相比，速度可提高 20 倍，有效解决了制造过程中生产率、尺寸、可靠性和安全性的协同问题。该设备的出现标志着增材制造领域的重大突破，被认为是金属 3D 打印批量化制造时代的开始，如图 2-40 所示。NXG XII 600 设备的问世也再次证明了 SLM Solutions 在增材制造行业中的技术领导者地位。

图 2-40　NXG XII 600 机型 SLM 3D 打印机及其制件

近年来，国内 SLM 设备的研发突飞猛进，与欧美发达国家相比，虽然在设备的稳定性等方面有一些差距，但整体性能越来越接近。国内研发 SLM 成型技术的代表性公司包括湖南华曙高科技股份有限公司和西安铂力特增材技术股份有限公司等。

国内外部分 SLM 成型设备的特性参数见表 2-8。

表 2-8　国内外部分 SLM 成型设备的特性参数

市场	单位	设备型号	最大成型尺寸 /（mm × mm × mm）	激光器参数	成型材料
国外	EOS（德国）	EOS M 300-4	300 × 300 × 400	4 × 400W YB- 光纤激光器	EOS StainlessSteel 17-4PH、Eos NickelAlloy IN625 和 IN718、EOS Maraging Steel MS1、EOS Titanium Ti64、EOS Aluminium AlSi10Mg
		EOS M400	400 × 400 × 400	1000W YB- 光纤激光器	EOS Aluminium ALSi10 Mg、EOS Maraging Steel MS1、EOS NickelAlloy IN718、EOS Titanium Ti64、EOS CopperAlloy CuCrZr 等
		EOS M400-4		4 × 400W YB- 光纤激光器	EOS Aluminium ALSi10 Mg、EOS NickelAlloy IN718、EOS StainlessSteel 316L、EOS Maraging Steel MS1、EOS Titanium Ti64 等
	SLM Solutions（德国）	SLM 500	500 × 280 × 365	不同 IPG 光纤激光器组合：双激光 2 × 400W（700W）；四激光 4 × 400W（700W）	铝基合金、钛基合金、镍基合金、钴基合金、铁基合金和铜基合金金属粉末
		SLM 800	500 × 280 × 850	4 × 700W IPG 光纤激光器	
		NXG XII 600	600 × 600 × 600	12 × 1000W 激光器	
	Renishaw（英国）	RenAM 500Q	250 × 250 × 350	4 × 500W 光纤激光器	Aluminium AlSi10Mg、cobalt chrome、Inconel 625 和 718、Maraging Steel M300、StainlessSteel 316L、Titanium Ti6Al4V 等

（续）

市场	单位	设备型号	最大成型尺寸 /（mm × mm × mm）	激光器参数	成型材料
国外	Concept Laser（德国）	M2 Series 5	245 × 245 × 405	2 × 1000W 或 2 × 400W 光纤激光器（可适配 1 × 400W）	Stainless Steel 316L 和 17-4PH、Margaging Steel M300、Tool Steel H13、Aluminium AlSi10Mg 和 AlSi7Mg、Nickel 625 和 718、Titanium Ti6Al4V、Titanium cp-Ti、Cobalt CoCrMo 和 CoCrW 等
		X LINE 2000R	800 × 400 × 500	2 × 1000W 光纤激光器	Aluminum-AlSi10Mg、Titanium-Ti64 ELI Grade 23、Nickel-Ni718
		M LINE FACTORY	500 × 500 × 400	4 × 400W 光纤激光器	Cobalt CoCrMo、Nickel 718
国内	湖南华曙高科技股份有限公司	FS422M	425 × 425 × 420	4 × 500W 光纤激光器	不锈钢、模具钢、铝合金、镍基高温合金、钛合金、铜合金等
		FS621M	620 × 620 × 1100	4 × 500W 光纤激光器	不锈钢、铝合金、镍基高温合金、钛合金、铜合金等
	西安铂力特增材技术股份有限公司	S210	105 × 105 × 200	500W	钛合金、铝合金、高温合金、钴铬合金、钽、银不锈钢、高强钢、模具钢、铜合金、钨合金、镁合金
		S800	800 × 800 × 600	6 × 500W（可选配 8 × 500W；10 × 500W）	钛合金、铝合金、高温合金、不锈钢、高强钢、模具钢
		S1000	1200 × 600 × 1500	8 × 500W（可选配 10 × 500W；12 × 500W）	

2.6 定向能量沉积工艺及代表性技术

2.6.1 定向能量沉积工艺原理

定向能量沉积（Direct Energy Deposition，DED）是将金属材料在沉积过程中实时送入熔池，利用聚焦热将材料同步熔化沉积的一类3D打印工艺，其工艺原理如图2-41所示。

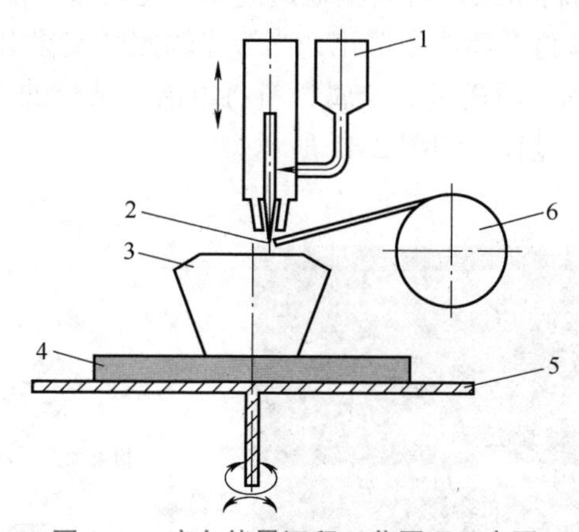

图2-41　定向能量沉积工艺原理示意图

1—送粉器　2—定向能量束（例如激光、电子束、电弧或等离子束）
3—成型工件　4—基板　5—成型工作台　6—丝盘

注：1. 喷嘴和成型工作台的移动可以实现多轴（通常为3~6轴）联动。
2. 可采用多种供料系统，例如，能量束中平行供粉，或者能量聚焦点处供粉，或者能量聚焦点处供丝材。

定向能量沉积的成型原理如下：首先，在计算机中将零件的三维CAD模型按照一定的厚度分层“切片”，即将零件的三维数据信息转换成一系列的二维截面轮廓信息；然后，聚焦能量束（例如激光、电子束、电弧或等离子束）在计算机的控制下，按照预先设定的工艺路径辐照金属基板并进行移动；当聚焦能量束辐照到金属基板上时，会形成一个液态熔池，将粉末状或丝状金属材料同步地送进熔池并使之与基板金属冶金结合，以由点到线、由线到面的顺序凝固，从而完成一个层截面的打印工作；如此逐层叠加，最终制造出一个以冶金方式牢固结合的三维金属零件实体。

定向能量沉积原材料是粉材或丝材，典型材料是金属，为实现特定用途，可在基体材料中加入陶瓷颗粒；结合机制是热反应固结（熔化和凝固）；激活源是激光，如电子束、电弧或等离子束等；二次处理方法是降低表面粗糙度的工艺，例如机械加工、喷丸、激光重熔、打磨或抛光，以及提高材料性能的工艺，例如热处理。

2.6.2 LENS 技术的主要特点

激光近净成型技术（Laser Engineering Net Shaping，LENS）是定向能量沉积的典型代表技术。LENS 是在同步送粉法的激光熔覆技术的基础上发展起来的一种金属零件 3D 打印制造技术。该技术由美国 Sandia 国家实验室于 1995 年首先提出，Optomec 公司于 1997 年使其实现了商业化。

LENS 是把金属粉末或丝材同步地送进到激光辐照在基材上形成的移动熔池中，金属粉末或丝材在熔池中熔化，当激光辐照区域移出后，原熔池中的液态金属将快速地凝固，所送进的金属材料将以冶金结合的方式添加到基材上，从而实现增材制造的过程，如图 2-42 所示。

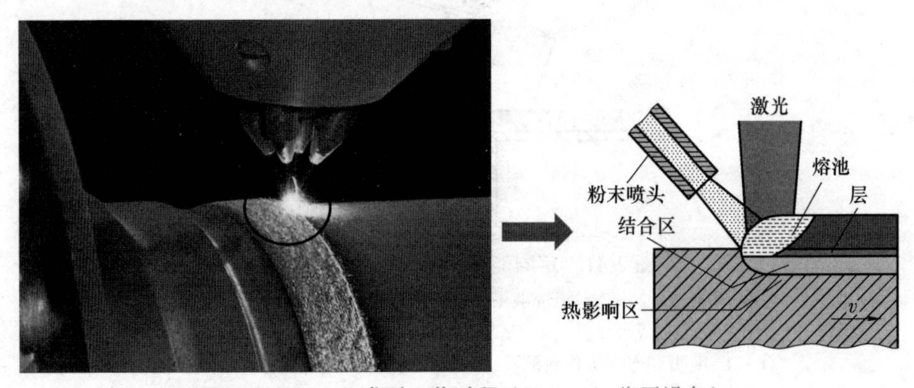

图 2-42　LENS 成型工艺过程（Optomec 公司设备）

LENS 技术的优点是：极大地降低了对零件可制造性的限制，提高了设计自由度；可制造零件的尺寸范围极宽，可以从毫米级到几十米级甚至更大；成型零件可以达到 100% 致密度，其力学性能可达到锻造水平；成型效率高，可制造出形状结构复杂的金属零件或模具，并且能制造出化学成分连续变化的异质材料或功能梯度材料；还可以对复杂零件和模具进行修复，而且修复件的力学性能非常优越；此外，LENS 技术还可以应用在航空航天领域，实现对大型难熔合金零件的直接制造。LENS 技术的缺点是：由于使用的是高功率激光器进行熔覆烧结，经常出现零件体积收缩过大，并且烧结过程中温度很高，粉末受热急剧膨胀，容易造成粉末飞溅，浪费金属粉末。

2.6.3　LENS 技术的工艺过程

同 SLM 等其他成型技术一样，LENS 成型制造工艺过程同样分为前处理、成型和后处理三个阶段。

1. 前处理

首先，利用 UG、Pro/E、SolidWorks 等三维 CAD 软件完成所需生产零件的三维模型设计。其次，将完成的三维数字模型转换为 STL 等 3D 打印制造需要的文件格式。最后，利用切片软件进行离散分层，并形成工艺文件。

2. 成型

在加工原理上，LENS 与 SLM 本质上是相同的，区别在于送粉部分，LENS 通过一个喷嘴传送金属粉末，而 SLM 通过粉末缸铺粉熔化。

金属零件在基板上成型，在保护气的保护作用下，送料装置将粉末吹到熔池内熔化，通过激光喷嘴的移动以及工作台的移动来变换零件熔化区域，如此循环进行，由一系列点（激光光斑诱导产生的金属熔池）形成一维扫描线（单熔覆道），再由线搭接形成二维面，最终堆积成金属零件。在整个堆积过程中，通过控制堆积层的厚度和熔池的温度来控制零件的成型，从而保证生产出来的零件能够满足要求。

3. 后处理

与 SLM 相比，LENS 最终成型零件表面比较粗糙，需要进行机械加工以提高成型件的表面质量。此外，LENS 成型过程中热应力较大，成型零件容易开裂，往往需要进行热处理或热等静压工艺以消除成型件的残余应力。

2.6.4　LENS 技术的设备及材料

1. LENS 3D 打印设备构成

LENS 成型设备一般由激光系统、送粉系统、多坐标数控机床系统、气氛控制系统、监测与反馈控制系统五部分组成，如图 2-43 所示。

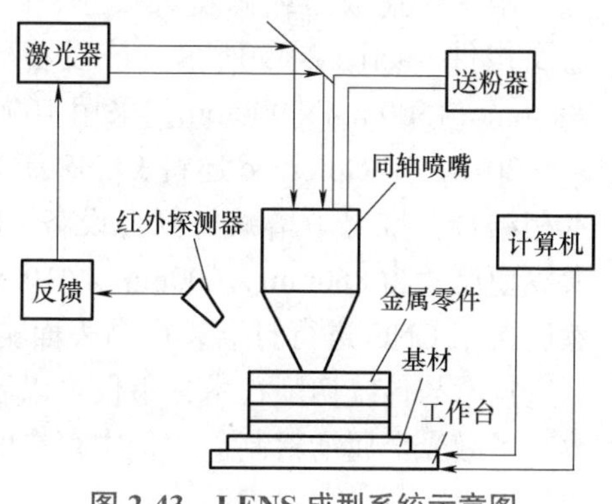

图 2-43　LENS 成型系统示意图

激光系统主要包括激光器和光路系统，其作用是产生并传导激光束到加工区域。激光器作为熔化金属粉末的高能量密度热源，是 LENS 成型技术的核心部分，其性能将影响成型效果。目前较为常用的主要有 CO_2 激光器、YAG 激光器和光纤激光器等，其中光纤激光器的光束质量远远优于 CO_2

激光器和 YAG 激光器，因此能够获得更小的光斑，加工更加精细的结构。

多坐标数控机床系统的功能是按照事先编制的数控程序实现激光束与构件之间的相对运动，满足零件加工时各个自由度方向“堆积”的加工要求。通过控制和调节激光功率大小，扫描运动速度、送粉器开关、送粉量及保护气体流量参数，可实现各相关参数之间的良好匹配。

送粉系统通常包括送粉器、送粉传输通道和喷嘴三部分，其作用是将粉末传输到熔池。作为整个系统中较为关键的部分，送粉系统直接决定了加工零件的最终质量。送粉器要求能够连续均匀地输送粉末，否则将会严重影响成型零件的质量甚至导致制造失败。

气氛控制系统的作用是保证加工区域的环境气氛达到一定的要求，防止金属粉末在激光加工过程发生氧化。监测与反馈控制系统的作用是对成型过程进行实时监测，并根据监测结果对成型过程进行反馈控制，使加工过程处于稳定状态，从而保证成型零件的质量和精度。

2. 典型 LENS 3D 打印设备简介

LENS 技术于 1995 年由美国 Sandia 国家实验室率先提出，Optomec 公司于 1997 年获得 LENS 技术的专利授权。1998 年，美国 Optomec 公司推出了首台商品化成型制造系统 LENS 750，如图 2-44 所示。

图 2-44　美国 Optomec 公司推出首台商品化成型制造系统 LENS 750

Optomec 公司的 LENS 3D 制造系统直接使用激光从粉末金属、合金、陶瓷或复合材料中逐层构建物体。LENS 工艺必须在充满氩气的密闭室中进行，以使氧气和水分含量保持在非常低的水平，这样可以保持零件清洁并防止氧化。目前美国 Optomec 公司最新开发的 LENS 1500 设备可用于快速成型或修复大尺寸、高价值金属构件，如图 2-45 所示。该设备配备 5 轴移动工作台，最大成型尺寸为 900mm × 1500mm × 900mm，采用 1000W IPG 光纤激光器。

2018 年，Optomec 还将 LENS 激光增材制造技术与传统 CNC 减材制造技术相结合，推出了增减材复合设备 LENS MTS 860（见图 2-46），该设备的最大成型尺寸为 860mm × 600mm × 610mm，首先利用 LENS 初步构建金属原型，然后再用 CNC 进行打磨，提高表面精度。增减材复合设备通过整合激光增材制造技术与传统切削技术，不仅可以制造出传统工艺难以加工的复杂形状，还改善了激光金属增材制造过程中存在的表面粗糙问题，提高了最终零件的成型质量。

图 2-45　美国 Optomec 公司开发的 LENS 1500 大尺寸设备及其修复后的涡轮零件

图 2-46　增减材复合设备 LENS MTS 860

除了 Optomec 公司，美国 FormAlloy、DM3D、RPM Innovations、德国 Trumpf、DMG Mori、法国 Be AM、日本 MHI、韩国 Inss Tek 等许多国外公司都相继开发了 LENS 成型设备。

国内 LENS 成型技术虽然起步较晚，但是在某些方面已经达到国内外领先水平。2009 年，西北工业大学开展了 LENS 技术在航空结构件上的应用研究，制造出 C919 大飞机 Ti6Al4V 合金翼肋缘条和飞机窗框试验件，其中翼肋缘条长度达 3m，该零件的无损检测和力学性能测试结果均满足我国商飞的设计要求，如图 2-47 所示。

北京航空航天大学王华明教授团队在飞机钛合金大型主承力结构件激光快速成型工艺研究方面取得了突破性进展，提出了大型金属构件激光直接成型过程“内应力离散控制”的新方法，突破零件内部缺陷和内部质量控制及其无损检测等关键技术，解决翘曲变形与开裂的瓶颈难题，成型零件综合力学性能达到或超过钛合金模锻件。图 2-48 所示为利用 LENS 技术制造的大型飞机钛合金主承力构件加强框。

a) 翼肋缘条

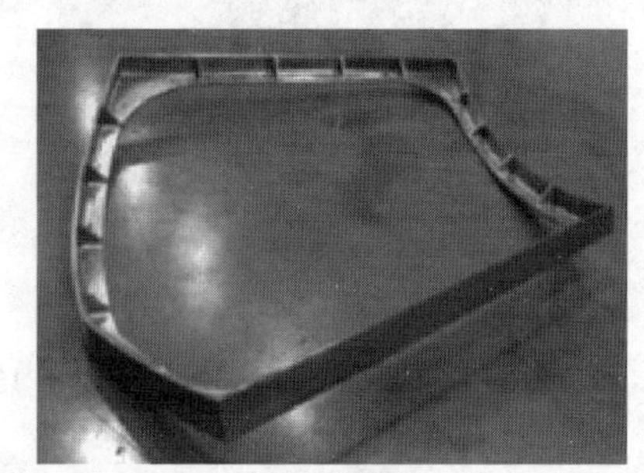

b) 飞机窗框

图 2-47　采用 LENS 技术制造的 C919 大飞机 Ti6Al4V 合金翼肋缘条和飞机窗框

图 2-48　采用 LENS 技术制造的大型飞机钛合金主承力构件加强框

在设备研发方面，南京中科煜宸激光技术有限公司研发了 RC-LDM8060、RC-LDM4000 等送粉式金属增材制造设备，其中 RC-LDM8060 的最大成型尺寸为 800mm × 600mm × 900mm，最大打印速度为 5m/min，适用于高精度、大尺寸零部件的激光直接沉积制造及受损零部件直接修复等。西安铂力特增材技术股份有限公司基于 LENS 技术开发出的 BLT-C1000 金属增材制造高效成型设备，最大成型尺寸为 1500mm × 1000mm × 1000mm，主要应用于航空航天、汽车等领域的大尺寸零部件的制造及修复。此外，北京鑫精合激光科技发展有限公司、江苏永年激光成形技术有限公司、北京隆源自动成型系统有限公司、北京煜鼎增材制造研究院股份有限公司等国内设备制造商都在进行 LENS 技术的开发及装备制造。

国内外部分 LENS 成型设备的特性参数见表 2-9。

表 2-9　国内外部分 LENS 成型设备的特性参数

市场	单位	设备型号	最大成型尺寸 /（mm × mm × mm）	激光器参数	成型材料
国外	Optomec（美国）	CS 600	600 × 400 × 400	1000~2000W 光纤激光器	不锈钢、inconel 合金、钛合金
		CS 1500	900 × 1500 × 900	1000~3000W 光纤激光器	
		MTS 860	860 × 600 × 610	500~3000W 光纤激光器	inconel 合金、不锈钢、钴、钨
	Formalloy（美国）	L 系列	250 × 250 × 300	最大 8000W 蓝光激光器	镍基合金、铁基合金、钛基合金、钴基合金、铜基合金、铝基合金、耐磨堆焊材料等
		X 系列	1000 × 1000 × 650	最大 8000W 红外激光器	
国内	西安铂力特增材技术股份有限公司	BLT-C400	400 × 400 × 400	500W/1000W/2000W	钛合金、铝合金、高温合金、不锈钢、高强钢、模具钢
	南京中科煜宸激光技术有限公司	RC-LDM4030	400 × 300 × 400	1000W/2000W 光纤激光器	钛合金、铝合金、镍基合金、铁基合金、模具钢、不锈钢、铜合金、低合金钢等
		RC-LDM8060	800 × 600 × 900	2000W/4000W 光纤激光器	
	北京鑫精合激光科技发展有限公司	Lim-S2510	2500 × 2500 × 1500	8000W	钛合金、铁基合金、镍基合金等
		Lim-S4510	4500 × 4500 × 1500		

2.7　薄材叠层工艺及代表性技术

2.7.1　薄材叠层工艺原理

薄材叠层（Sheet Lamination，SL）是将薄层材料逐层粘结以形成实物的一类 3D 打印工艺，其工艺原理如图 2-49 所示。加工时，热粘压机构将薄片材料（如底面有热熔胶的纸、塑料薄膜等）进行热压，使之与下面已成型的工件接结在一起，切割系统在刚粘结的新层上切割出零件截面轮廓，并将无轮廓区切割成小方网格以便在成型之后能剔除废料。切割完成后，工作台带动已成型的工件下降一个材料层的厚度，以便送进、粘合和切割新一层的材料。如此反复，直至零件的所有截面粘结、切割完成，最终形成分层制造的实体零件。

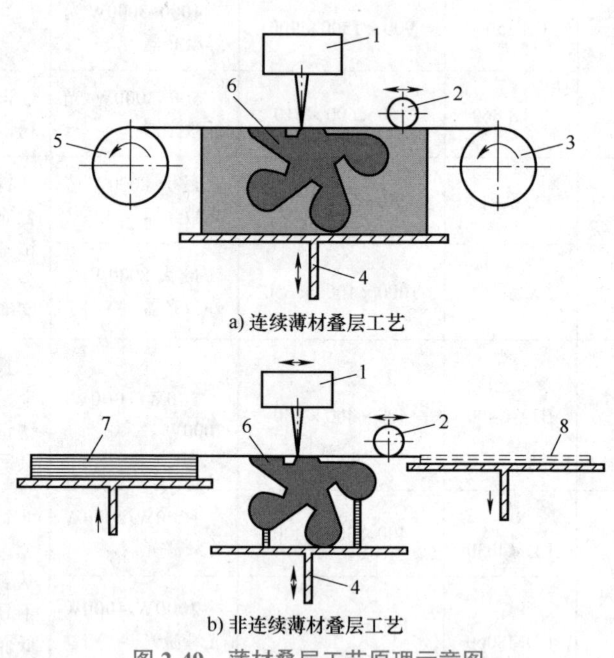

图 2-49　薄材叠层工艺原理示意图

1—切割装置　2—压辊　3—送料辊　4—成型和升降平台　5—收料辊
6—成型工件　7—原材料　8—废料

薄材叠层的原材料是片材，典型材料包括纸、金属箔、聚合物或主要由金属或陶瓷粉末材料通过黏结剂粘结而成的复合片材；结合机制是热反应、化学反应，或者超声连接；激活源是局部或大范围加热、化学反应或超声换能器；二次处理方法是去除废料或烧结、渗透、热处理、打磨、机械加工等提高工件表面质量的处理工艺。

2.7.2　LOM 技术的主要特点

叠层实体制造技术（Laminated Object Manufacturing，LOM）是薄材叠层工艺的典型代表技术。美国人 Michael Feygin 于 1985 年发明了 LOM 技术，并成立了美国 Helisys 公司。LOM 技术使用的是纸材，纸的一面涂有聚合物，用作黏结剂；加热辊将薄片材料进行热压，使之与下面已成型的工件粘结在一

起；激光束在刚粘结的新层上切割出零件截面轮廓。Helisys 公司于 1991 年推出了第一台功能齐全的商品化 LOM 设备 LOM-1015。

LOM 技术曾经在航天航空、汽车、家电、医学、建筑和考古等众多行业的产品概念设计的可视化和造型设计评估、产品装配检验、快速翻制模具的母模及直接制模等方面获得过广泛应用，然而由于受到材料的限制，该技术目前在工业上应用较少。

LOM 技术的主要优点是：

1）成型速度较快。由于 LOM 无须打印整个切面，只需要使用激光束将物体轮廓切割出来，所以成型速度很快，常用于加工内部结构简单的大型零部件。

2）原材料价格便宜，成型件制造成本低。

3）可用于制作大尺寸的零部件。

4）无须后固化处理。

5）无须设计和制作支撑结构。

6）制件能承受高达 200℃的温度，有较高的硬度和较好的力学性能，可进行切削加工。

7）成型零件精度高，打印过程造成的翘曲变形较小。

8）能够实现彩色打印。

LOM 技术的主要缺点是：

1）受原材料限制，成型件（特别是薄壁件）的抗拉强度和弹性都不够好。

2）打印完成后废料去除困难，因此不宜构建内部结构复杂的零部件。

3）成型件易吸湿膨胀，因此成型后应尽快进行表面防潮处理。

4）成型件表面有台阶纹理，其高度等于材料和胶水的厚度之和，因此打印后还需进行表面打磨等处理。

2.7.3　LOM 技术的工艺过程

LOM 成型制造工艺过程同样分为前处理、成型以及后处理三个阶段。

1. 前处理

前处理阶段主要为 3D 打印的制作准备数据。首先，利用 UG、Pro/E、SolidWorks 等三维 CAD 软件完成所需生产零件的三维模型设计。其次，将完成的三维数字模型转换为 STL 等 3D 打印制造需要的文件格式。最后，利用切片软件进行离散分层，并形成工艺文件。

2. 成型

主要分为以下两个阶段：

1）基底制作。由于叠层在制作过程中要由工作台带动频繁起降，为实现成型件与工作台之间的连接，需要制作基底，通常为3~5层。

2）成型件制作。当所有工艺参数设定之后，LOM成型设备便根据给定的工艺参数自动完成成型件所有叠层的制作过程。

LOM成型设备的主要工艺参数如下：

1）激光切割速度。激光切割速度影响着成型件的表面质量和制作时间，通常根据激光器的型号规格进行选定。

2）加热辊温度和压力。加热辊温度和压力的设置应根据成型件层面尺寸大小、纸张厚度及环境温度来确定。

3）激光能量。激光能量的大小直接影响着切割纸材的厚度和切割速度，通常激光切割速度与激光能量之间为抛物线关系。

4）切碎网格尺寸。切碎网格尺寸的大小直接影响着余料去除的难易和成型件的表面质量，可以合理地变化网格尺寸，以提高成型效率。

3. 后处理

从LOM设备上取下的成型件埋在叠层块中，需要进行剥离以便去除废料，有的还需要进行修补、打磨、抛光和表面强化处理等操作。

2.7.4 LOM技术的设备及材料

1. LOM 3D打印设备构成

LOM成型设备一般由激光切割装置、扫描运动机构、升降工作台、压辊、送料装置和控制系统等组成，LOM设备结构示意图如图2-50所示。

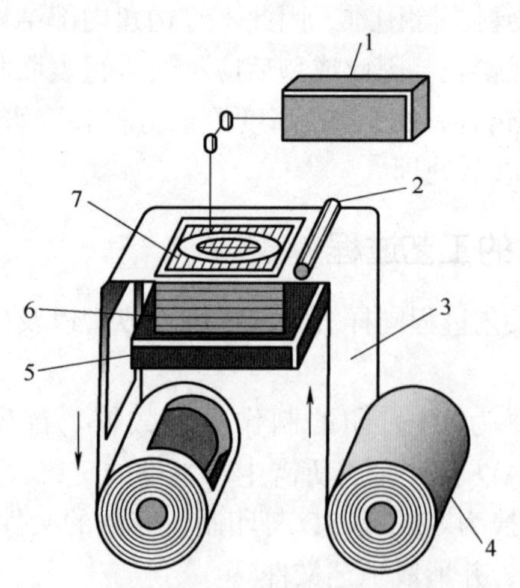

图2-50 LOM设备结构示意图

1—激光器 2—压辊 3—原材料 4—送料装置 5—升降工作台
6—成型工件 7—当前叠层轮廓线

2. 典型 LOM 3D 打印设备简介

研究 LOM 设备和工艺的单位有美国的 Helisys 公司、日本的 Kira 公司、Sparx 公司、以色列的 Solido 公司、爱尔兰的 Mcor Technologies 公司以及国内的华中科技大学和清华大学等。虽然 LOM 技术在 3D 打印市场中曾经位居前列，但由于受到材料等许多方面的限制，近年来在工业上的应用越来越少，美国的 Helisys 公司、以色列的 Solido 公司、日本的 Kira 公司等已倒闭。

美国 Helisys 公司最早研发 LOM 技术，并于 1991 年推出了全球首台功能齐全的商品化 LOM 设备 LOM-1015（见图 2-51），最大成型尺寸为 380mm × 250mm × 350mm。后来又于 1996 推出 LOM-2030 机型，最大成型尺寸为 815mm × 550mm × 508mm，成型时间比原来缩短了 30%。

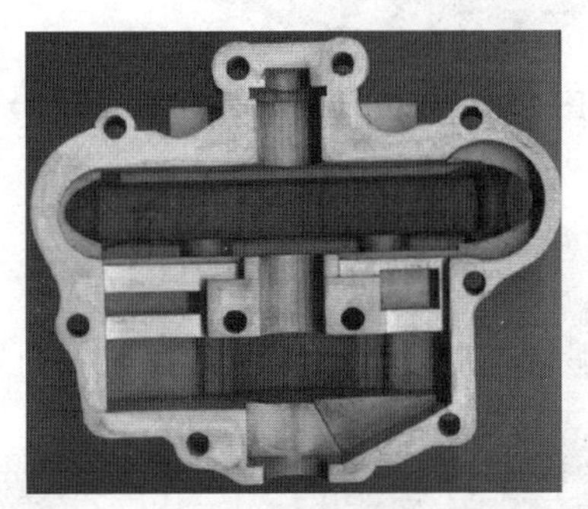

图 2-51　美国 Helisys 公司推出的全球首台商品化 LOM 设备 LOM-1015 及成型零件

由图 2-51 可以看出，美国 Helisys 公司 3D 打印机采用的原材料是纸，其制件性能相当于高级木材。而以色列 Solido 公司基于 LOM 技术推出的 SD 300 系列 3D 打印设备，使用的材料为聚氯乙烯（PVC）薄膜，制作的模型呈透明的琥珀色，不仅坚固而且价格低廉。图 2-52 所示为以色列 Solido SD300 Pro 3D 打印机及成型零件。

2008 年 9 月，江苏紫金电子集团有限公司与以色列 Solido 公司合资成立了南京紫金立德电子有限公司（简称紫金立德），双方共投资 3000 万美元，中方持股 75%，Solido 公司则以知识产权入股，紫金立德买断了 Solido 公司的桌面级打印机技术 25 年，形成基于 LOM 技术的桌面式 3D 打印机年生产 2 万台的能力。

后来，总部位于爱尔兰的 Mcor Technologies 公司，将传统的二维彩色喷墨打印技术与 LOM 技术相结合，提出一种称为选择性沉积叠层（Selective

Deposition Lamination，SDL）的彩色 3D 打印技术。基于上述技术，Mcor Technologies 公司于 2015 年推出 IRIS 系列纸基全彩 3D 打印机（见图 2-53），以标准 A4 纸为耗材，纸张通过标准喷墨 2D 打印机进行着色，然后将构建最终部件所需的所有彩色页面堆叠在 3D 打印机中。该设备最大成型尺寸为 256mm × 169mm × 150mm，分辨率为 5700dpi × 1440dpi × 508dpi，可产生 100 万种以上的丰富色彩。

图 2-52　以色列 Solido SD300 Pro 3D 打印机及成型零件

图 2-53　IRIS 系列纸基全彩 3D 打印机及成型零件

2.8　复合增材制造工艺及代表性技术

2.8.1　复合增材制造工艺原理

复合增材制造是在增材制造单步工艺过程中，同时或分步结合一种或多种增材制造、等材制造或减材制造技术，完成零件或实物制造的工艺。复合增材

制造工艺涉及的原材料、结合机制、激活源、二次处理根据相关增材制造工艺确定。

定向能量沉积工艺与切削或锻压工艺相结合的复合增材制造如图 2-54 所示，粉末床熔融工艺与切削工艺相结合的复合增材制造如图 2-55 所示。

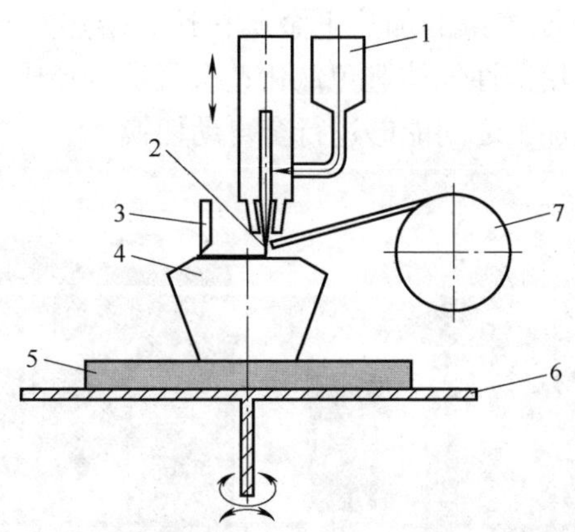

图 2-54　基于定向能量沉积的复合增材制造工艺原理示意图

1—送粉器　2—定向能量束（例如激光、电子束、电弧或等离子束）　3—刀具或轧辊　4—成型工件　5—基板　6—成型工作台　7—丝盘

注：1. 喷嘴和成型工作台的移动可以实现多轴（通常为 3~6 轴）联动。

2. 可采用多种供料系统，例如，能量束中平行供粉，或者能量聚焦点处供粉，或者能量聚焦点处供丝材。

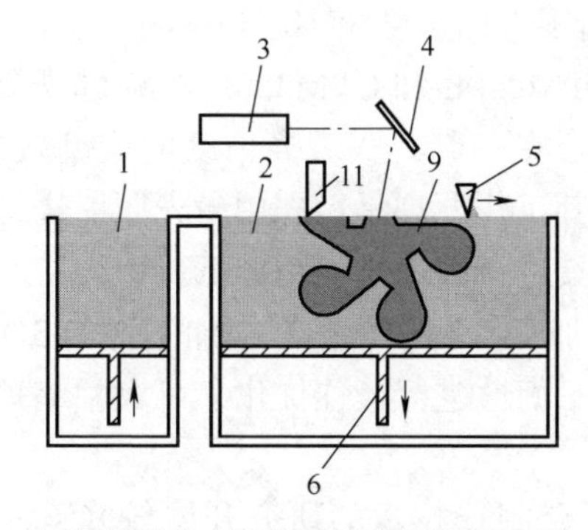

a) 基于激光粉末床熔融的复合增材制造工艺

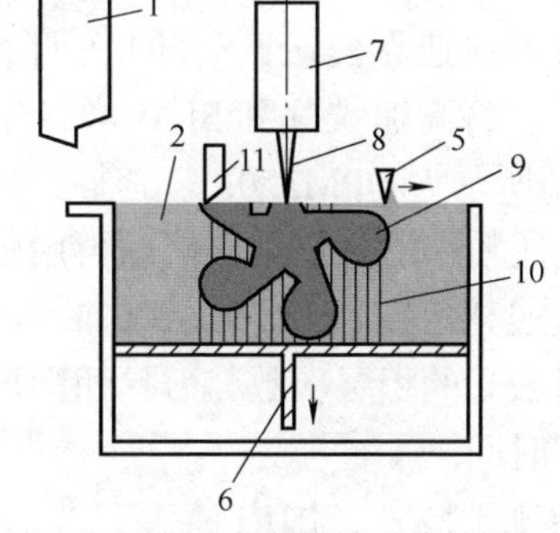

b) 基于电子束粉末床熔融的复合增材制造工艺

图 2-55　基于粉末床熔融的复合增材制造工艺原理示意图

1—粉末供给系统（在有些情况下，为储粉容器，如 b 图所示）　2—粉末床内的材料　3—激光　4—扫描振镜　5—铺粉装置　6—成型和升降平台　7—电子枪　8—聚焦的电子束　9—成型工件　10—支撑结构　11—刀具

注：对于成型金属粉末，通常需要成型基板和支撑结构；而对于成型聚合物粉末，通常不需要上述基板和支撑结构。

2.8.2 复合增材制造工艺的代表性技术

DMG MORI公司于2015年推出了LASERTEC 65 3D复合加工机床，在全功能五轴铣床上集成了增材式激光堆焊技术，如图2-56所示。该机床的工作原理为：粉末喷嘴将合金钢（例如不锈钢、工具钢或镍基合金等）的金属粉逐层喷在基材上，在激光束的加热下金属粉达到熔点并与基础材质融合在一起；在上述过程中，用惰性气体避免氧化；金属层冷却成型，然后进行铣削加工；铣削加工和激光加工之间能够进行全自动切换。

图2-56　DMG MORI公司推出的LASERTEC 65 3D复合加工机床

LASERTEC 65 3D能够完整地加工带底切的复杂工件，能进行修复加工，例如对模具、机械零件，甚至医疗器械零件进行局部或者全面的喷涂加工，其沉积速度达1kg/h，比铺粉激光烧结法制造零件的速度快10倍。

日本沙迪克公司（Sodick）开发了OPM250L和OPM350L增减材复合数控机床，将高速铣削和SLM增材生产结合在一起，实现高精度的成型效果。图2-57所示为OPM350L复合加工机床，其工作原理是：先用激光照射烧结方式将金属粉末熔融烧结，然后再用旋转刀具进行高速铣削精加工。该设备通过并行模式高速控制激光器，实现多处同时加工。此外，根据被加工件的3D形状，对激光的积层次数与刀具切削加工的平衡性进行最佳优化，可大幅缩短切削加工时间。

相比于国外，国内对基于增/减材复合制造技术的研究开展较晚，研究比较少。华中科技大学张海鸥教授针对常规金属3D打印零件存在的缺陷，例如金属抗疲劳性严重不足、制件性能不高以及存在气孔和未融合部分等问题，开发出了智能微铸锻铣复合制造技术以及微铸锻同步复合制造设备，创造性地将金属铸造、锻压技术合二为一，实现了我国首超西方的微型边铸边锻的颠覆性原始创新。该技术大幅提高了制件强度和韧性，提高了构件的疲

劳寿命和可靠性；同时省去了传统巨型压力机的成本，可通过计算机直接控制成型路径。经由这种微铸锻生产的零部件，各项技术指标和性能均超过传统锻件。

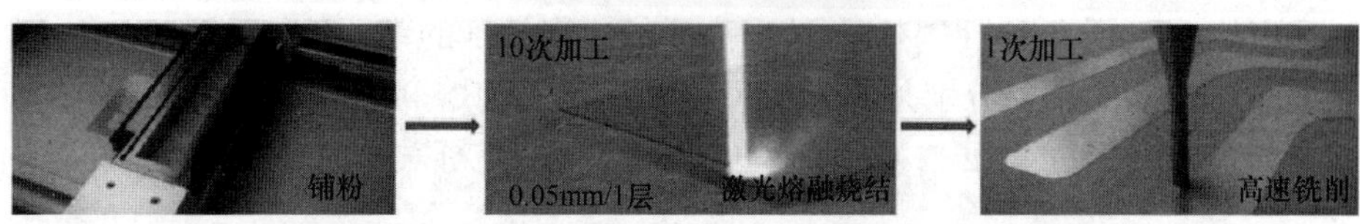

图 2-57　日本沙迪克公司推出的 OPM350L 复合加工机床

国内外部分复合增材制造成型设备的特性参数见表 2-10。

表 2-10　国内外部分复合增材制造成型设备的特性参数

市场	单位	设备型号	最大成型尺寸 /（mm × mm × mm）	激光器参数	成型材料
国外	DMG MORI	LASERTEC 6600 DED hybrid	ϕ1010 × 3702	2500W/4200W/6300W/8400W 光纤激光器	钴铬合金、铜合金、高速钢、镍基合金、不锈钢、工具钢等
		LASERTEC 30 DUAL SLM	300 × 300 × 350	600W（可选配双激光 2 × 600W）	铝、钴铬合金、铜合金、高速钢、镍基合金、钛、不锈钢、工具钢等
	Sodick	OPM250L	250 × 250 × 250	500W	钴铬合金、铬镍铁合金、马氏体时效钢、不锈钢等
		OPM350L	350 × 350 × 350		
	Optomec	LENS MTS 860	860 × 600 × 610	3000W 光纤激光器	不锈钢、工具钢、镍基合金、钴、钨等非活性金属
国内	华中科技大学	智能微铸锻铣复合制造设备	—	—	—

2.9 新涌现的 3D 打印技术

除了上述八种基本的 3D 打印工艺类型，近年来还涌现出许多新的 3D 打印工艺类型，例如多射流熔融 3D 打印技术、连续液体界面制造技术、可改变形状的 4D 打印技术以及微纳尺度 3D 打印技术等。

1. 多射流熔融 3D 打印技术

多射流熔融（Multi Jet Fusion，MJF）3D 打印技术由美国惠普公司于 2016 年正式推出，被认为是新兴 3D 打印制造技术的一大中坚力量。MJF 技术实现了在更快的 3D 打印过程中，制造出高质量、高精度的零部件（见图 2-58），其成型步骤包括四步，分别是铺设成型粉末、喷射助熔剂（Fusing agent）、喷射细化剂（Detailing agent）和在成型区域施加能量使粉末熔融。

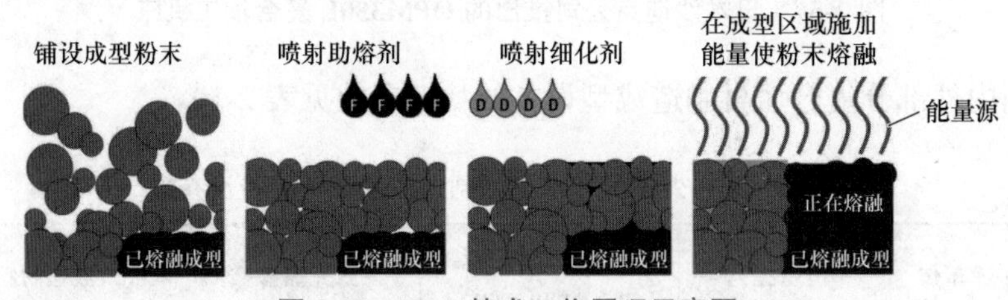

图 2-58　MJF 技术工作原理示意图

MJF 技术的核心是位于工作台上的两个模块：铺粉模块和热喷头模块。铺粉模块用来在打印台上铺设粉末材料。热喷头模块负责喷涂、上色和融合，使部件获得所需的强度和纹理；该模块喷射助熔剂和细化剂这两种化学试剂。热喷头模块是惠普这款打印机的最大亮点——它能以 3000 万滴 /（s·in）（1in=0.0254m）的速度喷射上述两种试剂。该打印机实际的打印过程如图 2-58 所示：铺粉模块首先在工作仓内铺平一层均匀的粉末，然后热喷头模块从左到右移动喷射两种化学试剂，并通过模块两侧的热源加热融化打印区域的材料。当一层截面烧结完成后，工作台下降一个层厚的距离，铺粉模块再次铺粉，热喷头模块再次喷射试剂和加热，如此循环往复直至完成整个模型。助熔剂喷洒在需要熔化的区域，用于提高材料熔化的质量和速度，而细化剂喷洒在熔化区域的边缘，用于保证边缘表面光滑以及精确的成型。

除了助熔剂和细化剂，MJF 技术还可以利用其他添加剂来改变每个容积像素（或立体像素）的属性，这些添加剂被称为 MJF 转化剂。例如，每个立体

像素可含有青色、品红色、黄色或黑色（CMYK）的转化剂，实现3D打印物体彩色打印。通过控制基础粉末材料、助熔剂、细化剂和转化剂之间的相互作用，可以制造具有可控变量（包括不同材料、功能、颜色、透明性等）的单一部件。MJF技术使得超越想象力的设计和制造成为可能。

该技术具有以下特点：①加工速度快，MJF技术的加工速度比SLS技术、FDM技术等技术快10倍，而且不会牺牲打印精度；②用MJF技术打印出来的部件具有较高的强度和表面质量，可以直接作为终端产品使用；③材料的可重用性高，高强度尼龙12粉末材料重复利用率达80%，而普通SLS技术的利用率大约是50%；④MJF技术能够在“体素”级彻底改变色彩、质感和力学性能。3D体素相当于传统打印中的2D像素，是一种直径仅为50μm的3D度量单位，相当于人一根头发的宽度。

2. 连续液体界面制造技术

2015年3月20日出版的*Science*杂志报道，美国北卡罗来纳大学的DeSimone教授带领的团队开发出了一种改进的光固化3D打印技术，称为连续液体界面制造技术（Continuous Liquid Interface Production，CLIP），这种技术可将传统的3D打印速度提高数十倍甚至上百倍，将为3D打印行业带来巨大变革。

图2-59所示为CLIP工作原理示意图，该项技术的具体实现过程如下：首先创造一个特殊的既透明又透气的窗口，该窗口同时允许光线和氧气通过，通过精确控制激光和氧气来加工打印材料——光敏树脂。由于氧气能够阻止光敏树脂进行聚合成型（即氧阻聚效应），进入树脂槽的氧气会抑制离底部最近的一部分树脂固化，形成几十微米厚的“盲区”（dead zone）。同时，紫外光会固化“盲区”之外的光敏树脂。CLIP使传统的3D打印机械运动过程变成了可调节的光化学过程，取消了层的概念，可以做到连续打印，实现比普通光固化快得多的打印速度。

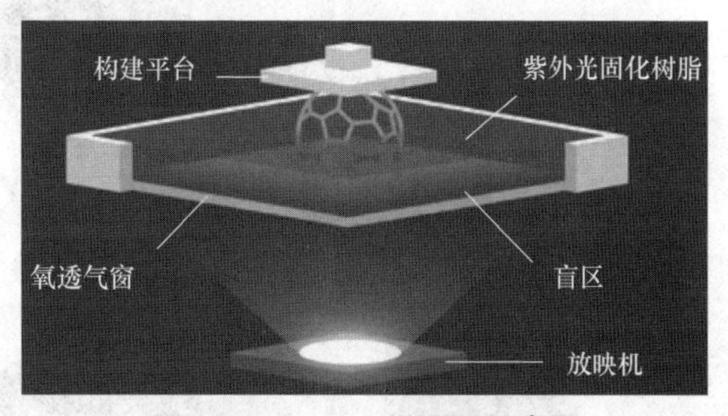

图2-59　CLIP工作原理示意图

CLIP技术具有以下特点：①打印速度非常快，相比于其他打印技术速度提高了25~100倍；②与现有的3D打印技术相比，CLIP技术打印的制件表面更光滑细腻，质量更高；③采用新材料，比如合成橡胶、尼龙、陶瓷、硅氧树脂和可降解生物材料等，大大扩展了3D打印的材料范围；④CLIP技术能够打印非常精细的物品（小于20μm）。

3. 可改变形状的4D打印技术

在传统的3D打印系统中，材料是稳定且不会发生改变的，更不具有主动变形的功能，打印成型件为静态物体。4D打印技术是3D打印技术和智能材料相结合的一种新兴的制造技术，是3D打印结构在形状、性质和功能方面的有针对性的演变。4D打印技术能够实现材料的自组装、多功能和自我修复，它通过外界刺激和相互作用机制，借助3D模型的设计，能够制造出可改变的动态结构。4D打印技术的核心组成部分包括3D打印设备、刺激响应材料、外界刺激、相互作用机制和3D模型的设计。4D打印技术在生物医药、军事、航天、建筑、文化创意等领域具有重要的研究价值和应用前景。

4. 微纳尺度3D打印技术

现有的3D打印技术已经实现了宏观尺度任意复杂三维结构的高效、低成本制造。近年来，微纳尺度3D打印技术日益受到关注和重视，它在复杂三维微纳结构、高深宽比微纳结构和复合（多材料）材料微纳结构制造方面具有很高的潜能和突出优势，而且还具有设备简单、成本低、效率高、可使用材料种类广、无须掩模或模具、直接成型等优点。该技术目前已经被用于航空航天、组织工程、生物医疗、微纳机电系统、新材料、新能源、印刷电子、微纳光学器件等众多领域，其典型应用如图2-60所示。

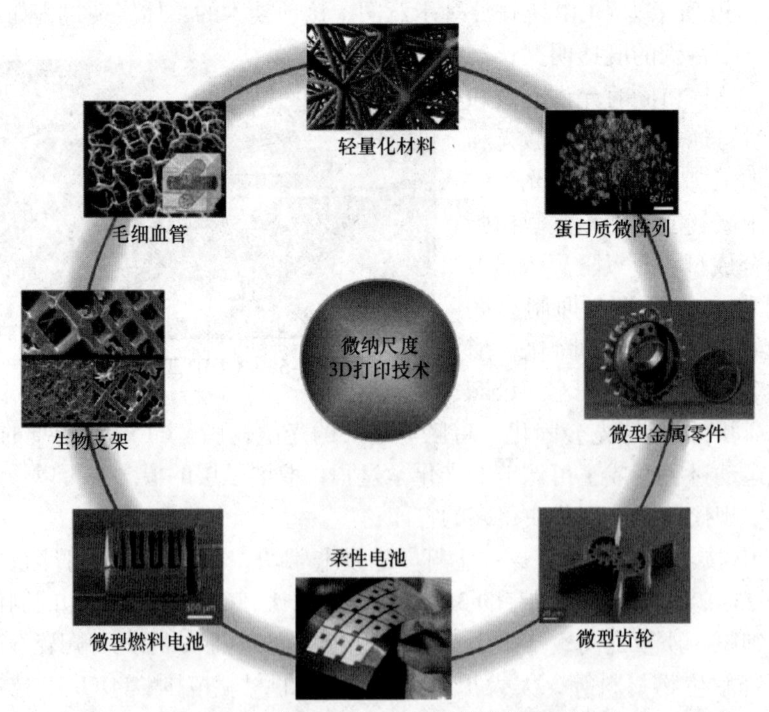

图2-60 微纳尺度3D打印技术典型应用

思考与练习

1. 3D 打印技术包括哪几种基本工艺类型？它们的成型工艺原理分别是什么？各自的代表性技术都有哪些？

2. 简述 FDM、SLA、PolyJet、3DP、SLS、SLM、LENS 和 LOM 技术的工艺过程和优缺点。

3. 目前比较成熟的金属材料（或非金属材料、陶瓷材料）3D 打印商业技术有哪些？它们的成型原理分别是什么？

4. 新涌现的 3D 打印技术都有哪些？简述它们的成型工艺原理和具体应用领域。

参考文献

［1］全国增材制造标准化技术委员会. 增材制造 工艺分类及原材料：GB/T 35021—2018［S］. 北京：中国标准出版社，2018.
［2］魏青松. 增材制造技术原理及应用［M］. 北京：科学出版社，2017.
［3］王广春，赵国群. 快速成型与快速模具制造技术及其应用［M］. 3 版. 北京：机械工业出版社，2013.
［4］杨占尧，赵敬云，崔风华. 增材制造与 3D 打印技术及应用［M］. 2 版. 北京：清华大学出版社，2021.
［5］史玉升. 增材制造技术［M］. 北京：清华大学出版社，2022.
［6］魏青松，衡玉花，毛贻桅，等. 金属黏结剂喷射增材制造技术发展与展望［J］. 包装工程，2021，42（18）：103-119+12.
［7］马志刚. 熔融沉积 3D 打印机结构设计与分析［D］. 洛阳：河南科技大学，2019.
［8］方浩博，陈继民. 基于数字光处理技术的 3D 打印技术［J］. 北京工业大学学报，2015，41（12）：1775-1782.
［9］王伊卿，贾志洋，赵万华，等. 面曝光快速成形关键技术及研究现状［J］. 机械设计与研究，2009，25（2）：96-100.
［10］WEHMÖLLER M，ZILIAN C，WARNKE P H. Implant design and production——a new approach by selective laser melting［J］. International Congress Seires，2005，1281（2005）：690-695.
［11］王德明. 金属激光选区熔化设备关键技术研究［D］. 石家庄：河北科技大学，2017.
［12］孙莹. 激光熔覆技术在金属 3D 打印中的应用［J］. 机电产品开发与创新，2015，28（6）：26-28.
［13］朱忠良，赵凯，郭立杰，等. 大型金属构件增材制造技术在航空航天制造中的应用及其发展趋势［J］. 电焊机，2020，50（1）：1-14+124.
［14］许世娇，权纯逸，杨堃，等. 金属增材制造技术在航空领域的应用现状及前景展望

[J]. 粉末冶金工业，2022，32（3）：9-17.
[15] 杨胶溪，柯华，崔哲，等. 激光金属沉积技术研究现状与应用进展 [J]. 航空制造技术，2020，63（10）：14-22.
[16] 孙小峰，荣婷，黄洁，等. 激光增材制造技术在航空制造领域的研究与应用进展 [J]. 金属加工（热加工），2021（3）：7-14.
[17] 王志尧. 中国材料工程大典（第25卷）：材料特种加工成形工程 [M]. 北京：化学工业出版社，2006.
[18] 顾波. 增材制造技术国内外应用与发展趋势 [J]. 金属加工（热加工），2022（3）：1-16.
[19] 王笑春. 基于全彩色3DP工艺的大尺寸3D打印机理与性能研究 [D]. 广州：华南理工大学，2019.
[20] 孙璐，张霞. 全彩3D打印颜色再现方法 [J]. 计算机系统应用，2021，30（6）：37-44.
[21] 袁江平. 彩色3D打印颜色精确再现机理及评价系统研究 [D]. 广州：华南理工大学，2021.
[22] TIBBITS S. 4D Printing：Multi-material shape change [J]. Architectural Design，2014，84：116-121.
[23] 王瑞晨，刘秀军，张静，等. 刺激响应形状记忆材料的4D打印及其研究进展 [J]. 功能材料，2021，52（10）：10069-10074.
[24] 何灿群，叶丹澜，张雯，等. 增材制造及其在设计中的应用研究综述 [J]. 包装工程，2021，42（16）：1-8.
[25] 贺永，高庆，刘安，等. 生物3D打印——从形似到神似 [J]. 浙江大学学报：工学版，2019，53（3）：6-18.
[26] 兰红波，李涤尘，卢秉恒. 微纳尺度3D打印 [J]. 中国科学：技术科学，2015，45（9），919-940.
[27] 叶淑源，周习远，苑景坤，等. 高速连续光固化3D打印工艺与树脂打印件性能研究 [J]. 机械工程学报，2021，57（15）：255-263.

第3章 3D打印建模与创新设计

3D建模是3D打印技术的前提，3D打印技术首先要构建三维数字模型，然后才能进行打印成型。通常有三种设计方法能够得到产品的三维数字模型。第一种是正向建模技术，即根据产品的要求直接在三维CAD软件平台上设计出三维模型；传统的正向建模软件均为计算机（PC）端的软件，安装复杂且随着版本迭代对计算机性能要求越来越高。近年来随着互联网、云计算的发展，三维CAD逐渐由传统的单机模式向基于Web和云计算的模式转变，基于云CAD的在线建模逐渐成为一种新的趋势。第二种是逆向建模技术，又称为逆向工程或反求工程，即利用数字化设备如扫描仪或CT机等，对现有实物进行扫描和测量以获取实物表面的数字化信息，然后通过计算机辅助设计技术来处理测量数据并进行模型重构，最后得到实物三维数字模型的方法。第三种是正逆向混合建模技术，在实际产品建模和设计过程中，许多复杂产品往往既有复杂曲面，又包含一些简单特征，需要采用正逆向混合建模技术把逆向建模和正向建模的优势结合起来。

3D打印技术带来全新的产品设计方法——自由设计方法。传统机械零部件是依据车、铣、刨、磨、焊接、注射、锻压、铸造等传统成型加工工艺来实现的，设计产品时必须考虑加工工艺的限制，也就是说，在加工条件许可的情况下进行功能结构和加工结构的设计。3D打印技术的逐步成熟极大地拓展了制造工艺与加工手段，减少了模具、数控加工等传统制造工艺对创新设计的约束与限制；能够制造出传统工艺方法无法实现的复杂结构，使零件更好地满足实际应用需求；推动实现从面向加工工艺的设计转变为面向产品造型、性能、结构的自由和创新设计。上述设计方法通常被称为面向3D打印技术的设计（Design For Additive Manufacturing，DFAM）方法，其中拓扑优化设计和创成式设计是目前两种主流的DFAM技术。

3.1 正向建模技术

3.1.1 概念

正向建模是一个从无到有的过程，即设计人员首先构思产品外形、性能和大致技术参数，然后通过三维 CAD 软件建立产品的三维数字模型。三维数字模型不仅具有完整的三维几何信息，还包含材料、颜色、纹理等其他非几何信息。人们可以通过旋转三维数字模型来模拟现实世界中观察物体的不同视角，通过放大或缩小模型来模拟现实中观察物体的距离远近，仿佛物体就位于自己眼前。

图 3-1 所示为利用正向建模技术设计的工业产品模型。

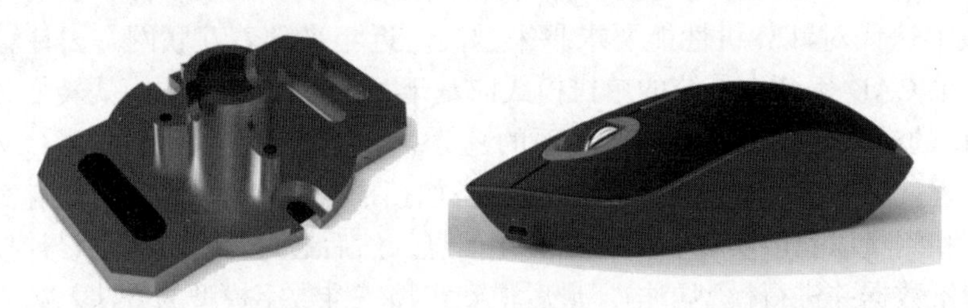

图 3-1　利用正向建模技术设计的工业产品模型

3.1.2 基于正向建模的产品研发流程

图 3-2 所示为基于正向建模技术的产品研发流程。产品设计人员首先根据调研得到的市场需求，对产品的外部形状、功能特性等进行规划；接着利用三维 CAD 软件进行概念设计，得到产品的三维数字模型；然后对三维数字模型进行 CAE 性能仿真分析，以便对产品方案不断进行细节修改和功能完善；最后进行快速原型制作，产品实物经测试满足要求后，便可进行开模和批量化生产制造。

3.1.3 正向建模软件

通常情况下，三维建模需要借助计算机软件来完成，这些软件被称为三维 CAD（Computer Aided Design）建模系统。在 CAD 技术发展初期，CAD 仅限于计算机辅助绘图，随着三维建模技术的发展，CAD 技术才从二维平面绘图发展到三维实体建模，随之产生了三维线框模型、曲面模型、实体造型技术，参数化及变量化设计思想和特征模型代表了当今CAD技术的最新发展方向。

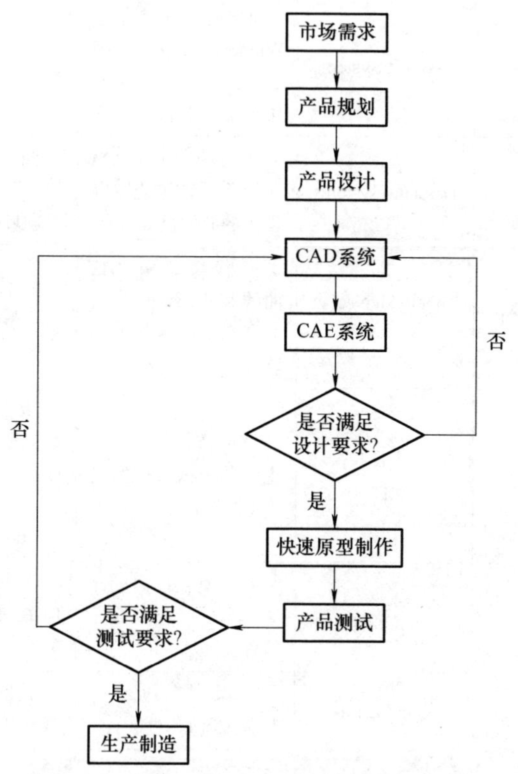

图3-2 基于正向建模技术的产品研发流程

表3-1列出了常见的正向建模软件及其特点，其中UG NX、Creo Parametric、SolidWorks、CATIA等软件的应用最为广泛。

表3-1 常见的正向建模软件及其特点

分类	软件名称	软件厂商	简介	主要特点
高级	UG NX	Siemens PLM	一款集CAD/CAE/CAM于一体的软件，为用户产品设计及加工过程提供数字化造型和验证手段	具有产品设计、模具设计、数控编程等多个功能模块
	Creo Parametric	PTC	该软件是PTC核心产品Pro/E的升级版本，是新一代Creo产品系列的参数化建模软件	统一数据库、参数化设计、基于特征建模的设计

（续）

分类	软件名称	软件厂商	简介	主要特点
高级	SolidWorks	Dassault Systems	世界上第一个基于Windows开发的三维CAD系统，尤其适用于中端市场	全参数化特征造型，功能强大、易学易用
	CATIA	Dassault Systems	CAD/CAE/CAM一体化软件系统，以强大的曲面设计著称	曲面功能非常强大，广泛用于航空、汽车、船舶等众多领域
	Rhino（犀牛）	Robert McNeel & Assoc	一款基于NURBS曲线和曲面、功能强大的三维CAD建模软件	具有强大的几何建模能力，能够生成复杂的曲面和几何体，支持多种文件格式
	CrownCAD	华云三维（华天软件）	国内首款、完全自主的基于云架构的三维CAD平台	用户随时随地在任意终端只要打开浏览器登录账号即可进行产品设计和协同设计，支持PC端、手机端、PAD端，提供免费版本
中级	SketchUp	Google	一款直接面向设计方案创作过程的设计软件	界面简洁直观，可快速方便地创建、观察和修改三维创意
	FreeCAD	GapGemini	一款基于OCC的开源三维CAD软件	大量使用了在科学计算领域的开源数据库
	Onshape	PTC	世界第一款云CAD软件产品，2019年被PTC收购	基于云的CAD平台，可在浏览器上使用，并可与团队共享和协作。功能强大，易于学习和使用
	Zbrush	Pixologic	一款三维数字雕刻和绘画软件	世界上第一个让艺术家感到无约束自由创作的3D设计工具
初级	TinkerCAD	Autodesk	一款基于网页的3D建模工具	建模过程类似搭积木般简单易用，适合青少年学习使用
	3DTin	Lagoa	一款在线建模软件	基于浏览器，只能基于已有基本图形建模，适合初学者。用户可以将创建的模型上传到云端
	123D Design	Autodesk	一款功能强大但易于使用的三维CAD软件	可以将照片变成3D模型并通过3D打印机制作成实物

（续）

分类	软件名称	软件厂商	简介	主要特点
初级	3D Slash	3D Slash	一款简单有趣的入门级 3D 建模软件	通过搭积木的方式来创建模型
	Sculptris	Pixologic	一款易学易用的数字雕刻软件	基于黏土建模方法，用户能够在虚拟的黏土上进行创作，十分直观
	3D One	中望软件	面向中小学创新教育领域的三维创意设计软件	3D 设计功能简单易用，启发青少年创新思维，可一键将创意设计输入 3D 打印机

3.2 基于云架构的三维建模平台 CrownCAD

3.2.1 CrownCAD 简介

近年来，随着互联网、云计算的快速发展，CAD 逐渐由传统的单机模式向基于 Web 和云计算的模式转变，设计方式也由单人离线设计向多人在线协同设计转变，因此基于云架构的 CAD 成为一种新的趋势。

CrownCAD 是国内首款、完全自主的基于云架构的三维 CAD 协同设计平台。云 CAD 颠覆了传统 PC 端软件下载困难、安装复杂、计算机性能要求高等局限性，具备云存储、云计算、多终端、多人协同设计等优势，使产品设计更加高效便捷，极大地提升了企业的研发效率。用户在任意地点和终端打开浏览器并输入网址（http: //www.crowncad.com）即可进行产品设计和协同分享，如图 3-3 所示。

图 3-3　CrownCAD 在线设计网站

CrownCAD拥有自主研发的“三维几何建模引擎DGM”和“几何约束求解器DCS”，通过CAD核心技术与云架构技术的结合，突破增量数据传输、参数化模型编辑与更新等关键技术，在功能覆盖面、产品稳定性、建模效率、并发处理等方面具有良好的使用性能。图3-4所示为CrownCAD建模数据流程图。

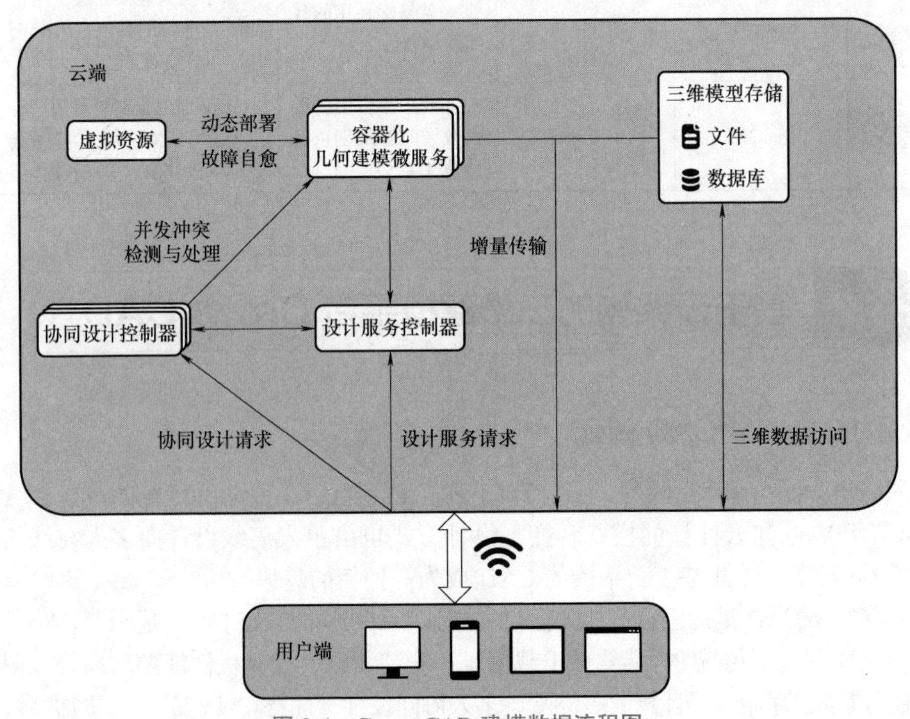

图3-4 CrownCAD建模数据流程图

3.2.2 CrownCAD平台界面

CrownCAD不需要安装任何的应用程序，只需通过网络浏览器在线登录账号即可进行建模设计，同时针对学校、企业等信息保密性高的单位，还可以进行私有化部署使用。

1. 登录界面

图3-5所示为CrownCAD的登录界面，包括账号登录、短信快捷登录、微信扫码登录、App扫码登录等多种登录方式。新用户可以单击“还没注册?”，填写相关信息即可完成注册。

2. 项目界面

登录成功后即可进入项目界面，包括导航工具栏、菜单栏、项目列表和最近文档等版块，如图3-6所示。CrownCAD具备数据存储和版本管理功能，相

当于内置了一个基本的PDM系统，有利于个人或企业用户的知识积累和信息安全，降低信息化成本。

图 3-5　CrownCAD 的登录界面

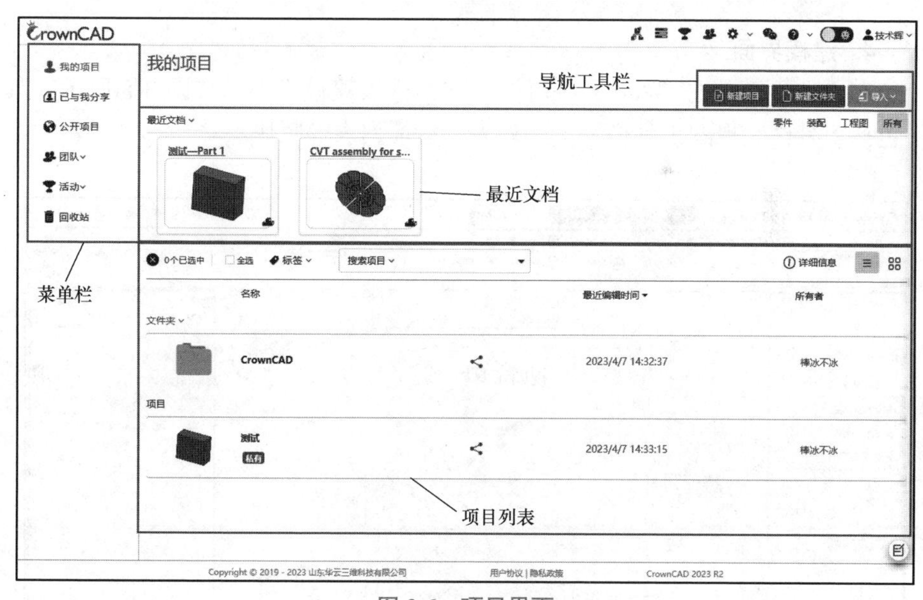

图 3-6　项目界面

3. 文档界面

在项目界面的导航工具栏中单击“新建项目”，弹出新建项目对话框，设置相关参数后进入文档界面，如图3-7所示。文档界面默认有一个“Part 1（零件）”文档和一个“Assembly 1（装配）”文档。

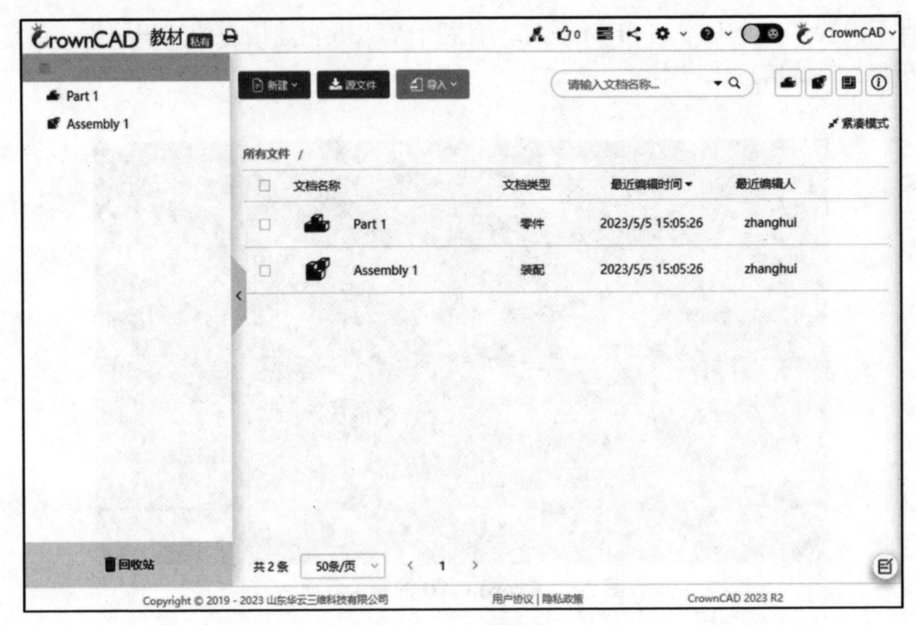

图 3-7　文档界面

4. 建模界面

在文档界面单击“Part 1（零件）”文档进入建模界面，如图 3-8 所示，其中包括工具栏、视图工具栏、文档列表、特征列表等版块。

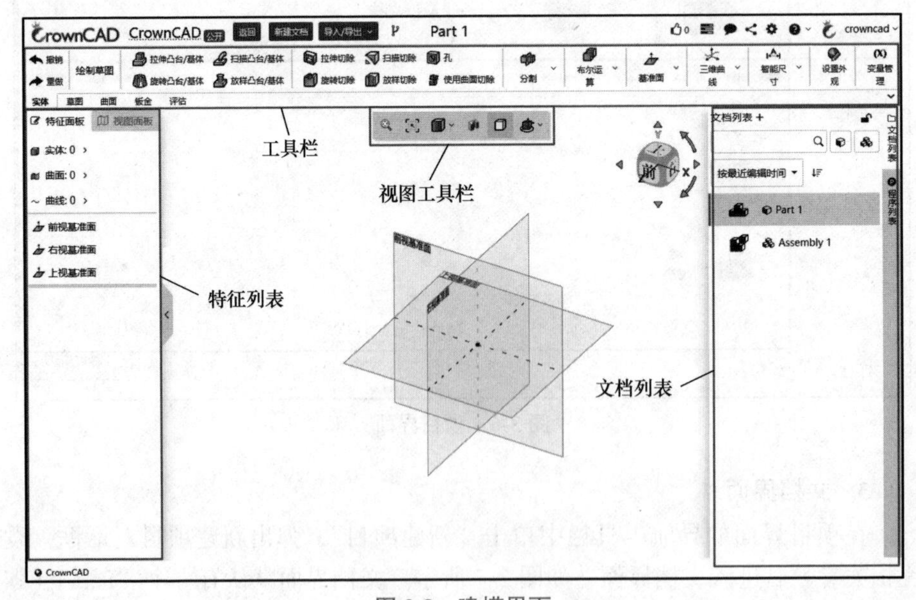

图 3-8　建模界面

3.2.3　CrownCAD 主要功能介绍

CrownCAD 的使用功能与 SolidWorks、UG 等软件类似，其核心功能如图 3-9 所示。

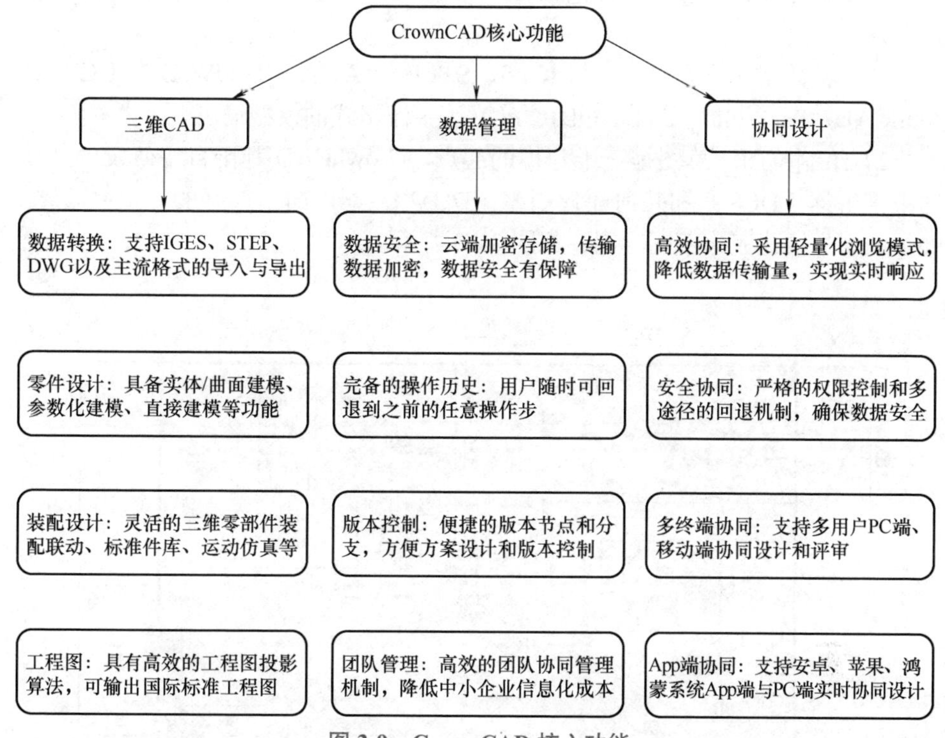

图 3-9　CrownCAD 核心功能

CrownCAD 既包含数据转换、零件设计、绘制草图、装配设计、工程图设计等传统 CAD 软件的基本功能，又具有钣金件设计、焊件设计、模型库、MBD 等面向具体行业应用的专业功能，同时具备多用户在线协同设计、版本管理、项目分享等云架构带来的优势。此外，CrownCAD 开发有移动端应用程序，移动端与 PC 端可实现多终端的协同设计；CrownCAD 还能够进行私有云部署，有效保障用户的数据安全。

1. 基本功能

1）数据转换。数据转换是解决用户之间因采用不同三维 CAD 设计系统而导致数据交流与共享困难的主要手段。CrownCAD 具有强大的数据转换功能，支持将不同格式的模型数据导入 CrownCAD 中继续进行编辑，同时支持将在 CrownCAD 中创建的二维或三维模型导出为主流数据格式，方便使用其他 CAD 软件继续进行查看和编辑。

在模型数据导入方面，支持 CATIA、UG NX、Creo、SolidWorks、Revit、Rhino 等主流三维软件模型的直接导入；支持 IGES、STEP、OBJ、STL、IFC、JT 等通用数据格式的模型导入；支持 DWG/DXF、PDF 等二维工程图的导入；此外，支持将多个模型文件打包成 ZIP、RAR 压缩包形式或者以文件夹形式批量导入。

在模型数据导出方面，支持 IGES、STEP、CATIA、SolidWorks、UG NX、AutoCAD、ParaSolid、STL、OBJ、PDF 等主流格式的模型输出。

2）绘制草图。草图是三维建模的起点。CrownCAD 基于自主研发的几何约束求解器（DCS）和几何建模引擎（DGM），配以简洁友好的 UI 界面，能够帮助用户快速完成草图绘制，如图 3-10 所示。

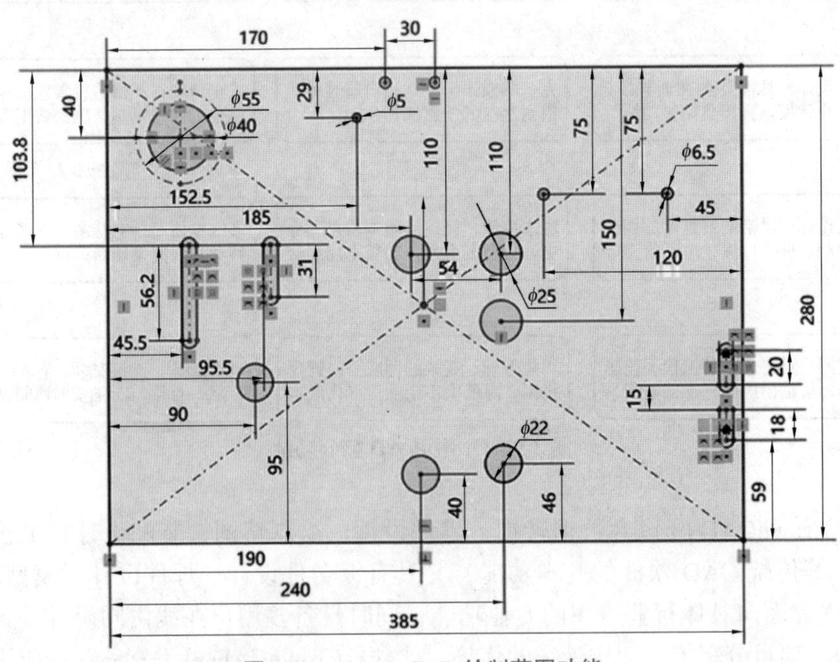

图 3-10　CrownCAD 绘制草图功能

3）零件设计。CrownCAD 采用参数化建模机制，其零件设计包括草图、实体、曲线、曲面等主要造型功能模块，以及测量、显示、标注等辅助功能模块。与其他三维 CAD 软件相比，CrownCAD 提供复杂的曲线 / 曲面几何造型、基于特征的参数化实体建模、对参数或非参模型的直接建模及强大的曲面 / 网格混合建模等多种建模功能，能够实现高效精确的零件设计，如图 3-11 所示。

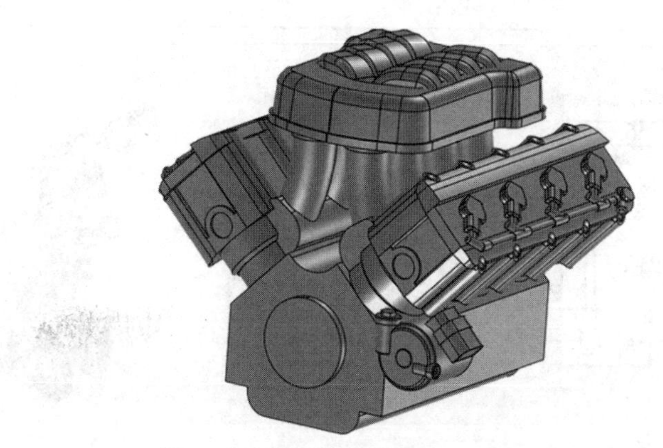

图 3-11　利用 CrownCAD 创建的复杂零件

4）装配设计。CrownCAD 装配设计功能通过对现有零部件或子装配创建三维约束关系来构建大型的装配体模型（见图 3-12），同时具有动画、干涉检查、间隙检查、质量属性、测量等功能；能够保持零部件与装配体之间的联动更新，即当零部件造型发生变化时，装配体中的模型也能够实时更新。

图 3-12　利用 CrownCAD 构建装配体模型

5）工程图设计。CrownCAD 能够快速准确地生成符合国家标准要求的工程图（见图 3-13），支持生成标准三视图、模型视图、投影视图、剖视图、断裂视图、局部视图、辅助视图等，同时支持在生成的二维图样上进行智能尺寸、中心线、几何公差、表面粗糙度、材料明细表等十几种标注。

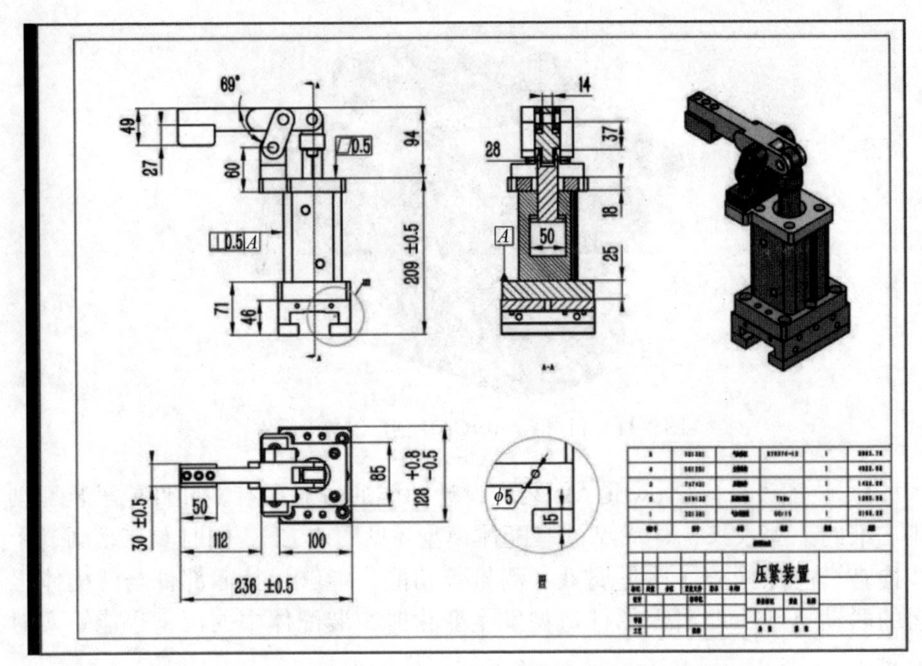

图 3-13　利用 CrownCAD 快速准确地生成工程图

2. 专业功能

除了基础功能模块，CrownCAD 还具有钣金零件设计、焊件设计、模型库、MBD 等多个专业功能模块。

1）钣金零件设计。钣金零件是以金属薄板为原料，通过折弯、冲压等工艺实现的一类零件，其最大特点是零件具有均匀的壁厚。CrownCAD 钣金零件设计模块具有基体法兰、边线法兰、褶边、草绘折弯、展开、折叠、冲压、切口、成型、斜接法兰等专业设计功能，利用上述功能，用户可以方便地完成钣金零件的设计，如图 3-14 所示。

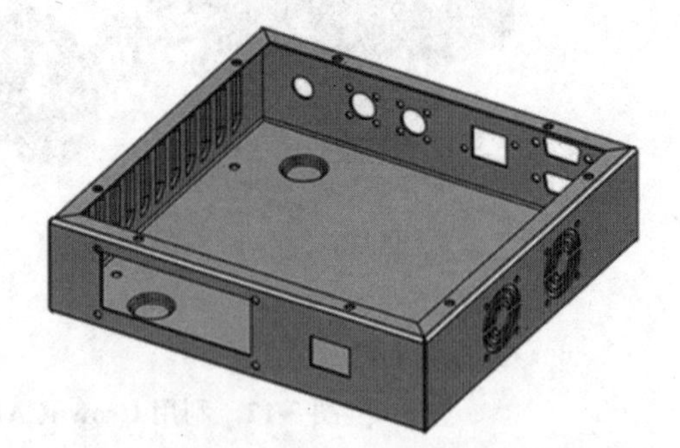

图 3-14　利用 CrownCAD 完成的钣金零件设计

2）焊件设计。CrownCAD 焊件设计模块能够通过定义的框架快速生成焊件实体，以及支持角撑板等焊接附件实体的创建，还可生成包含焊缝标注及焊件切割清单的工程图，便于指导集中下料与制造，如图 3-15 所示。

3）丰富的模型库。CrownCAD 包含 GB、JB、SH、NB 等多个符合国家

或行业标准的标准件库，方便用户快速调用，同时 CrownCAD 支持模型导入、参数化驱动等自定义方式来创建企业自己的模型库。

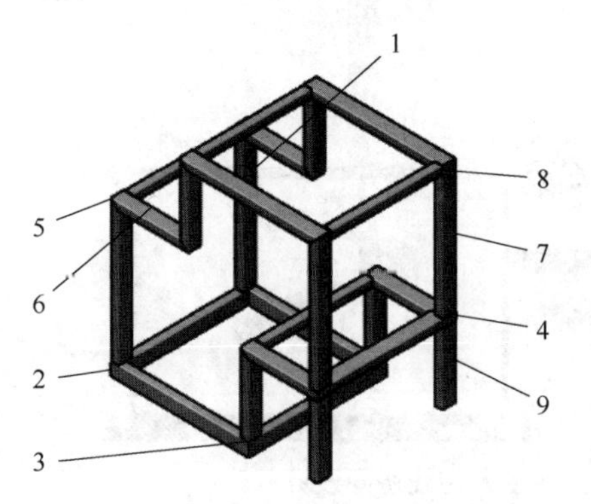

项目号	数量	规格	长度
1	2	长方形管50×30×2.5	300
2	7	长方形管50×30×2.5	500
3	2	长方形管50×30×2.5	280
4	2	长方形管50×30×2.5	280
5	2	长方形管50×30×2.5	500
6	4	长方形管50×30×2.5	280
7	2	长方形管50×30×2.5	470
8	4	长方形管50×30×2.0	400
9	2	长方形管50×30×3.0	250

图 3-15　利用 CrownCAD 完成的焊件设计

3. 云设计功能

基于云架构的优势，CrownCAD 具有多用户在线协同设计、版本管理、项目分享等功能。

1）版本管理。数据管理是 CrownCAD 云 CAD 设计平台的主要优势之一。由于所有设计数据都存储在云端，这使得 CrownCAD 能够方便地实现设计数据的版本管理（见图 3-16），支持回退到历史操作中的任意节点，并以该节点开始全新的工作。CrownCAD 还支持对已有的历史版本设计数据进行权限控制，确保历史版本数据不会被随意更改。

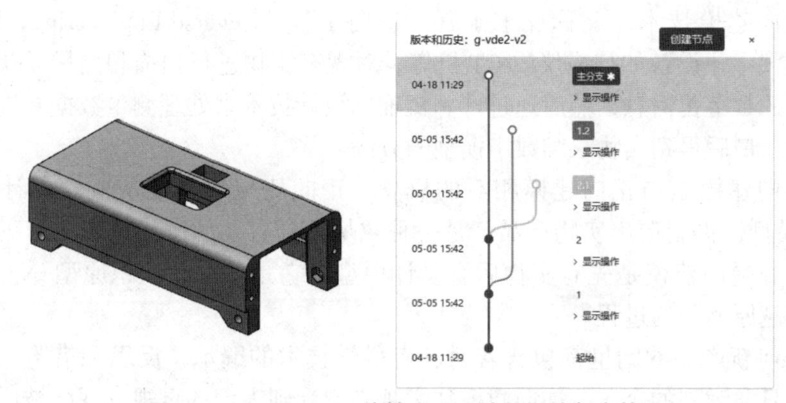

图 3-16　CrownCAD 能够实现设计数据的版本管理

2）协同设计。CrownCAD 基于云架构的优势，提供了团队协同设计工具，使工程师可以在任何地方、任何时间、任何终端设备上开展协同设计，如图 3-17 所示。

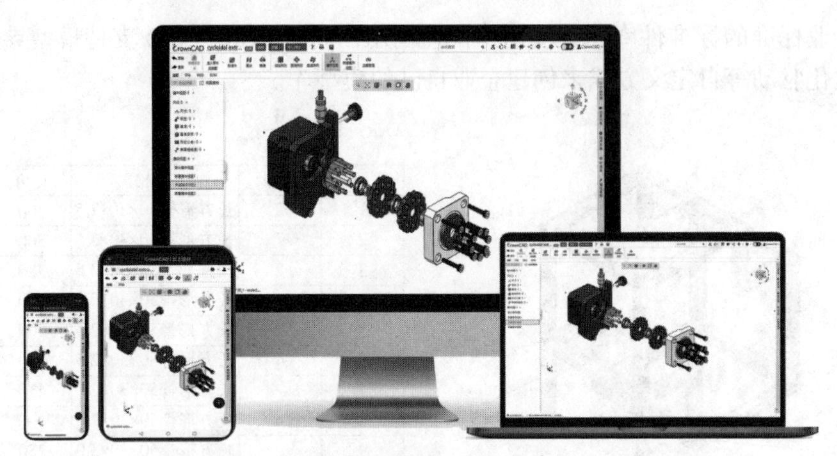

图 3-17 CrownCAD 能够实现多人在线协同设计

在团队设计中，CrownCAD 能够有效管理各个参与协同设计用户的操作行为，使得每一次对设计数据的修改都有源可溯、有据可查，确保设计数据的独立性、共享性和完整性。

3.3 逆向建模技术

3.3.1 概念

逆向建模技术，又称反求工程、逆向工程（Reverse Engineering，RE），是利用数字化设备如扫描仪或 CT 机等，对现有实物进行扫描和测量以获取实物表面的数字化信息，然后通过计算机辅助设计技术来处理测量数据并进行模型重构，最后得到实物三维数字模型的方法。

逆向建模是与正向建模相对的概念。正向建模通常是从概念设计得到 CAD 模型，再制造出实物产品，是一种"从无到有"的设计过程。与正向建模相反，逆向建模是先有实物后有设计模型，它是一个"认识原型→再现原型→超越原型"的过程。

任何新产品的问世都包含着对已有科学技术的继承、反思和借鉴，在市场竞争日益激烈的今天，逆向建模技术越来越受到人们的重视，现已被广泛地应用于产品设计、工业制造、零件检测与修复、医学工程和文物保护等众多领域，成为消化吸收先进技术、加快新产品研发的重要技术手段。

1. 新产品的开发

在消费家电、摩托车、汽车、飞机等新产品开发中，产品的美学设计和空

气动力学性能尤为重要。尽管计算机辅助设计技术发展迅速，各种 CAD 商业软件的功能日益增强，但是目前仍然无法满足一些复杂曲面或特殊零件的设计需求，设计人员需要依赖制作实物模型进行产品设计和方案评估。

在这种情况下，产品几何外形通常不是应用 CAD 软件设计得到，而是采用油泥、黏土或木头等材料制作出全尺寸或比例实物模型，然后运用逆向建模技术将这些实物模型转换为三维数字模型。

2. 产品的仿制和改进设计

逆向建模技术是现代产品设计中消化和吸收先进技术进而创造和开发新产品的重要手段。在只有实物而缺少相关的图样或 CAD 模型的情况下，利用逆向建模技术进行数据测量和数据处理，并重构 CAD 模型，然后在此基础上进行模型修改，最终实现产品的仿制和改进设计。

3. 零件的修复

利用逆向建模和 3D 打印技术能够快速地对废旧零部件进行再制造修复，使其性能得到提升，服役寿命得以延长，具有非常重要的经济意义。其具体实现过程如下：首先，利用三维扫描仪对损伤零件进行扫描，获得损伤零件的数字化点云模型；然后，对点云数据进行处理，生成损伤零件的三维 CAD 模型；接着，将损伤零件的三维 CAD 模型与完整零件模型进行对比，生成再制造修复模型；最后，对再制造修复模型进行分层和工艺路径规划，3D 打印制造系统按照规划的工艺路径对损伤零件进行再制造修复。

4. 医学应用

逆向建模结合 3D 打印技术在医学领域具有十分广阔的应用前景。首先，根据患者的 CT 或者 MRI 医学影像数据，利用逆向建模技术得到患者病灶及相关生物组织的三维 CAD 模型，然后制作出 3D 打印实物模型，用于术前规划和模拟手术。其次，根据逆向建模技术得到的三维 CAD 医疗模型，可以进一步设计出手术导板，帮助医生更准确地定位实际的手术部位，提高手术成功率。另外，利用该技术还可以为患者量身定制，设计和制造出个性化人体植入物，实现个性化、精准医疗，也可以为患者设计和制造矫正鞋垫、仿生手、助听器等体外医疗康复器械。

5. 文物保护

基于三维扫描的逆向建模技术具有非接触式、测量速度快、测量精度高等优点，近年来在文物保护工作中的重要作用日益凸显。一方面，随着国家对博物馆数字化进程的大力推进，三维光学扫描等新技术的引入可以帮助建立“文物数据档案”，甚至实现“数字博物馆”。另一方面，越来越多的考古工作者开始尝试将 3D 打印与三维扫描技术用于文物复制、残缺文物修复等，让支离破碎的文物“起死回生”，重现光彩。

3.3.2 基于逆向建模的产品研发流程

图 3-18 所示为基于逆向建模的产品研发流程，其中逆向建模的具体工作过程包括数据采集、数据处理、模型重构和再设计。

1. 数据采集

数据采集是运用一定的测量设备和测量方法对实物样件进行测量，获取样件表面离散点的几何坐标数据（点云数据）。高效、高精度地实现样件表面的数据采集是逆向建模的第一步，也是数据处理、模型重构和再设计的基础。

2. 数据处理

数据处理是对采集到的点云数据进行多视拼合、噪声去除、数据精简、数据修补等工作。作为逆向建模的一个重要环节，点云数据处理的好坏将直接影响重构模型的质量。

3. 模型重构

三维模型重构是逆向建模中最关键、最复杂的一步。实际产品往往是由多张曲面混合构成的，因此曲面重构是模型重构中的核心部分。首先需要根据几何特征对点云数据进行分割，然后对分割后的区域进行轮廓线的布置，并分别将每一个曲面片进行拟合，最后将各个曲面片合并，使它们无缝地连接成一个整体。

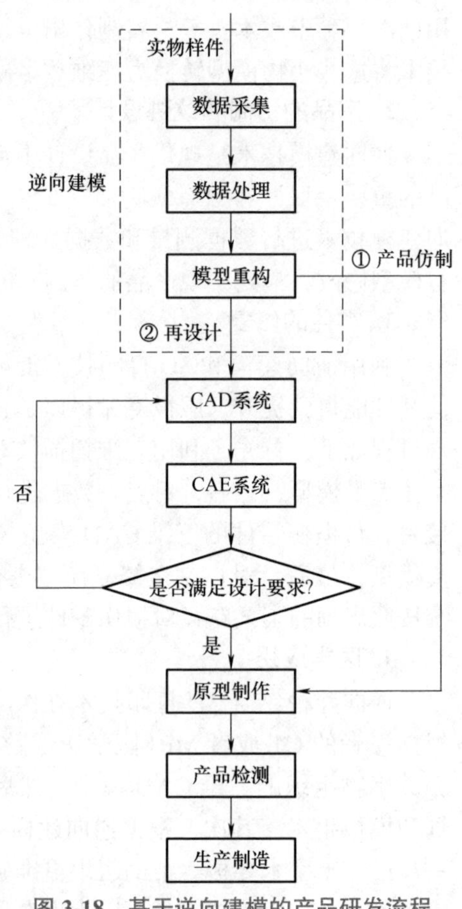

图 3-18 基于逆向建模的产品研发流程

4. 再设计

逆向建模不仅仅是简单地复制产品实物模型，而是作为一种先进的设计方法被引入到新产品的开发和设计流程中。在重构产品 CAD 模型的基础上，可以对原始产品进行创新和再设计，达到超越原始产品性能的目的。

3.3.3 逆向建模中的测量技术

逆向建模中常用的三维测量技术有：①接触式测量法，例如三坐标测量机

等；②非接触式测量法（光学式），例如激光三角测距法、结构光法、激光干涉法、飞行时间法等；③非接触式测量法（非光学式），例如CT测量法、MRI测量法、超声波法等，如图3-19所示。

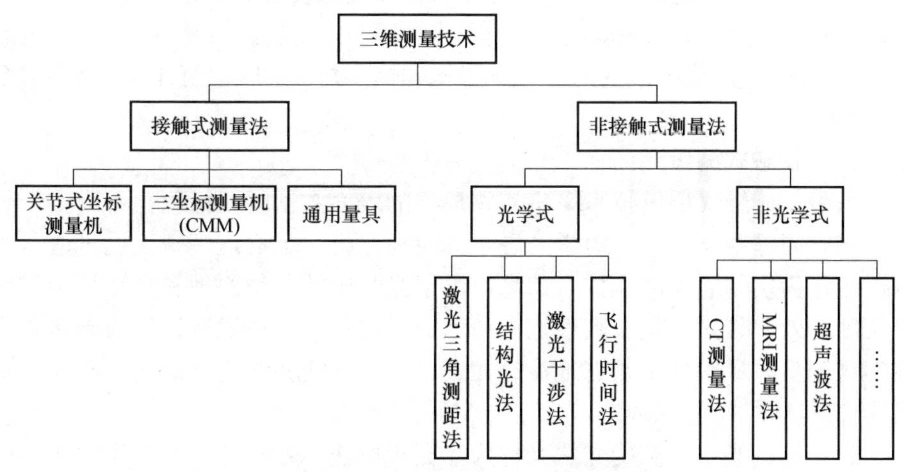

图3-19　逆向建模中的三维测量技术

1. 接触式测量

接触式测量技术通过物理方式接触并探测三维物体表面来测量和重建三维模型，三坐标测量机是接触式测量技术的主要代表（见图3-20）。

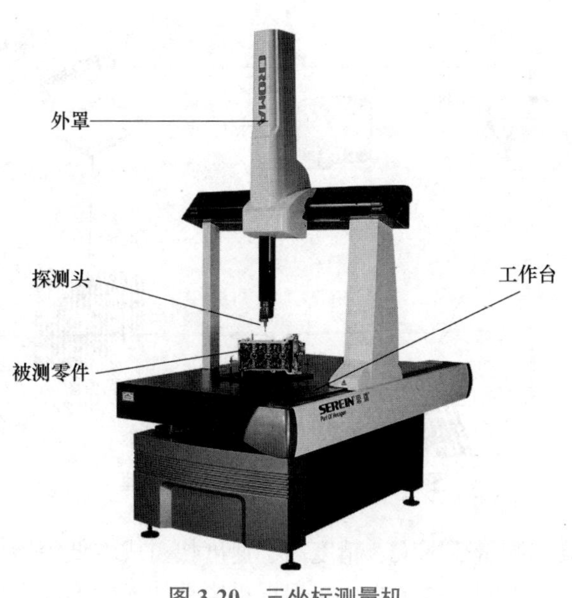

图3-20　三坐标测量机

三坐标测量机的工作原理是采用探测头直接接触物体表面上的离散点，将探测头反馈回来的光电信号转换为该点的位置坐标信息，接着探测头移动到另一个离散点继续进行测量，直到所有应测的点都被测量完为止。三坐标测量机的优点是测量精度较高，可以达到微米级，而且对被测物体的材质、颜色和纹理等无要求，但三坐标测量机的造价昂贵，因为需要逐点接触物件表面，其测量速度较慢、易于损伤探测头或划伤被测物体，并且难以检测具有复杂内部型腔的物体。

2. 非接触式测量

采用非接触式测量技术采集实物模型的表面数据时，探测头不与实物表面接触，而是基于光学、声学、磁学等原理，将一定物理模拟量通过适当的算法转化为实物表面的坐标点信息。由于光学中的各种原理和方法易于实现且精度、效率较高，随着高性能光源和成像设备的快速发展，目前光学方法在三维测量领域中处于领先地位，尤其以结构光法和激光三角测距法的应用最为广泛。

（1）结构光法　结构光法又称为光栅投影法，是一种主动式光学测量技术。其基本原理是：由投影设备将光栅条纹或干涉条纹（通常是矩形或正弦光栅）投影到被测物体的表面，由于受到物体表面形状的调制，条纹会产生变形，这样就使得变形后的条纹带有被测物体的表面信息；然后由图像传感器（如 CCD 相机）获取条纹图案并对其进行解调处理，从而计算出被测物体表面的三维数据信息，如图 3-21 所示。

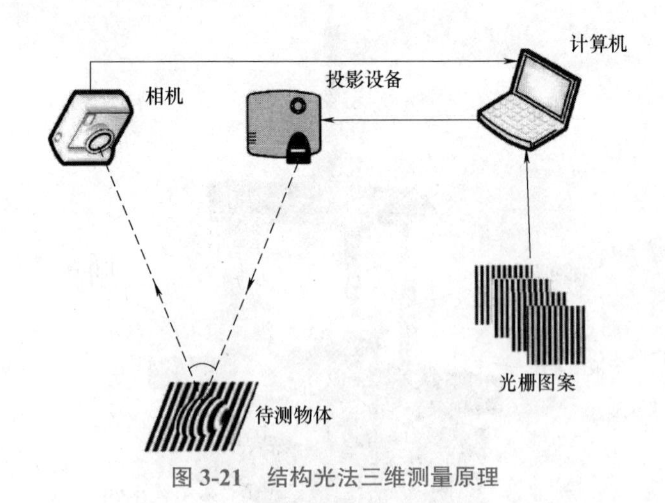

图 3-21　结构光法三维测量原理

结构光法具有测量范围大、精度高、速度快、成本低等诸多优点，被认为是目前最实用的三维测量技术之一。根据投影结构光的不同类型，可以将结构光分为点结构光、线结构光、面结构光三种类型，其中面结构光最为常见。

目前基于面结构光法原理的 3D 扫描仪应用越来越多，其基本原理是：测量时光栅投影装置投影数幅特定编码的结构光（条纹图案）到待测物体上，呈一定夹角的两个摄像头同步采集相应图像，然后对图像进行解码和相位计算，并利用三角形测量原理计算出两个摄像头公共视区内像素点的三维坐标。采用这种测量方式，使得对物体进行照相测量成为可能，故这种应用结构光法的 3D 扫描仪又被称为拍照式 3D 扫描仪。

拍照式 3D 扫描仪采用非接触白光或蓝光，避免了对物体表面的直接接触，可以测量各种材质的物体。测量过程中，被测物体可以任意翻转和移动，系统可全自动进行拼接，轻松实现物体 360° 的高精度测量；并且能够在获取表面三维数据的同时，迅速获取纹理信息，从而得到丰富逼真的物体外形；适合各种大小和形状复杂物体的测量，例如汽车、摩托车外壳及内饰、家电、雕塑等。

图 3-22 所示为国内的北京天远三维科技有限公司的拍照式 3D 扫描仪 OKIO 9M 系列，设备搭载 900 万像素相机，可获取物体表面高精细度特征；采用窄带蓝光光源，抗干扰性强；高性能的硬件模块及功能强大的三维重建算法，可实现计量级别的检测需求，单幅扫描速度小于 3s，单幅测量精度最高可达 0.005mm，单幅测量范围最大可达 200mm × 110mm。

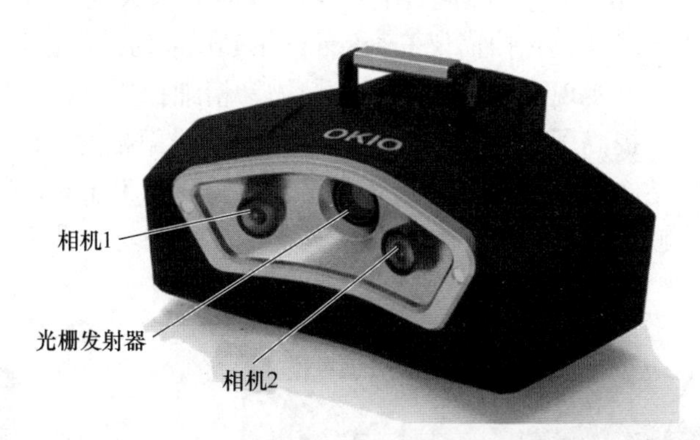

图 3-22　北京天远三维科技有限公司的拍照式 3D 扫描仪 OKIO 9M 系列

（2）激光三角测距法　激光三角测距法是目前应用广泛的另一种主动式光学三维测量技术。激光三角测距法的测量原理是：用一束激光以某一角度聚焦在被测物体表面，然后从另一角度对物体表面上的激光光斑进行成像，物体表面激光照射点的位置高度不同，所接收散射或反射光线的角度也不同，用光电探测器测出激光光斑成像的位置，就可以计算出主光线的角度，从而得出物体表面激光照射点的位置高度，如图 3-23 所示。这种方法的优点是采样频率高、测量速度快，可以实现动态扫描测量。按照入射光线与被测工具表面法线的关系，激光三角测距法又分为直射式和斜射式。

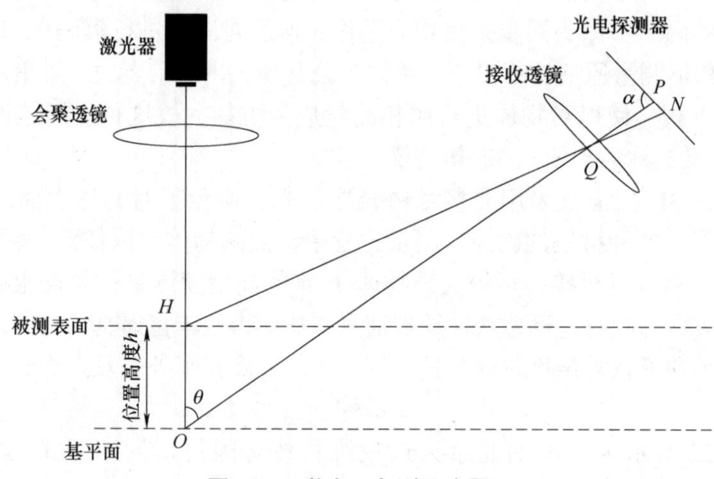

图 3-23　激光三角测距法原理

由图 3-23 可以看出，激光三角测距法的测量系统由六部分组成，包括激光器、会聚透镜、被测表面、基平面、接收透镜和光电探测器。三维激光扫描仪即采用了激光三角测距法原理。图 3-24 所示为北京天远三维科技有限公司的蓝色激光手持式三维激光扫描仪 FreeScan UE Pro 系列，设备采用 26+5+1 条蓝色激光线组合，可实现高速扫描、深孔扫描、精细扫描三种扫描模式；并集成摄影测量模块，提高了全局扫描的精度，最大扫描面幅达 600mm × 550mm；最大扫描速率可达 2100000 点 /s，最高测量精度可达 0 .01mm；适合多种材质表面的扫描，能够为汽车、航空航天、模具检测、能源等行业提供计量级的高精度检测方案。

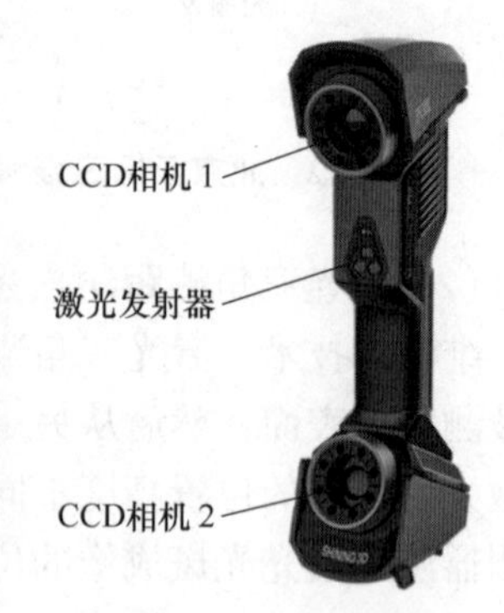

图 3-24　蓝色激光手持式三维激光扫描仪 FreeScan UE Pro 系列

（3）超声波法 超声波法的测量原理是向被测物体发射超声波脉冲，当超声波到达物体表面时会发生反射，在不同的位置会产生不同的时间间隔，通过测量带有被测物体表面信息的时间间隔就可以完成对物体的测量。这种方法结构简单、成本较低、抗干扰性能强，但是测量速度较慢、测量精度不稳定。目前超声波法主要用于物体的无损检测和壁厚测量。

（4）CT 测量法 CT（Computed Tomography）测量法是一种非破坏性 X 射线透视技术，它利用 X 射线扫描被测物体，根据被测物体各部分对射线的吸收与透射率不同，重建物体不同层面上的二维图像，并依据二维图像构建三维实体。

CT 测量法率先在医疗领域得到了应用，后来迅速推广到工业领域。作为目前最先进的非接触式测量技术之一，CT 测量法可以测量具有复杂内部几何结构的物体，这是其他测量方法无法比拟的；此外，CT 测量法不受被检测物体材料、形状、表面状况等因素的影响，能够给出被检测物体的二维、三维直观图像，因而成为医学检测或者工业部件无损检测和质量评估的重要手段。CT 测量法的缺点是测量精度低、扫描时间长且设备造价高。

（5）MRI 测量法 MRI（Magnetic Resonance Imaging）是 20 世纪 70 年代末发展起来的一种医学成像技术，其基本原理如下：将人体置于特别的磁场中，利用核磁共振原理得到人体的断层影像，再依据断层影像构建三维实体。MRI 测量法的突出优点就是能够深入人体内部且没有任何损害，而且测量得到的信息量非常丰富，因此 MRI 测量法在医学上得到了广泛的应用；但是它不适用于非生物材料，而且设备造价极为昂贵，这在一定程度上限制了它的推广应用。

3.3.4 逆向建模工程软件介绍

利用三维测量设备测得的离散点云数据需要使用软件进行数据处理和模型重构。虽然现有商业三维扫描系统中一般都会配备数据拟合软件，但是其软件功能不够强大，往往需要选择专业的逆向建模软件。与普通的数据拟合软件相比，这些专业软件通常具有更强大的测量数据处理、曲线曲面构建以及误差检测与分析等功能。

1. Imageware

Imageware 由美国 EDS 公司研发，后被德国 Siemens PLM Software 公司收购，被并入该公司旗下的 NX 产品线，是最著名的逆向工程软件之一。Imageware 具有强大的点云处理能力、曲面编辑能力和复杂曲面的构建能力，被广泛应用于汽车、航空航天、消费家电、模具等众多领域。

2. Geomagic Studio

Geomagic Studio 是由美国 Geomagic 公司研发的逆向工程和三维检测软件，

2013 年 Geomagic 公司被全球 3D 打印巨头 3D Systems 公司收购（Geomagic Studio 软件改名为 Geomagic Wrap）。该软件能够便捷地从扫描所得的点云数据创建出完美的多边形模型，并可自动转换为 NURBS 曲面和精确的三维数字模型。Geomagic Studio 主要包括 Quality、Shape、Wrap、Decimate、Capture 五个功能模块，可以输出 STL、IGES、STEP 等多种文件格式。

3. CopyCAD

CopyCAD 是由英国 Delcam 公司研发的功能强大的逆向工程软件，2013 年 Delcam 公司被全球三维设计软件巨头 Autodesk 公司收购。CopyCAD 能够根据实体零件的点云数据快速、准确地生成三维 CAD 模型。CopyCAD 具有丰富的数据转换接口，能够接收来自于三坐标测量机、三维激光扫描仪等多种测量设备的数据格式。CopyCAD 软件操作简便、易于学习，用户能够快速编辑数字化点云数据，生成高质量的复杂曲面。

4. RapidForm

RapidForm 是由韩国 INUS 公司推出的著名逆向工程软件，它提供了新一代运算模式，可实时对点云数据进行运算，得到无接缝的多边形曲面。RapidForm 还支持彩色 3D 扫描点云数据的处理，可以生成最佳的多边形模型，并将颜色信息完整映像在多边形模型中。RapidForm 还提供上色功能，通过实时上色编辑工具，使用者可以直接将模型处理成自己喜欢的颜色。

3.3.5 医学图像数据处理软件 Mimics

目前，CT、MRI 等断层扫描技术广泛应用于临床诊断和治疗，然而二维断层图像表达的是某一个截面的解剖信息，医生往往只能凭借经验由多幅二维图像去估计病灶的大小和形状，这给治疗带来了困难。Mimics（Materialise Interactive Medical Image Control System）软件是比利时 Materialise 公司推出的面向 3D 打印、CAD、有限元分析、手术过程模拟及其他领域应用的医学影像数据模型处理软件平台。该软件能够在几分钟内快速将 CT、MRI 等医学影像数据转换成三维 CAD 或 3D 打印所需的模型文件，广泛应用于临床、生物医学工程、材料工程等领域。

Mimics 三维重建软件与 3D 打印快速制造技术相结合，将会开启个性化精准医疗的新时代。首先，利用 Mimics 软件重建后的三维模型，医生可以更深入细致地对病灶进行定位、定性甚至定量分析（重建模型为生物力学有限元分析提供精确的模型）；其次，能够制作出患者的病灶及相关生物组织的 3D 打印实物模型，用于术前规划和模拟手术；然后，根据逆向建模得到的三维医疗模型，可以进一步设计出手术导板，帮助医生更准确地定位实际的手术部位，提高手术成功率；最后，还可以为患者进行量身定制，设计和制造出个性化人体植入物以及人体矫形器等康复辅助装置。

Mimics 软件对医学图像的三维重建主要包括图像导入、图像预处理、图像分割和阈值界定、三维模型的建立与优化等内容。

1. 图像导入

Mimics 软件能够输入大部分主流厂商数据来源，支持 DICOM 格式及 JPEG、TIFF、BMP 图像等多种文件输入格式。其中 DICOM（Digital Imaging and Communications in Medicine）指医学数字成像和通信，是医学图像和相关信息的国际标准文件格式，它定义了质量能满足临床需要的可用于数据交换的医学图像格式，在放射诊疗诊断、心血管成像等医疗领域应用十分广泛。

将 DICOM 图像导入 Mimics 软件后，可得到冠状面、矢状面和横断面三个不同角度的断面图像（见图 3-25），其中矢状面是把人体或器官解剖位置分为左右两部分的切面，冠状面是把人体或器官解剖位置分为前后两部分的切面，而横断面是把人体或器官解剖位置分为上下两部分的切面。

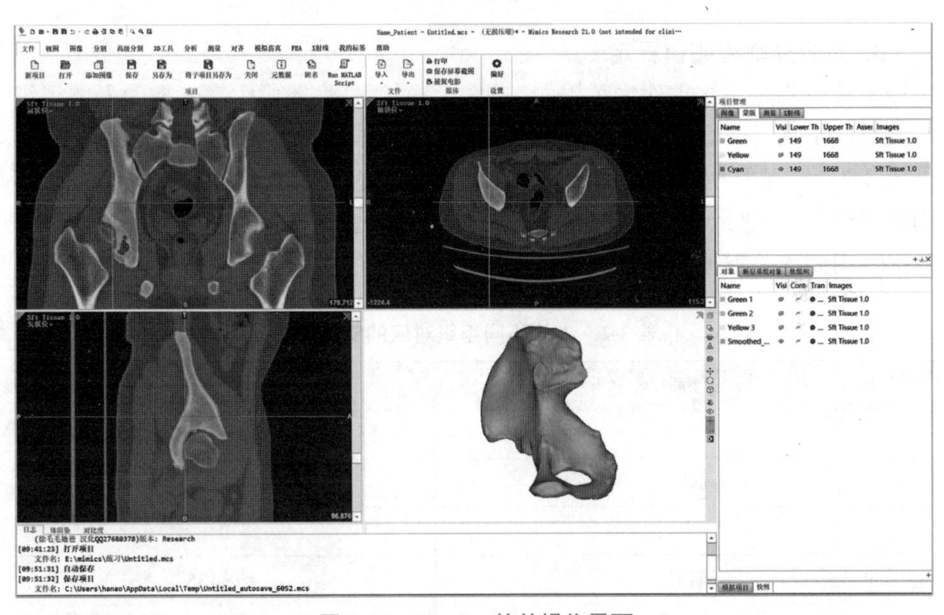

图 3-25　Mimics 软件操作界面

2. 图像预处理

医学图像数据在获取、传输和转换的过程中，图像质量会有所下降，例如灰度值变化、噪声污染、细节损失、几何畸变等，使得图像的信息量减少甚至产生错误，因此在进行图像分析和处理前，需要对质量不佳的图像进行预处理。图像预处理的常用手段有图像滤波、图像增强、图像插值等。

在CT、MRI等断层图像中，由于不同组织的密度不同，它们在图像中对应的灰度值也不一样。在Mimics软件中，通过调整图像的对比度，可以准确捕捉目标区域，避免组织结构信息的丢失。不同对比度下各组织显影效果不同，如图3-26所示。

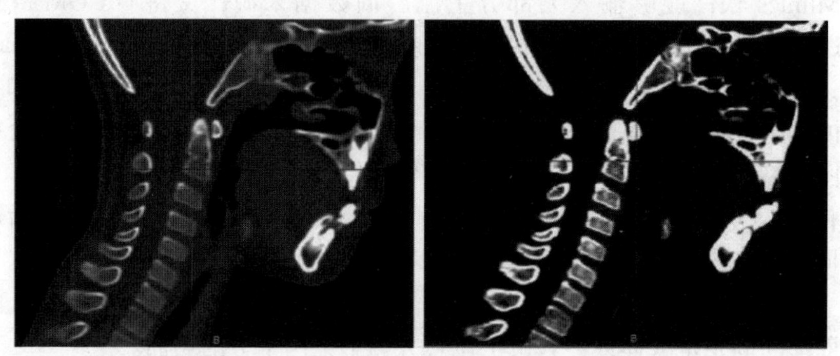

图3-26　不同对比度下各组织显影效果不同

3. 图像分割和阈值界定

图像分割是三维重建中关键的一步，目的就是将图像中感兴趣的人体组织区域提取出来。在CT、MRI等断层图像中，人体不同组织对应的灰度值不同，见表3-2。在提取相应组织结构时，可以通过设置较为准确的灰度阈值来对不同的组织进行区分。阈值设置过高或过低都有可能出现组织丢失或噪点过多等情况，因此需要根据实际情况设置相应组织的阈值范围。

表3-2　人体不同组织对应的灰度值

物质	灰度值
软组织	−700~+225
脂肪	−200~−50
水	0
肌肉	−5~+135
骨松质	+150~+661
骨密质	+662~+2400
皮肤	−700~−150

Mimics软件将提取的阈值范围内的像素存入一个蒙版中，同时提供一系列的蒙版编辑工具，可以对蒙版进行编辑以添加或删除相应的组织，这些工具包括绘画、擦除、孔洞填充、局部阈值划分、动态区域增长以及布尔运算等，

最终提取完成所需的组织结构。

4. 三维模型的建立与优化

运用 Mimics 软件中的 Calculate 3D 工具，可以对编辑好的蒙版进行三维重建以得到人体组织的三维数字模型。

Mimics 三维重建后得到的三维数字模型可能还存在许多问题，例如模型表面有孔洞、三角面破损、表面粗糙等，这时可以利用 3-matic、Geomagic Studio 等专业软件对模型进行修复处理和曲面优化，并根据实际需要输出 CAD、FEA 和 3D 打印等不同的文件格式。

3.4 正逆向混合建模技术

正逆向混合建模是目前应用较为广泛的一种建模方法，它将逆向建模和正向建模有机结合起来，充分发挥各自的优势，该建模方法既能够反映反求产品的原始设计意图，又能提高反求模型的参数化修改能力，成为缩短产品研发周期、进行产品创新再设计的一种有效途径。

图 3-27 所示为正逆向混合建模的一般流程：首先在逆向建模软件中重构得到产品的三维表面数据，并将表面数据中有参特征的参数提取出来；然后将其导入正向建模软件中进行编辑和实体建模；最后还要对实体模型进行误差分析和设计改进。正逆向混合建模技术的缺点是在建模过程中人机交互操作比较多，而且重建得到的曲面精度不高，在逆向软件中曲面重构后一般都要进行误差分析，若重要曲面重建的误差太大，还要重新修改，建模耗时较长。

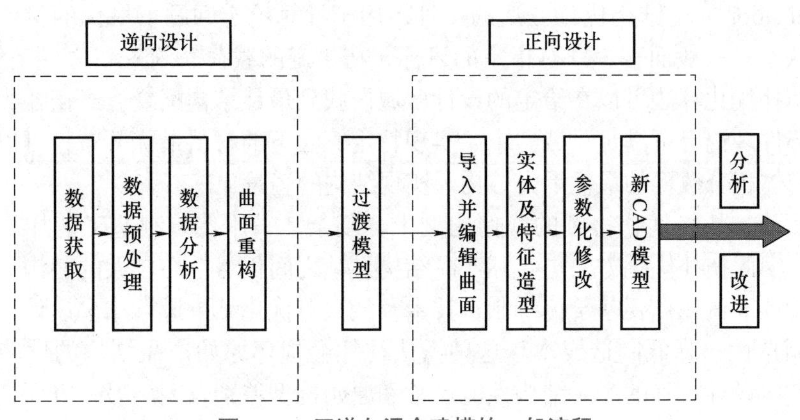

图 3-27 正逆向混合建模的一般流程

3.5 面向 3D 打印的自由设计技术

传统机械零部件的设计是依据车、铣、刨、磨、焊接、注射、铸造等传统成型加工工艺来实现的，在产品设计时必须考虑加工工艺的限制，为加工方便要进行功能结构和加工结构的设计。而 3D 打印技术的逐步成熟，极大地拓展了制造工艺与加工手段，减少了数控加工、模具成型等传统制造工艺对创新设计的约束与限制，能够实现从面向加工工艺的设计转变为自由创新设计，如图 3-28 所示。

所谓自由设计，是指以实现产品造型、结构或功能为直接目的，设计过程围绕上述目的展开的设计方法，这种方法是基于 3D 打印技术而产生的，因此也称为面向 3D 打印技术的设计（DFAM）方法，其中拓扑优化设计和创成式设计是目前两种主流的 DFAM 技术。

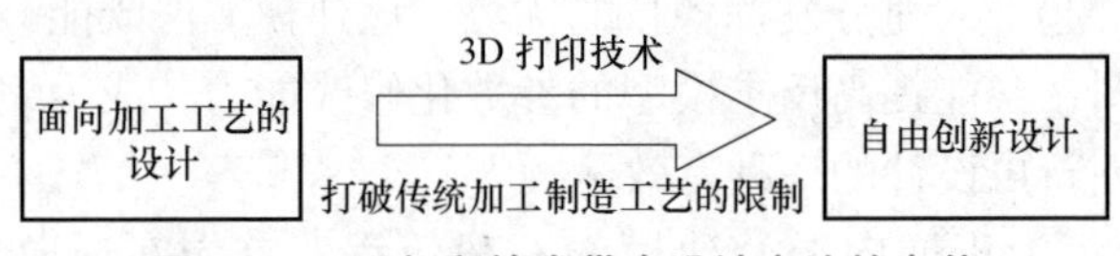

图 3-28　3D 打印技术带来设计方法的变革

3.5.1　拓扑优化设计

1. 概念

目前，对产品结构设计的研究大多集中在结构优化设计上，如重要结构参数的选择、参数匹配、结构校核等。结构优化设计是一种充分利用现代数学、物理及计算机技术寻求最佳设计的理论与方法。拓扑优化（Topology Optimization）是结构优化方法的一种，用于计算给定问题下最优的材料空间分布状态。一般而言，针对指定的目标，在给定的载荷、约束和边界条件下，通过拓扑优化算法可以在给定的设计区域内找到最佳结构配置。经拓扑优化后的零部件理论上可满足承载需求，实现特定算法下的材料最优分布；可以获得在特定体积分数下的最优承力结构，实现结构的轻量化。

然而，拓扑优化得到的几何构型十分复杂，采用传统制造工艺加工非常困难，因此拓扑优化方法与实际产品结构设计之间仍然存在较大的鸿沟。一方面，设计人员往往要基于传统制造技术及经验对优化结果进行二次设计，来满足可制造性，降低制造成本。这种做法往往会损坏原始产品结构的性能最优性，二次设计得到的产品结构性能通常和原始构型差别较大。另一方面，受制于传统设计理念及制造工艺，产品结构通常仅进行宏观拓扑设计，并未充分利用结构在多尺度上的变化或者空间梯度变化所带来的广阔设计空间，使得产品性能提升受到很大的局限。

3D 打印技术的出现，突破了传统制造技术的局限性，使得几何形式高度复杂的制造以及从微纳到宏观多个几何尺度结构的制造成为可能。拓扑优化技术与 3D 打印技术的融合，使得开展产品的自由创新设计具有广阔的应用前景。

2. 设计过程

拓扑优化使用有限元分析作为核心算法，其过程从一个规则形状的零件“设计空间”开始，然后用户施加载荷和约束条件，使其生成理想的形状，最后根据软件生成的结果进行再设计，获得一个轻量化的产品设计。图 3-29 所示为拓扑优化设计的基本流程。

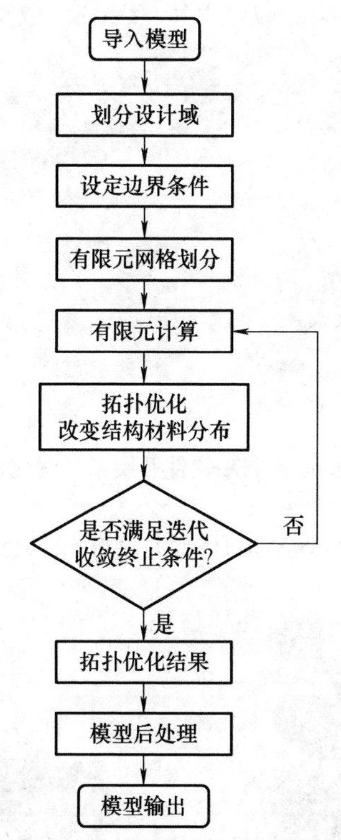

图 3-29 拓扑优化设计的基本流程

3. 设计软件

拓扑优化设计软件是拓扑优化技术与有限元仿真技术的结合。近年来出现了许多商用拓扑优化软件，例如 Altair 公司的 Solid Thinking/Inspire、3D Systems 公司的 3D Xpert、西门子公司的 Siemens NX 软件等。下面以 Siemens NX 软件的拓扑优化模块为例，介绍一下拓扑优化设计的具体步骤。

Siemens NX 软件集成了一套拓扑优化设计工具，可以依据设计目标和约束条件来创建优化的产品设计模型，它颠覆了“先设计模型后分析验证”的传统设计范式，能提供在较短时间内探索更多选项以找到最佳设计方案的方法。

利用 Siemens NX 软件开展拓扑优化设计的具体步骤如下：①首先定义一个规则形状的零件“设计空间”（或边界体积）；②设置荷载、约束条件和设计目标后，拓扑优化程序会自动计算，遍历所有可能的几何模型，最后生成理想的形状；③根据软件生成的形状结果进行再设计，通过精确设计获得一个优化设计模型，必要时还可以添加轻量化晶格结构；④对优化设计模型进行 CAE 分析验证；⑤最后利用 3D 打印技术制造出最终的实物产品，如图 3-30 所示。

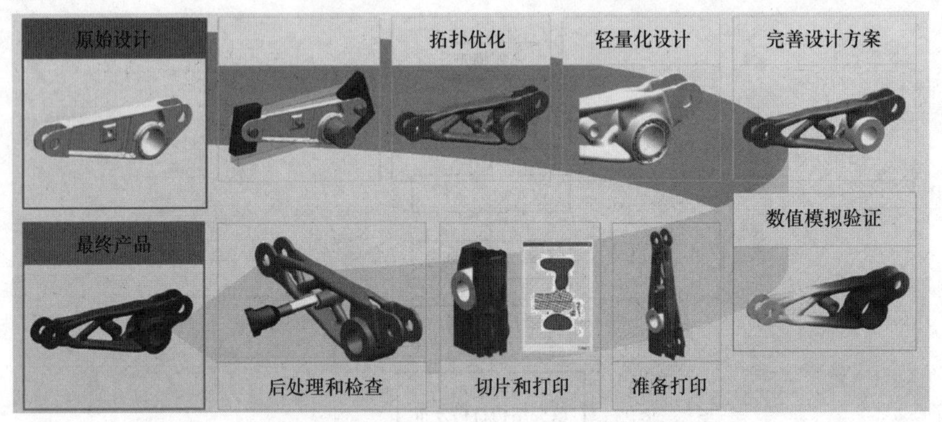

图 3-30　利用 Siemens NX 软件开展拓扑优化设计的具体步骤

图 3-31 所示为 Siemens NX 拓扑优化设计的具体应用案例。

a) 传统设计　　b) 拓扑优化设计

图 3-31　Siemens NX 拓扑优化设计的具体应用案例

需要指出的是，Siemens NX 拓扑优化软件中具有独特的 Convergent Modeling 技术，能够允许设计者在 NX 解决方案中使用原来熟悉的编辑功能，

方便对网格化几何体进行添加圆角、孔等编辑操作，以帮助最终确定产品模型。此外，设计者还可以选定某一区域使用镂空点阵结构，即将零件内部填充比实心材料轻得多的空心结构，从而实现基于镂空点阵结构的轻量化设计，如图 3-32 所示。

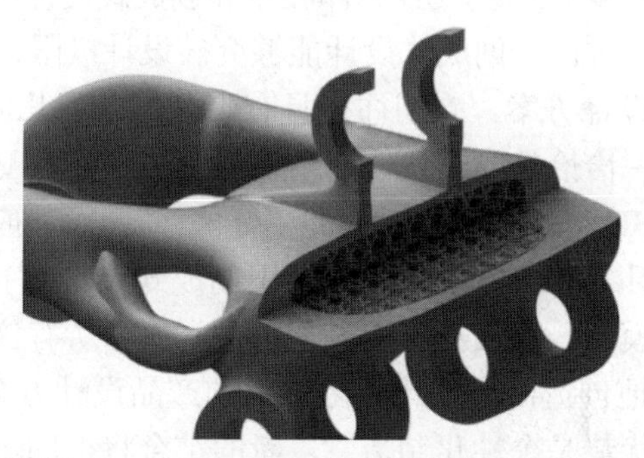

图 3-32　基于 Convergent Modeling 技术实现内部镂空点阵结构

3.5.2 创成式设计

1. 概念

创成式设计（Generative Design），又称为“参数化设计（Parametric Design）”“算法辅助设计（Algorithms-Aided Design）”“计算性设计（Computational Design）”，是一种通过设计软件和算法自动生成产品模型的设计方法，如图 3-33 所示。

图 3-33　创成式设计

创成式设计是一个人机交互、自我创新的过程，具体来说，产品设计师通过人机交互方式指定他们的设计要求，包括参数、约束条件、材料和制造工艺等，然后创成式设计软件自动生成所有潜在的可行性设计方案，甚至利用人工智能（AI）、机器学习等智能技术进行综合对比分析，筛选出最佳设计方案。

例如，如果要设计一张桌子，设计师只需要给出长、宽、高以及所受的载荷等参数，创成式设计软件就会自动生成大量的可行性设计方案。

创成式设计起源于建筑领域，近十年在建筑设计和视觉艺术领域得到广泛应用。随着3D打印技术的快速发展，创成式设计逐渐被应用于产品设计、珠宝首饰、工业制造等多个领域。3D打印技术和创成式设计的结合将颠覆传统的设计与制造模式。一方面，创成式设计能够突破设计极限，创造出使用传统建模方法难以获得的设计方案，它们往往具有十分复杂的几何结构，而3D打印技术的应用优势之一恰恰是能够快速而精密地制造出任意复杂形状的产品，可以说创成式设计与3D打印技术是天生的“好伙伴”，而创成式设计也将进一步释放3D打印的应用潜能。另一方面，利用创成式设计获得的模型数量众多，可能有成千上万个模型，有人甚至用“物种”来比喻所有这些生成的模型；创成式设计能够方便地创造出个性化、多样化的产品设计方案，而恰好3D打印技术的另一个应用优势是个性化制造，二者的结合将推动传统的大规模、同质化产品制造模式向满足消费者个性化、多样化需求的大规模定制模式转变。

2. 典型的设计过程

创成式设计的过程一般包括以下几个步骤。

步骤1：定义问题

该步骤对于开展创成式设计非常重要。在这一阶段，要对设计的项目进行定义并设定目标。设计师通过向客户提出以下问题，明晰要设计的最终产品的属性。

1）要设计的是一个什么产品？

2）最终产品设计中必须具有何种特征？（或不能具有何种特征？）

3）产品的主要设计参数及其取值范围分别是什么？

4）满足什么样的条件将决定产品设计成功与否？

上述关于产品设计的问卷内容应尽可能详尽，客户的答案应尽可能准确，这样才有可能生成满足客户需求的设计方案。

步骤2：输入约束条件和目标

该步骤需要收集创成式设计的输入参数，主要包括以下几个方面的信息。

1）物理约束信息。这是创建产品设计所要输入的基本信息，例如产品的质量和尺寸要求是多少？该产品不应占据哪些区域？

2）有关力或载荷的信息。这将帮助软件程序确定承受应力的区域以及产品需要加固的位置。

3）有关材料的信息。这将有助于软件程序理解在创建零件设计方案时需考虑的设计自由度，通过这种方式，软件将在高应力区域添加材料，并在低应力区域减少材料。

4）关于制造工艺的信息。软件程序会根据输入的不同制造工艺得到不同

的设计方案，如图 3-34 所示。例如，使用增材制造工艺还是减材制造工艺？这是至关重要的，因为它必须是可制造的设计方案，而每一种制造工艺都有其特殊性。

a) 人工设计

b) 创成式设计 (3轴数控加工)

c) 创成式设计(2.5轴数控加工)

图 3-34　不同制造工艺约束下得到的设计方案

另外，还需要定义用于模型评估的多个参数。充分、合理地定义模型评估参数将有助于程序对得到的众多设计方案进行筛选和优化，否则将会导致生成许多不相关的设计方案。

步骤 3：生成模型

将参数输入后，创成式设计软件将自动生成符合目标设计要求的所有可能设计方案。生成的模型被分为不同的组（称为迭代），每个迭代可以包含数百个设计方案。

步骤 4：评估模型

模型生成后，软件程序会自动依据模型评估参数对每个模型进行检查，最终将生成的设计方案按照它们与设计目标的接近程度进行排序。

例如，如果将产品定义为具有最大表面积（或最少材料使用量）的桌子，那么生成的设计方案会按照最大表面积（或最少材料使用量）进行自动排序，这能够帮助设计师方便地对得到的众多设计方案进行筛选。

在设计时应尽可能设定多的模型评估参数，虽然这样做可能会限制生成的设计方案数量，但生成的设计将会更接近设计师的实际期望。

步骤 5：模型筛选和优化

在这个阶段，设计师通过设定多个模型评估参数的组合，缩小生成的设计选项范围，过滤掉不符合要求的设计方案，找到符合设计要求的最佳设计方案。

近年来，随着人工智能（AI）等先进技术的快速发展，创成式设计软件还能够与人工智能和机器学习技术相结合，来模仿人类选择和自然进化等对模型进行自动筛选和优化。

步骤 6：获得最佳设计方案，并进行再设计

设计师从软件提供的设计选项中筛选得到的一个或几个符合设计要求的最

佳设计方案，它们往往与实际产品还存在一定的差别，需要进行手动改进和再设计，使最终的设计模型既满足设定的产品设计目标，又符合特定的实际制造工艺要求。

3. 设计软件

由于需要同时具有CAD设计功能和编程算法，大多数创成式计软件通常依附于成熟的CAD设计软件而存在。典型的创成式设计软件有Autodesk Fusion 360、Rhino Grasshopper等。

1）Autodesk Fusion 360。这是一款基于云端的、集成了CAD、CAM、CAE和PCB多种功能的产品设计和制造商业软件。该软件包含的创成式设计模块通过输入特定的设计目标和约束条件来进行设计，约束条件包括功能要求、材料类型、制造方法等。

创成式设计软件会自动探索各种可能的创新设计方案，设计师能够实时评估这些生成的创新设计方案，并根据评估结果随时调整设计目标和约束条件，通过反复调整迭代，最终输出最符合设计要求的产品设计方案。Autodesk Fusion 360创成式设计模块通过强大的云计算平台，还支持在浏览器和移动设备上在线使用创成式设计软件功能。

表3-3列出了Autodesk Fusion 360创成式设计与传统设计方法的对比。

表3-3　Autodesk Fusion 360创成式设计与传统设计方法的对比

对比内容	传统设计	Autodesk Fusion 360创成式设计
设计模式	采用“先设计后性能分析和制造”的传统设计模式，功能和制造要求通常出现在产品开发流程末端，并会导致对产品CAD模型进行反复更改，直至满足功能和制造的要求	事先指定设计目标以及功能和制造要求，通过设计软件和算法自动生成产品设计方案
设计方案	生成一个设计或有限数量的设计备选方案集	生成满足要求的所有设计备选方案；之后还可以随时调整设计目标和约束条件，并生成新的设计备选方案进行比较；通过反复调整迭代，最终输出最符合要求的产品设计方案
可制造性	设计与制造环节割裂，设计备选方案可能无法直接制造	制造工艺是设计约束条件之一，因此所有设计备选方案都是可制造的

图3-35所示为Autodesk Fusion 360创成式设计的具体应用案例。General Motors公司与Autodesk公司合作，使用创成式设计技术重新设计了汽车座椅支架并取得了成功，该座椅支架是一种将安全带固定到座椅上的装配体，由8个焊接在一起的零部件连接而成。设计师使用Autodesk Fusion 360创成式设计软件，通过输入点连接约束、质量和强度要求等参数，获得超过150种可能的

设计解决方案，在此基础上，最终筛选确定了一种最优的设计方案。与原始设计相比，优化后的新座椅支架比原始部件质量轻40%，但是强度却高出20%，而且它将原来8个不同的零部件整合成一个3D打印整体部件，从而降低装配成本并简化供应链。

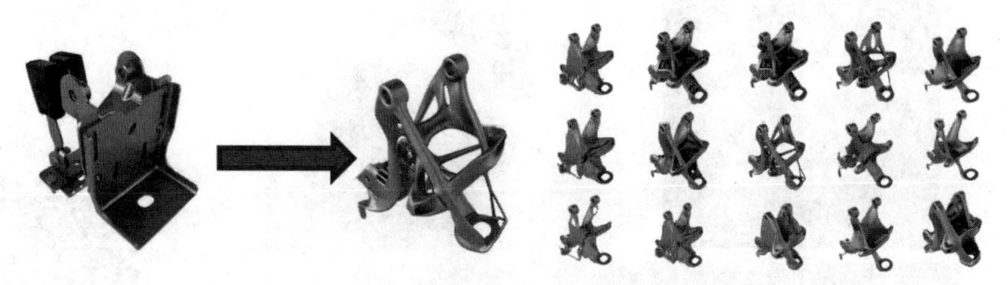

图3-35　利用创成式设计优化汽车座椅支架

2）Rhino Grasshopper。作为一个基于三维建模软件平台Rhinoceros的可视化编程插件，Grasshopper是非常强大的参数化辅助设计工具。通过可视化操作和对节点进行连接和调整，设计师能够利用参数化设计轻松完成非常复杂的曲面设计形态，并通过设计软件快速生成大量的产品设计方案。

与其他基于三维建模软件的编程插件相同，Grasshopper作为Rhinoceros的可视化编程插件，同样具有两个必要特征，分别是编程环境特征和几何功能特征，是被强化了几何功能的编程环境。Grasshopper有许多被称为“电池”（Component）的不同运算器模块，可以将具有不同功能的模块按照一定的逻辑连接起来成为一个程序，并完成一个产品设计方案。图3-36所示为利用Grasshopper“电池”图创作的镂空球。

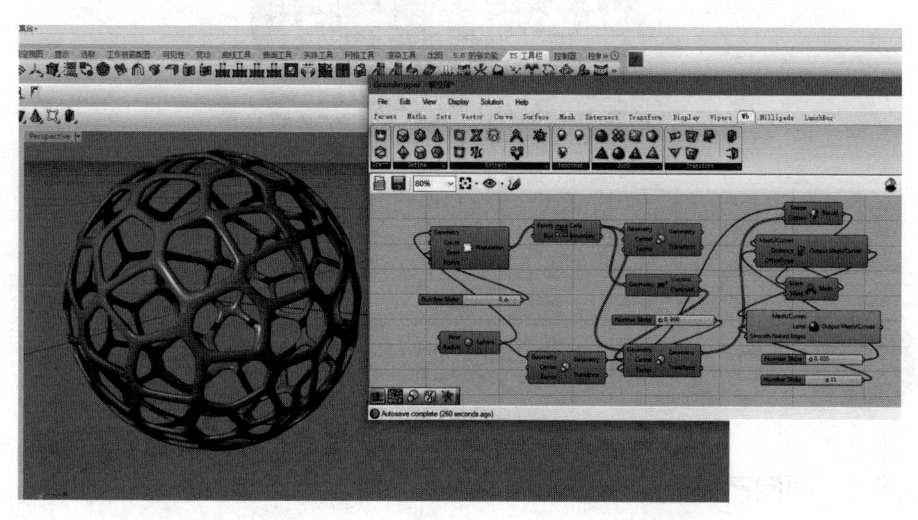

图3-36　利用Grasshopper“电池”图创作的镂空球

Grasshopper 编程化的建模方式可以通过干扰、编织、Voronoi、随机、生长循环等算法生成新颖、奇特的产品造型，给人们带来全新的艺术感受，如图 3-37 所示。

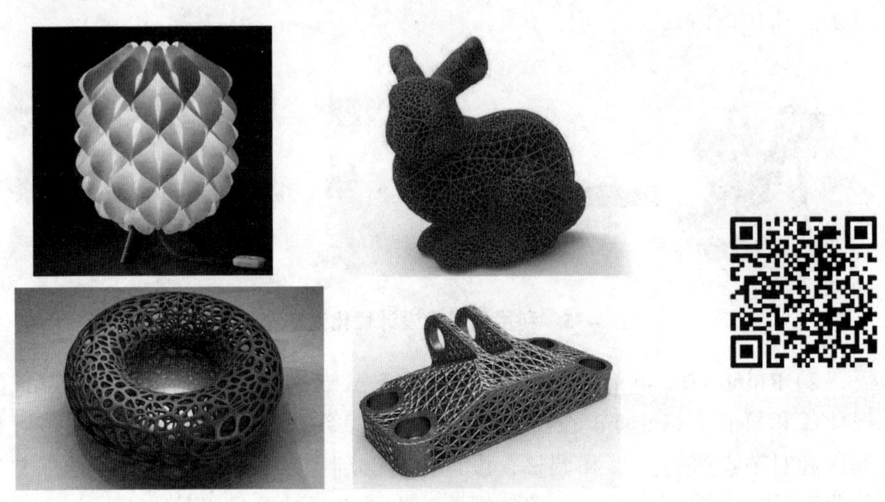

图 3-37 利用 Grasshopper 创作的艺术作品

由于 Grasshopper 采用基于参数化的建模方式，可以通过修改相应参数，得到千变万化的产品方案（见图 3-38），能够快速满足不同消费者的产品个性化定制需求。

图 3-38 利用 Grasshopper 可以实现个性化、多样化的产品方案

3.6 3D 打印自由设计的具体应用案例

3.6.1 面向产品造型的自由设计

在 3D 打印技术的推动下，产品造型呈现多元化趋势，在其技术属性、

经济属性、美学属性、环境属性、人机属性等要素中，美学属性要素所占的比例得到提升。3D 打印技术的应用使产品造型设计呈现以下几个明显的趋势：

1. 产品造型艺术化

对造型艺术而言，3D 打印技术是一个技术的进步，也是一次彻底解放。3D 打印自由制造技术能够使设计师更加专注于艺术性的表达，探索更广阔的艺术领域与表现形式，也激发设计师去探索技术融合下的极致的生命力与视觉张力。

图 3-39 所示为服装设计师 Michael Schmidt 和建筑师 Francis Bitoni 于 2013 年共同设计的全球首款 3D 打印礼服，利用选择性激光烧结（SLS）3D 打印技术制造出来，采用的是尼龙粉末材料。裙体通体镂空设计，完全根据客户的身材比例定制，由 17 个独立结构通过近 3000 个节点连接而成，最后在裙子表面镶嵌了 13000 颗施华洛世奇水晶，惊艳无比。从设计到制造，整件衣服共花费了 3 个月的时间才制作完成。

图 3-39　全球首款 3D 打印礼服

法国设计奇才 Patrick Jouin 设计了一款名为“Bloom”的会“开花”的 3D 打印台灯，如图 3-40 所示。这款台灯以花朵绽放为灵感，“花瓣”可以慢慢展开，灯光亮度也会随着“花瓣”的展开而变强。这款台灯同样采用了 SLS 3D 打印技术，整个灯罩是一次成型、连为一体的，包括“花瓣”之间的铰链部分。这一设计的复杂性将 3D 打印技术提升到新的高度，并使其获得 2011 年“红点设计奖”。

图 3-41 所示为荷兰建筑师 Luc Merx 设计的名为“Damned”的 3D 打印异形吊灯。形态各异、互相缠绕的人体盘旋而上，形式丰富而浮夸，其结构浑然天成，没有任何接缝。

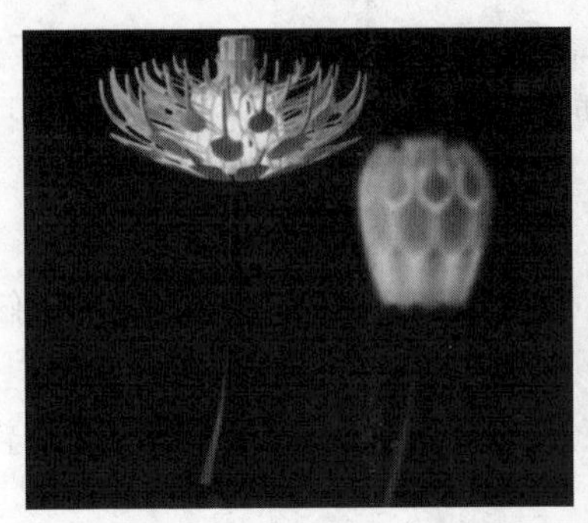

图 3-40　3D 打印台灯—Bloom

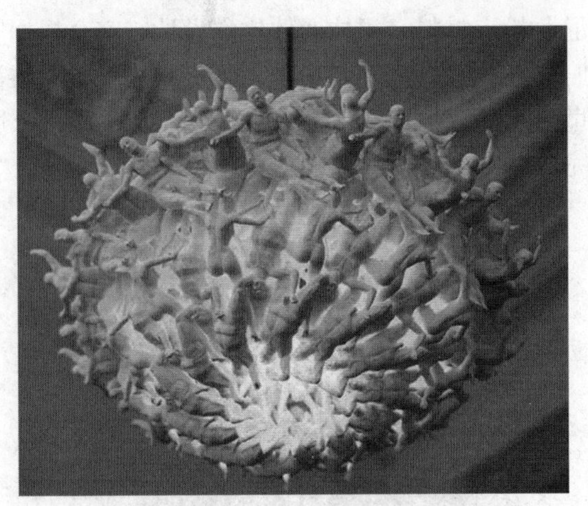

图 3-41　3D 打印异形吊灯—Damned

2. 产品造型科技化

基于力学、材料学、数学、仿生学、人机工程学等学科的综合研究将使产品造型进一步朝着科技化、数学化、参数化的方向发展。在 3D 打印技术的引领下，轻便且合理的形态、力学极致化形态和基于数学的复杂形态等融合了先进科技与研究成果的形态表现形式将成为新的设计方向。

2015 年 7 月，全球领先的厨房和卫浴品牌之一美标（American Standard）展示了“DXV”系列金属 3D 打印的水龙头，也是全球首款完全 3D 打印的厨房水龙头，如图 3-42 所示。该系列水龙头产品不但造型新奇瑰丽，而且功能齐全，为用户打造出完全不同的用水体验。

3D 打印完全颠覆了原有的水路设计方式，能够让设计师充分展现其想象力，设计师甚至将水流本身作为装饰元素。例如，图 3-42b 所示的 3D 打印水龙头在顶部设计了 19 个水道，使水流展现出类似瀑布的天然形态。该系列水

龙头采用金属3D打印技术，整个打印过程大约需花费24h，3D打印完成之后，为了让金属水龙头的表面变得光滑，设计团队还需要对打印好的产品进行最终的手工喷砂抛光工艺。该系列“DXV”3D打印水龙头价格不菲，市场售价在12000和20000美元之间。

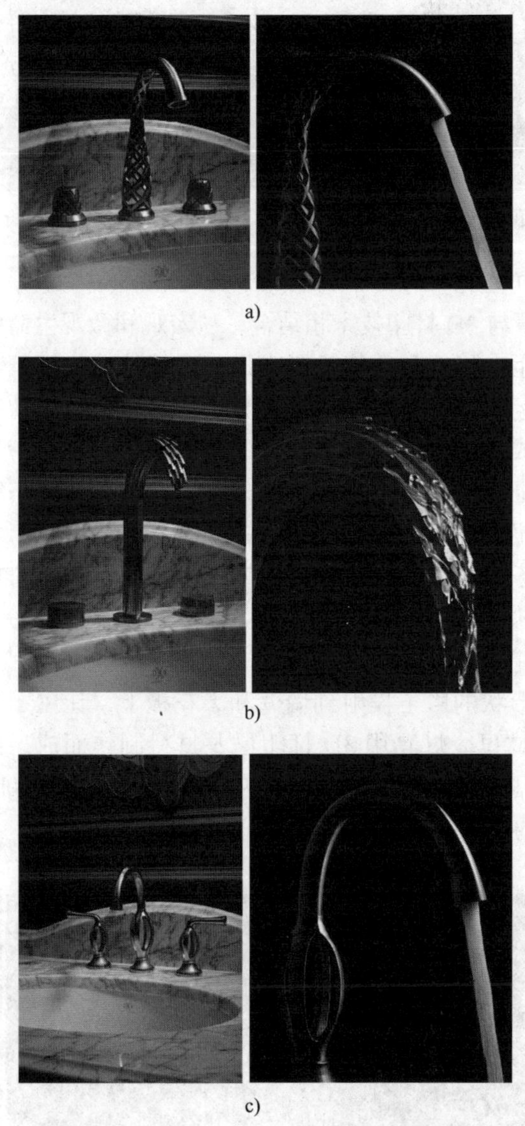

a)

b)

c)

图3-42　美标公司推出的3D打印水龙头

图3-43所示的3D打印大提琴集成了多方面的新技术，呈现典型的技术形态美感。图3-44所示为3D打印自行车。

图 3-43　3D 打印大提琴

图 3-44　3D 打印自行车

3. 产品造型仿生化

将仿生学智慧与 3D 打印技术相结合，从宏观和微观生命中借鉴生物形态、生命机能和功能机制中最为合理的造物智慧与伦理意义，综合运用技术导向下的理性分析与自然智慧中的感性形态演绎，完成技术价值与创新价值的高度融合，从而衍生出的具有生命象征意义的美学形式将是未来设计的“新常态”。3D 打印技术为该设计理念的实现提供了有力技术保障。

美国设计事务所 Nervous System 一直以来都致力于模仿自然生成过程和形式，他们运用模拟生物生长的算法创作出一种新型灯具——3D 打印叶脉灯，如图 3-45 所示。它是根据叶脉形成的方式和过程设计的，当打开灯时，其复杂而发散的枝叶形状的影子投射到墙壁和天花板上，让屋子犹如处在梦幻的树林里。灯具用 3D 打印尼龙材料制作而成，内置 3 盏 LED 灯，总耗电量 3.6W，灯具的使用寿命超过 5000h，相当于连续 6 年的使用时间。

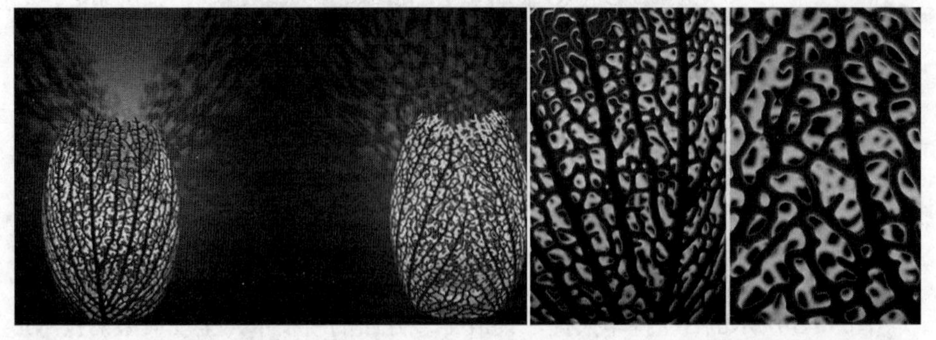
图 3-45　美国设计事务所 Nervous System 设计的 3D 打印叶脉灯

图 3-46 所示为 3D 打印树形咖啡桌，由 Vertel Oberfell 和 Matthias Bär 联合设计完成，其设计灵感来自于树木的分形生长机理。该作品底部由“树干”组成，并且逐渐向上生长变成更小的“树枝”，细小稠密的“树枝”相互连接组成了桌子顶部。该作品采用 SLA 3D 打印技术，实现了一体化制造，材料为环氧树脂，呈现了其他制造方法无法实现的艺术效果。

图 3-46　3D 打印树形咖啡桌

图 3-47 所示为 3D 打印高端创意壁挂空调。该创意设计大胆突破了传统壁挂空调外观为长方形的理念，采用仿生贝壳形的一体化外观设计，给人以自然清新的感觉。以上创意设计方案如不采用 3D 打印技术，用传统制造方式难以加工和实现。

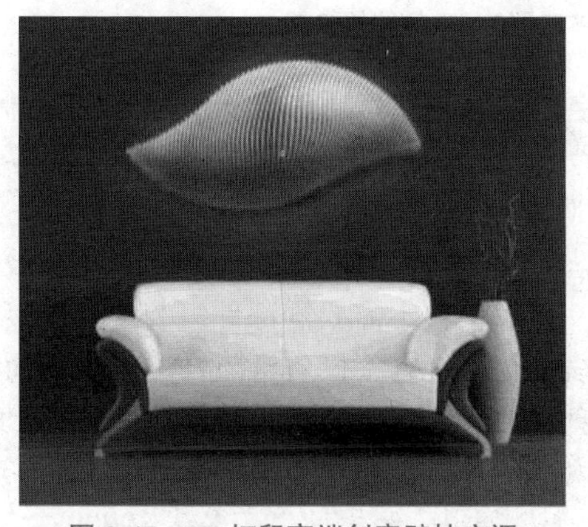

图 3-47　3D 打印高端创意壁挂空调

3.6.2　面向产品结构的自由设计

目前的工业产品往往需要分步制造各单件，然后将单件装配起来，传统的榫卯、螺钉、卡合、焊接、铰链、粘结等连接方式不仅增加了工序难度，也增加了问题与故障的概率。3D 打印技术可使复杂的产品结构一体化呈现，不仅能直接得到免组装的整体机构、提高生产率，而且通过机构的优化，还能实现质量减轻以及提高产品的结构强度和可靠性，其技术优势在飞机、发动机和航空航天等前沿领域越发明显。

一体化复杂结构分为动态机构和静态机构。图 3-48 所示为动态机构的例子——3D 打印折叠凳，该产品采用 SLS 3D 打印技术一体成型。为了节省材料，凳子是在合在一起的状态下打印的，包括隐藏在其中的活动铰链都能被完整打印出来。把凳子在地面上竖立起来，在重力的作用下，它会自动进行扭转并逐渐打开。

图 3-48　一体成型的 3D 打印折叠凳

静态机构设计中最著名的案例是美国通用电气（GE）公司制造的 3D 打印燃油喷嘴，如图 3-49 所示。传统的燃油喷嘴由 20 多个不同零件，通过焊接工艺组装而成，整个制造过程非常复杂烦琐。3D 打印技术完全改变了这一过程，通过创新设计，新的燃油喷嘴采用 SLM 金属 3D 打印技术层层融化金属粉体，实现了喷嘴的一体成型，不需要零部件组装或者焊接过程。除此之外，与传统制造的燃油喷嘴相比，它不仅质量减轻了 25%，而且耐久性是原来的 5 倍以上。目前这些 3D 打印燃油喷嘴已经被应用到了 LEAP 航空发动机上并且实现了大规模生产，每一台 LEAP 引擎都包含 19 个 3D 打印燃油喷嘴。截至 2018 年 10 月，GE 公司已经累计生产多达 30000 个 3D 打印燃油喷嘴。

2017 年 3 月，一架安装了 3D 打印扰流板作动器阀块的空客 A380 飞机顺利完成了首次试飞。该 3D 打印部件由利勃海尔航空（Liebherr-Aerospace）公司制造，是首个在空客飞机上完成飞行的 3D 打印主要飞行控制液压部件。如图 3-50 所示，该阀块使用的制造原料为 Ti64 钛合金粉末，利用 SLM 技术和

EOS M 290 金属 3D 打印设备制造完成。与使用切削等传统制造工艺制造的原始阀块相比，在保持与传统阀块一样的性能水平的前提下，3D 打印制造的扰流板作动器阀块质量减轻了 35%，组成的部件数量更少。基于 3D 打印扰流器传动装置的成功，利勃海尔航空公司已开始使用 3D 打印技术制造一系列下一代液压系统。

图 3-49　GE 公司的 3D 打印燃油喷嘴

图 3-50　3D 打印飞行控制液压部件

2017 年雷诺卡车公司新设计了一款名为“Euro 6 step C”的 4 缸 5L 发动机。3D 打印制造技术给内燃机提供了全新的发展前景，它使得制造商可以利用 3D 打印技术直接制造零部件，而且通过整合和优化零部件，使零部件数量减少了 200 个，相当于减少了总质量的 25%（即 120kg）（见图 3-51b），从而提高车辆的有效载荷和降低燃油消耗。这款发动机成功进行了 600h 的台架测试，证明了使用 3D 打印制造的发动机部件的耐用性。

a) 优化前

b) 优化后

图 3-51　利用 3D 打印技术整合优化发动机零部件

3.6.3 面向产品功能的自由设计

1. 基于拓扑优化的轻量化设计

轻量化是航空航天、武器装备、交通运输等领域一直追求的目标。有数据表明，飞机质量每减轻1%，飞机性能可提高3%~5%，质量减轻有利于提高燃油效率和载重量，因此质量已成为衡量飞机先进性的重要指标之一。在航空领域，减重更是进入了“克克计较”的时代，航天飞机的质量每减轻1kg，其发射成本可减少1.5万美元；在军工领域，洲际导弹质量减轻1kg，可使整个运载火箭减重50kg；在交通运输领域，汽车质量每减轻10%，燃油消耗可降低6%~8%，相应的排放量下降5%~6%，同时质量轻了还可以带来更好的操控性，发动机输出的动力能够产生更高的加速度，使车辆起步时加速性能更好，刹车时的制动距离更短。

轻量化结构设计是一种集材料力学、计算力学、数学、计算机科学和其他工程科学于一体的设计方法，按照设计变量类型和求解问题的不同又分为尺寸优化、形状优化和拓扑优化。尺寸优化是轻量化结构设计的最初层次，是在结构类型、材料、布局和几何外载给定的情况下，求解各个组成构件的最优截面尺寸；形状优化是在结构类型、材料、布局给定的情况下，优化结构的外形（几何形状），寻求结构最优的几何外形；拓扑优化是允许对结构的桁架节点连接关系或连续体结构的布局进行优化。

随着计算机辅助设计技术的快速发展，尺寸优化、形状优化和拓扑优化软件层出不穷，尤其是拓扑优化软件，使设计师能够在零件设计初期就了解最优结构形式的轮廓。拓扑优化方法是一种根据给定的负载情况、约束条件和性能指标，在给定的区域内对材料分布进行优化的数学方法，它寻求使用最少量的材料来满足性能使用要求。拓扑优化使用有限元分析软件作为核心算法（例如Altair公司的SolidThinking Inspire软件），其过程从一个规则形状的零件“设计空间”开始，然后用户施加载荷和约束条件，使其生成理想的形状，最后根据软件生成的结果进行再设计，获得一个轻量化的产品设计。

然而，拓扑优化得到的几何构型复杂，采用传统制造工艺加工非常困难，因此拓扑优化方法与实际工程结构设计之间仍存在较大的鸿沟。将拓扑优化技术与3D打印技术融合发展创新设计技术，具有广阔的发展前景，已引起人们的广泛关注，开始在航空航天等众多领域得到越来越广泛的应用。航空航天产品结构创新研发具有小批量、多品种、高性能等特点，将拓扑优化与3D打印技术相结合，能够突破现有设计极限，实现结构创新能力的飞速提升。图3-52所示为法国空客公司机舱支架的拓扑优化案例，

该部件原来使用机械加工的制造方式，后来进行了重新设计和 3D 打印制造，使用的材料是钛合金 TiAl6V4。与原来使用机械加工制造出来的零件相比，材料质量减轻了 30%，质量减轻有利于降低飞机燃油消耗或者提高载重。

a) 传统机械加工制造的支架

b) 利用拓扑优化和3D打印技术的新设计

图 3-52 机舱支架的拓扑优化案例

在为欧洲航天局（ESA）设计制造的地球观测卫星天线支架项目中，欧洲航空航天行业领先的供应商 RUAG Space 将 3D 打印与拓扑优化相结合，实现了卫星天线支架的创新设计（见图 3-53）。在本案例中，RUAG Space 使用了 Altair 公司的拓扑优化专业软件 SolidThinking Inspire。具体实现步骤如下：首先使用三维 CAD 软件进行初始建模，并将模型导入 SolidThinking Inspire 软件，利用拓扑优化的方法来设计零件；然后将优化后的结果导入到 SolidThinking Evolve 中进行可打印模型的构建，并利用有限元分析手段对得到的结构进行结构分析和设计确认；最后使用德国 EOS 公司的金属激光烧结 3D 打印技术，将天线支架打印出来。据报道，该项目仅用四周时间即实现了设计定型。新的天线支架质量降低了 43%，而且刚度、强度和稳定性比原来更好，有效降低了发射航天器和卫星的成本。

2. 基于镂空点阵结构的轻量化设计

另一种实现轻量化的方法是使用镂空点阵结构，即将零件内部或外壁填充比实心材料轻得多的空心结构。这种方法的优点是：考虑了功能、人体工程学或美观等因素，产品外形可以保持不变。该方法对于促进 3D 打印在实际工业产品中的发展和应用具有重要意义。这是因为虽然 3D 打印能够很方便地将虚拟的数字化模型变为实物产品，但是与传统制造技术相比，它的材料成本还较高，通过镂空点阵结构设计可以实现材料节省，从而有效降低 3D 打印的应用成本。图 3-54 所示为基于镂空点阵结构和 3D 打印技术实现轻量化设计的一个典型案例，该零件由比利时著名 3D 打印公司 Materialise

采用钛材料（Ti6Al4V）3D打印完成，与传统制造的零件相比，质量减轻了63%。

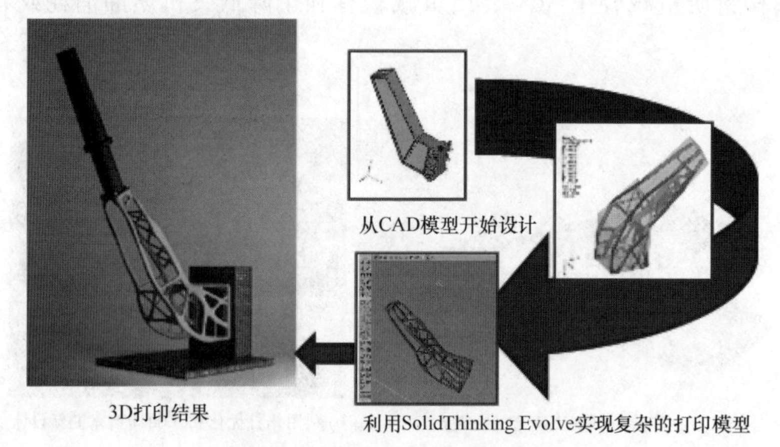

图 3-53　3D 打印卫星天线支架

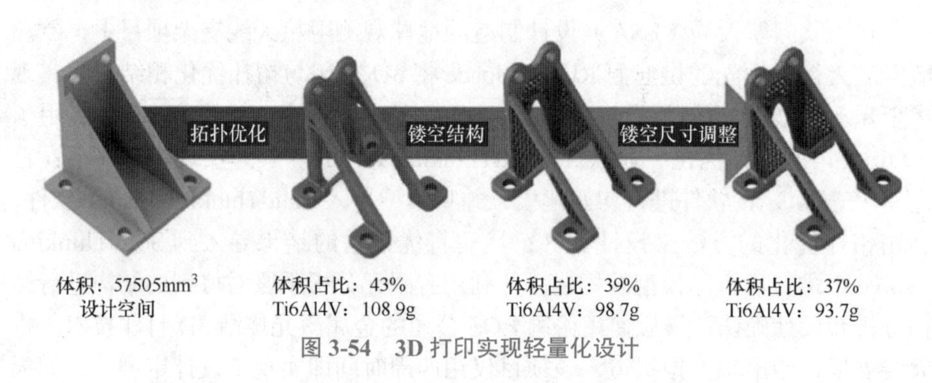

图 3-54　3D 打印实现轻量化设计

在设计或制造航天器部件时，最大的挑战就是在不牺牲部件强度或性能的前提下优化质量。Materialise 与数字化服务巨头源讯（Atos）携手，组建的研发团队开发出了一个突破性的航空航天部件——3D 打印的钛合金镶件，如图 3-55 所示。该 3D 打印钛合金镶件广泛用于航空航天领域，在卫星等结构中用于传递高机械载荷。

传统镶件通常采用铝合金或钛合金通过机械加工制造，其砖块形状的内部完全是实体，质量很大，如图 3-55a 所示。除了材料的高成本，重型部件还会增加每次发射时航天器的运营成本。金属 3D 打印为航天结构件减重提供了契机。该镶件设计是从减少部件内部的材料使用量入手，采用拓扑优化和晶格结构设计等先进技术，将镶件质量从 1454g 减少到 500g（减重高达 65% 以上）。除了减轻质量，研发团队还解决了原始设计中的热弹性应力问题。由于这些镶

件在碳纤维增强聚合物夹板固化过程中已经被安装，因此会受到热弹性应力。优化设计降低了这些应力带来的影响并改善了载荷分布，延长了镶件的使用寿命。

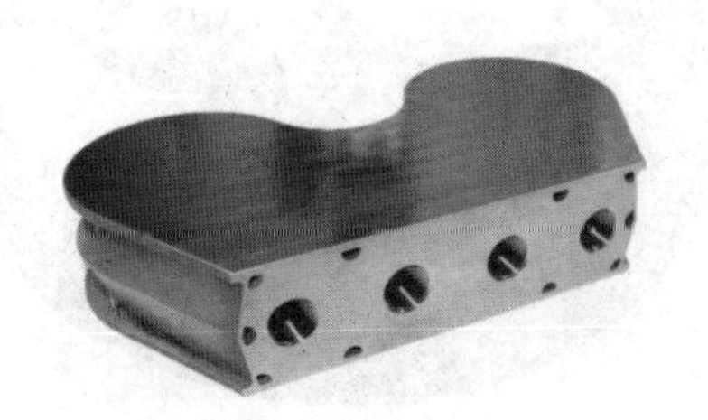

a) 传统机械加工制造的镶件

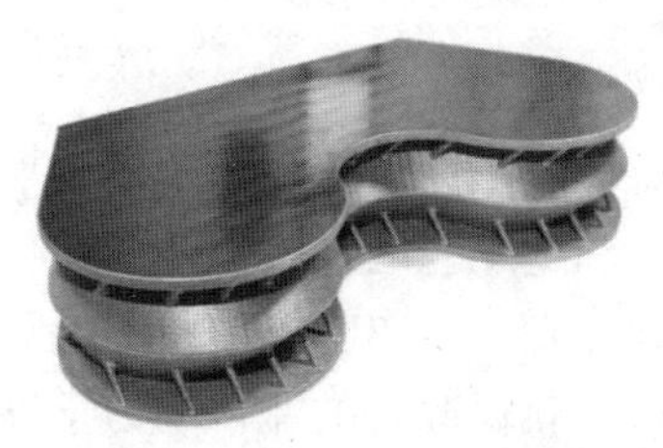

b) 利用3D打印技术实现的新设计

图 3-55　3D 打印的钛合金镶件

在汽车轻量化设计方面，丰田汽车公司联合 Materialise 公司进行了一系列有益的探索。图 3-56 所示为 3D 打印轻量化汽车座椅，该座椅质量更轻，比原来减少了 18kg（减重高达 72%）；同时舒适感更高。除了汽车座椅，两公司联合还做过汽车方向盘的轻量化尝试，如图 3-57 所示。

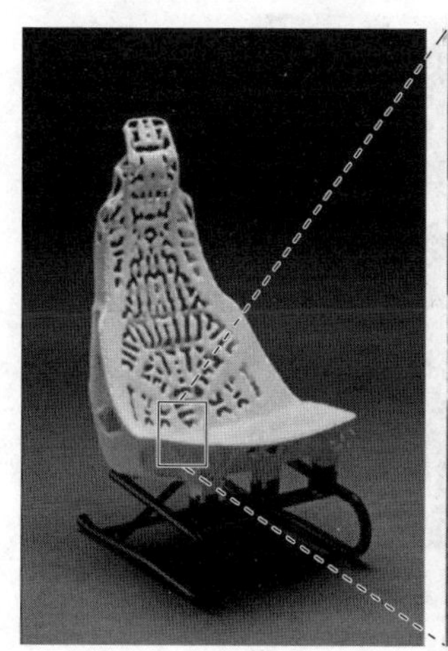
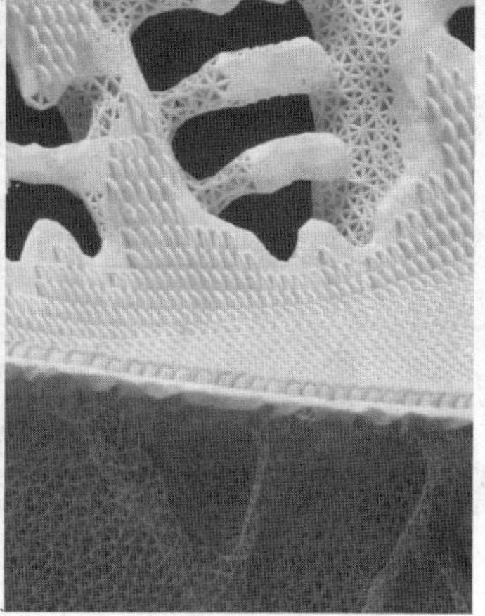

图 3-56　3D 打印轻量化汽车座椅

图 3-57 3D 打印轻量化方向盘

3. 改善的流体动力学性能

产品内部或环绕产品的气体或液体的流动效率高度依赖于产品的形状和特征。在许多情况下，传统产品制造方法由于制造工艺的局限性，往往会牺牲最优的产品几何形状，从而导致流体流动效率下降。而 3D 打印技术能够实现自由设计，使产品接近或达到最优的几何外形，获得改善的流体动力学性能。这种方法在交通、食品和饮料、化工、医药、石油天然气和能源再生等领域具有广泛的应用。

FIT 公司设计了 3D 打印汽车气缸（见图 3-58），该产品包含上述面向 3D 打印制造的三种创新设计技术：首先利用拓扑优化技术实现减重 66%，其次复杂几何形状流道使得气体和冷却液的流动性能得到提高，最后冷却通道内部使用的网格结构大大提高了热传导效率。

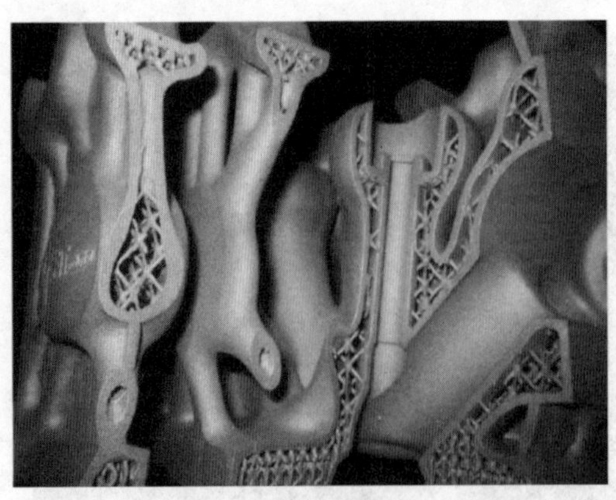

图 3-58 3D 打印汽车气缸

过滤器是一种阻挡相对大尺寸杂质，实现滤浆中流固分离的装置，大多数有流体参与的生产过程或设备都需用到过滤器，如化工、制药、泵和内燃机等。过滤器的设计应在保证过滤精度的前提下，尽可能减少对流体造成的阻力和压降。与传统加工工艺相比，3D 打印技术在制造新型、高效过滤器方面具有显著优势。英国著名过滤器制造商 Croft Filters 利用计算流体动力学（CFD）技术和金属 3D 打印技术开发出一种新型的过滤器（见图 3-59），与金属编织网、金属穿孔板等传统过滤器相比，3D 打印过滤器具有更低的压降和阻力，过滤效果既快又好。

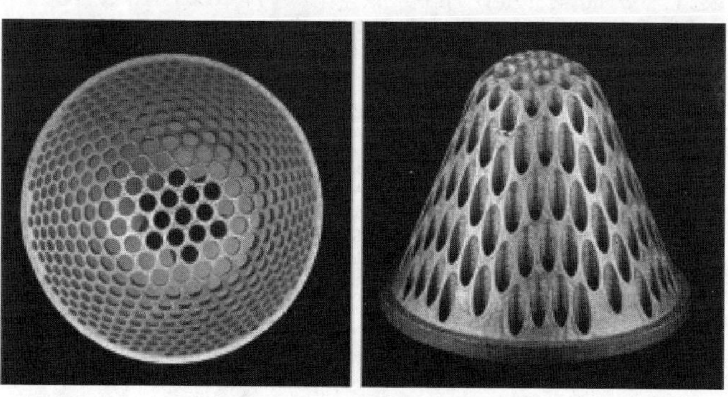

图 3-59 3D 打印过滤器

3.7 评估产品是否适合使用 3D 打印的方法

尽管 3D 打印技术为人们打开了一个全新的领域，然而目前 3D 打印技术在市场应用特别是终端产品制造中还未全面推开，主要存在以下制约因素：

1）打印材料种类少。3D 打印材料是 3D 打印能否得到广泛应用最关键的因素之一。理论上来说，所有的材料都可以用于 3D 打印，但是目前可供选择的 3D 打印材料不多，主要有塑料、树脂和金属等，并且许多成型件强度不高、表面质量较差。用于工业领域的 3D 打印材料种类缺乏且材料标准和使用规范有待建立，金属 3D 打印制件的力学性能、组织结构等有待于深入研究。

2）打印成本高。第一，工业级 3D 打印设备的价格从几十万到上千万元不等，非常昂贵；第二，3D 打印材料的价格从每千克几十元到几千元不等，例如适合终端制造的 3D 打印尼龙粉末 PA12，国外进口的价格约为 500 元 /kg，若是金属材料价格更高；第三，对于大批量生产，与模具等制造方式相比，3D 打印制造成本要远远高于大型企业规模化生产后均摊到每一件商品的成本。

3）打印速度慢。由于3D打印技术是将耗材（粉末、丝材或箔片）通过高温或高压，促使其层层叠加，最终成型，因此这种工艺相比于传统制造工艺效率较低，在大批量的生产任务下，还无法满足实际需要。

近年来，随着3D打印技术的快速发展，3D打印材料、设备成本不断下降，未来3D打印产品的价格将会明显下降，而且制造速度会越来越快。但是从现阶段的技术发展水平来看，3D打印更适合个性化、小批量制造，特别是使用传统制造手段无法实现的、能够充分体现3D打印制造优势的产品。因此，在实际产品设计中，需要根据产品特点谨慎选择3D打印技术。产品是否适合使用3D打印技术，要进行3D打印潜能评定和3D打印总体设计。

3.7.1 3D打印潜能评定

通常来说，如果零件能够使用传统制造工艺经济地制造，那么该零件不适合选用3D打印工艺生产。

3D打印潜能评定即评估产品是否适合使用3D打印技术，主要内容包括：

1）选择3D打印材料，即现有3D打印材料是否满足产品实际使用要求。

2）选择3D打印工艺和设备，即零件的几何尺寸是否在3D打印制造设备的最大成型范围内。

3）评估零件是否有非常适合3D打印工艺的特征（例如定制化、轻量化、复杂几何结构、免组装结构、混合材料等）。

3D打印逐层叠加的特性意味着制造任何形状的零件都不需要模具、工装、夹具等工具，能够实现个性化定制、结构轻量化设计以及零件简化，从而设计出质量更轻、性能更好的零件。例如，客户或患者等的个性化需求定制产品制造成本降低；复杂几何构造可采用蜂窝、点阵、泡沫结构或其他常用的结构设计；用一个或少数几个几何结构复杂的零件替代传统制造需要的多个零件，同时，零件数量减少（零件简化）对下游工序有许多益处，能减少装配时间、维修时间、车间复杂度、备件库存、工具等，从而在产品的整个生命周期中节约成本。

此外，在许多3D打印工艺中，材料的组分或性能在整个零件内可能会发生变化。基于这种特性，可通过改变材料组分或微观结构来制造功能梯度零件，从而获得所需的机械性能分布，但目前仅限于特定的3D打印工艺和设备。除了立体光固化（SLA），几乎所有3D打印工艺都能实现材料层间的离散控制，甚至一些工艺能实现材料层内的离散控制，以及点与点的材料变化控制。例如，在材料喷射和黏结剂喷射工艺中，材料的组分可以以几乎连续的方式实现微滴到微滴甚至混合液滴的变化；在定向能量沉积工艺中，能通过改变输入熔池中的粉末成分来改变材料组分；在材料挤出工艺中，使用多个沉积头可以

实现离散控制材料组分；而粉末床熔融工艺因分离未熔化的混合粉末有一定困难，存在一定局限性。但随着技术发展和时间推移，设备性能将不断完善，提高材料组分的灵活性和性能控制能力是 3D 打印技术发展的一大趋势。

图 3-60 所示为产品是否适合使用 3D 打印的评估流程。

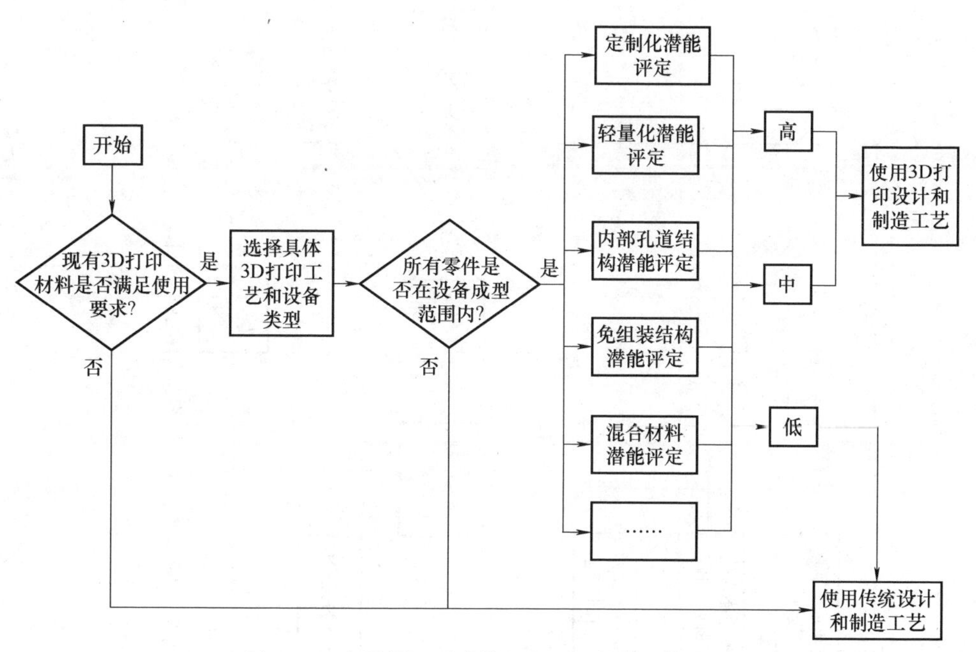

图 3-60 产品是否适合使用 3D 打印的评估流程

3.7.2 3D 打印总体设计及其流程

在完成评估产品适合使用 3D 打印技术的基础上，开展 3D 打印总体设计。

首先，需要确定一个主要决策依据或设计目标，例如成本、质量、交货周期等。其中成本是最常用的一个决策依据。

其次，设计者需要考虑与功能特性、机械性能和工艺特性等相关的技术问题。

最后，设计者还宜考虑选择 3D 打印工艺所带来的如下几点风险问题：

1）3D 打印具体工艺的限制和要求。

2）实际应用的限制和要求等。

3）技术和商业风险因素。

图 3-61 所示为一个典型的机械零件结构设计流程，其中成本作为主要的决策依据。某些情况下，设计者也可以用质量、交货周期或其他决策依据代替成本作为主要决策依据。

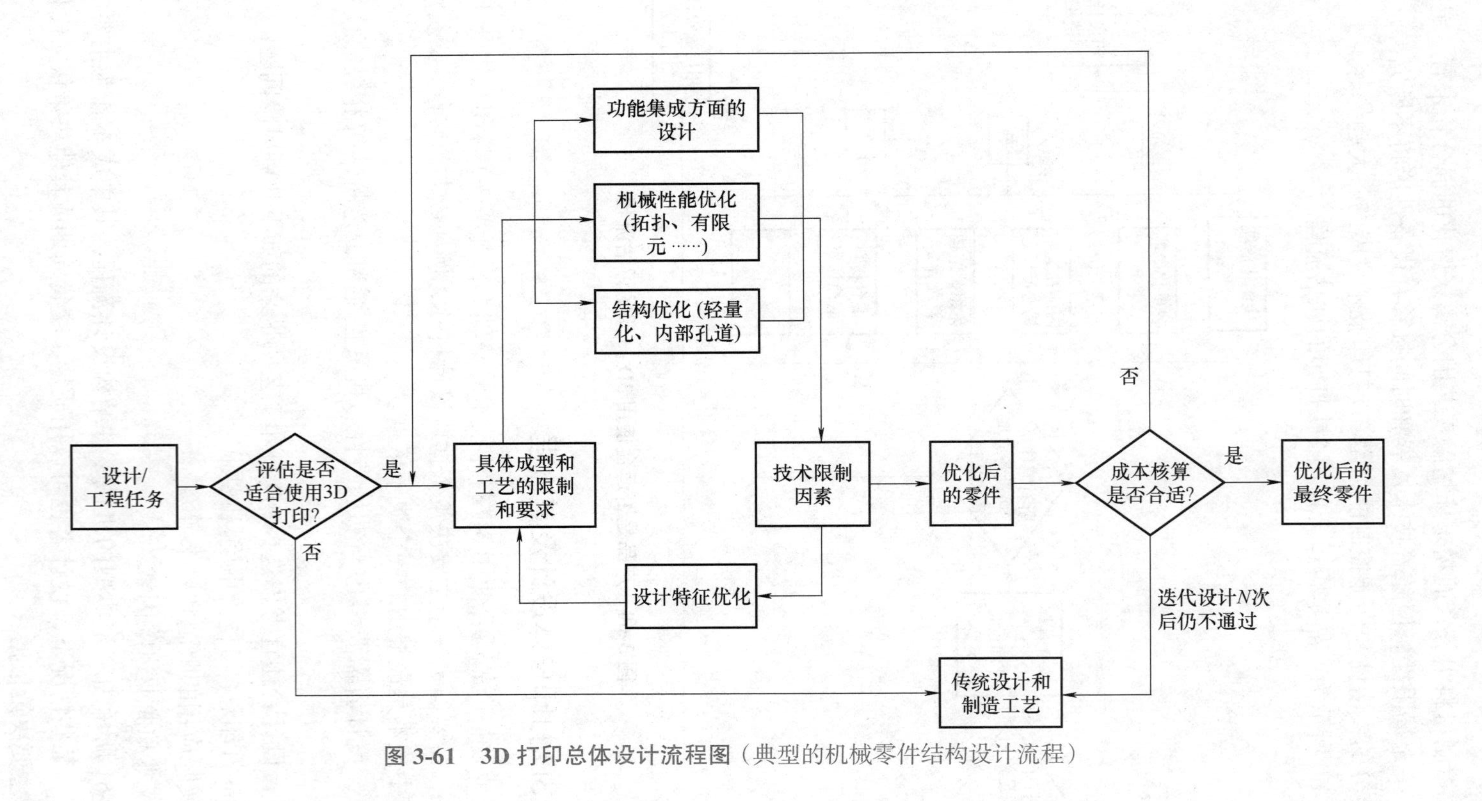

图3-61　3D打印总体设计流程图（典型的机械零件结构设计流程）

思考与练习

1. 常用的三种建模技术分别是什么？它们各自的适用范围是什么？

2. 什么是基于云 CAD 的在线建模？其主要优点是什么？请举例说出至少一款基于云架构的三维建模平台。

3. 什么是面向 3D 打印技术的设计（DFAM）方法？目前两种主流的 DFAM 技术是什么？

4. 如何评估在产品的设计与制造中是否可以使用 3D 打印技术？

参考文献

[1] 杨伟群 . 3D 设计与 3D 打印 [M]. 北京：清华大学出版社，2015.

[2] 张楠，李飞. 3D 打印技术的发展与应用对未来产品设计的影响 [J]. 机械设计，2013，30（7）：97-99.

[3] 何志明. 3D 打印技术对产品的影响 [J]. 包装工程，2018，39（10）：188-193.

[4] 杨永强，吴伟辉. 制造改变设计——3D 打印直接技术 [M]. 北京：中国科学技术出版社，2014.

[5] Wohlers Associates.Wohlers Report [R]，2023.

[6] 梅敬成. CrownCAD 构建“工业大脑” [J]. 软件和集成电路，2021（10）：76-81.

[7] 张倩. 逆向工程在产品创新设计中的实践应用研究 [D]. 太原：太原理工大学，2014.

[8] 曹晓兴. 逆向工程模型重构关键技术及应用 [D]. 郑州：郑州大学，2012.

[9] 刘江豪. 基于逆向工程和 3D 打印技术的骨骼重建研究 [D]. 南昌：南昌大学，2021.

[10] STAROSOLSKI Z A，KAN J H，ROSENFELD S D，et al. Application of 3-D printing（rapid prototyping）for creating physical models of pediatric orthopedic disorders [J].Pediatric Radiology，2014，44（2）：216-221.

[11] 严金凤，申小平. 三维扫描测量与逆向工程技术 [M]. 北京：电子工业出版社，2021.

[12] Health informatics—Digital imaging and communication in medicine（DICOM）including workflow and data management：ISO 12052：2017 [S].

[13] 魏明杰，徐永清，罗浩天，等. 应用 Mimics 软件构建钩骨 3D 可视化解剖学研究 [J]. 中国临床解剖学杂志，2020，38（6）：652-656.

[14] 罗时杰，胥光申，郑晗，等. 产品正逆向混合建模的方法研究 [J]. 轻工机械，2019，37（2）：68-74.

[15] 马世博，梁帅，张双杰，等. 基于正逆向混合建模的残缺涡轮修复方法的探究 [J]. 现代制造工程，2020（8）：114-119.

[16] 王宏宇，滕儒民，杨娟，等. 基于衍生式设计的汽车起重机转台轻量化探析 [J]. 大连理工大学学报，2021，61（1）：46-51.

[17] 赵春辉.Fusion 360 衍生式设计研究 [J]. 机械工程师，2023（2）：59-62+66.
[18] 李涤尘，贺健康，田小永，等. 3D 打印：实现宏微结构一体化制造 [J]. 机械工程学报，2013，49（6）：129-135.
[19] 李文嘉. 仿生学拟态化视角下的 3D 打印产品创新设计研究 [J]. 艺术设计研究，2015（1）：88-91.
[20] 周松. 基于 SLM 的金属 3D 打印轻量化技术及其应用研究 [D]. 杭州：浙江大学，2017.
[21] 王伟，袁雷，王晓巍. 飞机增材制造制件的宏观结构轻量化分析 [J]. 飞机设计，2015（3）：24-28.
[22] 李芳，凌道盛. 工程结构优化设计发展综述 [J]. 工程设计学报，2002，9（5）：229-235.
[23] 李松泽. 基于 Inspired 的地板加强件结构优化设计 [J]. 科技视界，2017（11）：193-194.
[24] 张胜兰，郑冬黎，郝琪. 基于 HyperWorks 的结构优化设计技术 [M]. 北京：机械工业出版社，2007.
[25] 王广春. 增材制造技术及应用案例 [M]. 北京：机械工业出版社，2014.
[26] 陈然. 雷诺卡车利用 3D 打印技术设计轻量化发动机 [J]. 商用汽车，2017（2）：92.
[27] 周伟民，闵国全. 3D 打印技术 [M]. 北京：科学出版社，2016.
[28] TERRY W. Additive manufacturing：status and opportunities-additive manufacturing and 3D printing [J].State of the Industry，2014（4）：157-160.
[29] 全国增材制造标准化技术委员会. 增材制造 设计 要求、指南和建议：GB/T 37698—2019 [S]. 北京：中国标准出版社，2019.
[30] 杨永强，宋长辉. 面向增材制造的创新设计 [M]. 北京：国防工业出版社，2021.

第4章 3D打印技术中的数据处理

所有的3D打印制造工艺都要由CAD数字模型经过切片处理才能直接驱动，因此在三维建模完成以后和3D打印技术实施之前，需要进行大量的数据准备和处理工作。一方面，CAD数字模型必须处理成3D打印系统所能接收的数据格式，转换格式后还要进行模型数据的质量诊断和修复；另一方面，在原型制作之前需要进行叠层方向的切片处理。数据的充分准备和有效的处理决定着原型制作的效率和质量，因此在整个3D打印技术实施过程中，数据的处理是十分重要的。

4.1 3D打印模型数据处理的流程

图4-1所示为3D打印模型数据处理的流程，包括：

1）将由三维CAD建模软件直接生成或逆向工程生成的零件的三维CAD几何模型，处理成3D打印系统所能接收的工艺模型格式，该模型应至少包括零件表面完整的三角形网格信息（如STL数据格式），除此之外还可以包括零件的材料、颜色、结构等信息（如AMF、3MF数据格式）。

2）对工艺模型进行切片处理，获得切片轮廓数据模型。通常可以使用图4-1所示的两种方法进行数据处理：一种是基于面片的处理方法，它从三角形网格模型中通过切片处理获得2D切片轮廓数据，再由路径规划得到一维加工指令；另一种是基于体积成型的方法，它可以直接从三角形网格代表的实体模型中获得一维加工指令。

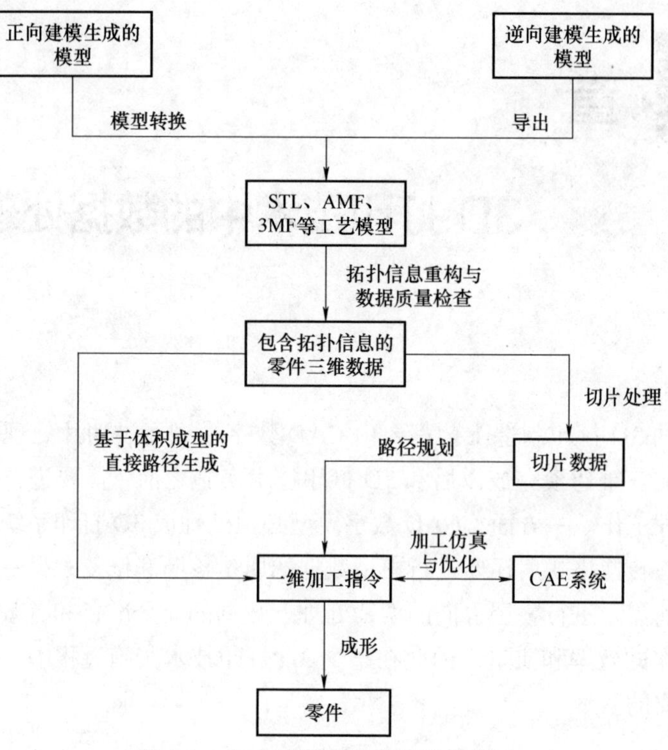

图 4-1　3D 打印模型数据处理的流程

4.2 3D 打印模型的文件格式

4.2.1 STL 文件格式

STL 文件格式最早由美国 3D Systems 公司于 20 世纪 80 年代提出，并应用于 SLA 快速成型机中。STL 文件格式的模型如图 4-2 所示。STL 文件是目前 3D 打印中应用最广泛的数据接口格式，被工业界认为是 3D 打印制造数据的准行业标准，几乎所有的 3D 打印制造系统都采用 STL 数据格式。

如图 4-2 所示，STL 是一种用大量的三角形面片逼近曲面来表达三维 CAD 模型的数据格式，这类似于对实体数据模型的表面进行有限元网格划分获得的结果。

STL 文件的最主要优点是表达形式简单清晰，它只包含相互衔接的三角形面片的节点坐标及其外法线向量。STL 文件有两种格式，分别是二进制（Binary）和文本格式（ASCII）。文本格式文件的特点是能被人工识别并且容易修改，但是占用空间太大（一般是相应二进制形式存储的STL文件的3~5倍），因此主要用来调试程序。两种格式之间可以相互转换且不丢失任何信息。

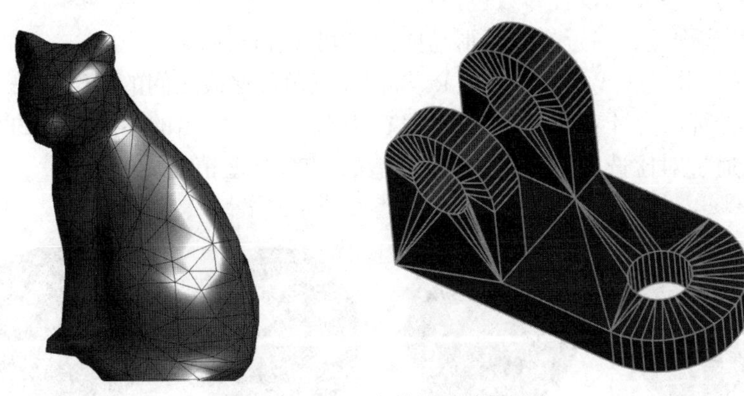

图 4-2　STL 文件格式的模型

以下是文本格式 STL 文件的语法结构：

solid <name_of_object>
facet normal N_i N_j N_k
　outer loop
　　vertex V_{1x} V_{1y} V_{1z}
　　vertex V_{2x} V_{2y} V_{2z}　　第一个三角形面片
　　vertex V_{3x} V_{3y} V_{3z}
　endloop
end facet
facet normal
　……
end facet
……
endsolid <name_of_object>

1. STL 文件的精度

STL文件格式是一种采用小三角形面片的集合来近似表达实体表面的文件格式，三角形面片数量的多少直接影响着近似精度。近似精度要求越高，三角形面片数量就越多；但是精度要求不宜过高，因为这可能会超出3D打印制造系统所能达到的精度指标，而且三角形面片数量的增多会带来切片处理时间和计算机存储容量的显著增加。因此，从CAD软件输出STL文件时，应根据CAD模型的复杂程度以及3D打印制造精度要求的高低进行综合考虑，来选取精度指标和控制参数。

目前主流的三维 CAD 软件都支持 STL 文件格式转换，从 CAD 系统输出 STL 模型时，主要的设置参数包括：

1）弦高误差，指近似三角形与曲面之间的径向距离。

2）角度公差（或相邻公差等），与相邻三角形法线之间的角度有关。

图 4-3 所示为针对同一个三维 CAD 模型，可以输出的不同精度的 STL 文件模型，通过对比选取适合 3D 打印制造的 STL 模型精度。

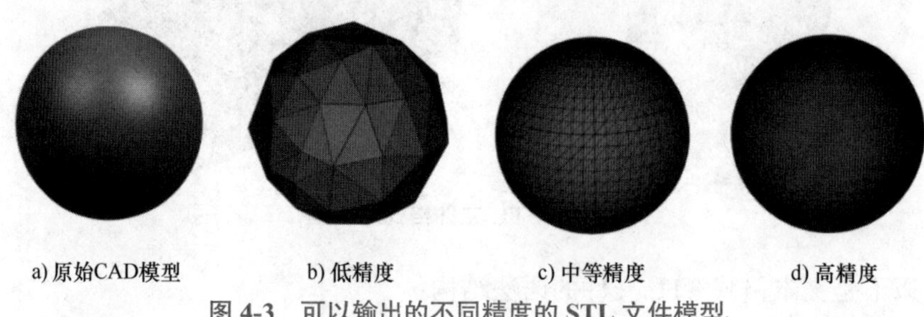

a) 原始CAD模型　　b) 低精度　　c) 中等精度　　d) 高精度

图 4-3　可以输出的不同精度的 STL 文件模型

2. STL 文件的输出

当 CAD 模型完成后，在进行 3D 打印制造之前，需要进行 STL 文件的输出。目前，几乎所有的商业化 CAD 系统都有 STL 文件的输出数据接口，而且操作十分简便。下面以 UG NX、SolidWorks 软件为例介绍 STL 文件的输出过程及精度指标的控制。

1）UG NX 中 STL 文件的输出。UG NX 是由美国 UGS 公司推出的功能强大的三维 CAD/CAE/CAM 高端软件系统，由于具有强大而近乎完美的功能，成为三维产品设计与制造领域的一面旗帜，应用范围涉及航空、航天、汽车、家电、船舶、模具等诸多领域。下面以 UG NX 软件为例，介绍 STL 文件的输出方法。

依次单击菜单栏的“文件”“导出”和“STL”命令（见图 4-4），弹出“STL 导出”对话框，如图 4-5 所示。

在“STL 导出”对话框中，首先选择要导出 STL 格式的模型对象以及 STL 文件的保存路径，然后分别设置输出文件类型、参数等，最后单击“确定”命令，完成 STL 文件的输出。

2）SolidWorks 中 STL 文件的输出。SolidWorks 软件是世界上第一个基于 Windows 系统开发的三维 CAD 系统，由于符合 CAD 技术的发展潮流和趋势，SolidWorks 公司成为 CAD/CAM 产业中获利最高的公司之一。下面以 SolidWorks 2021 版本为例，介绍 STL 文件的输出方法。

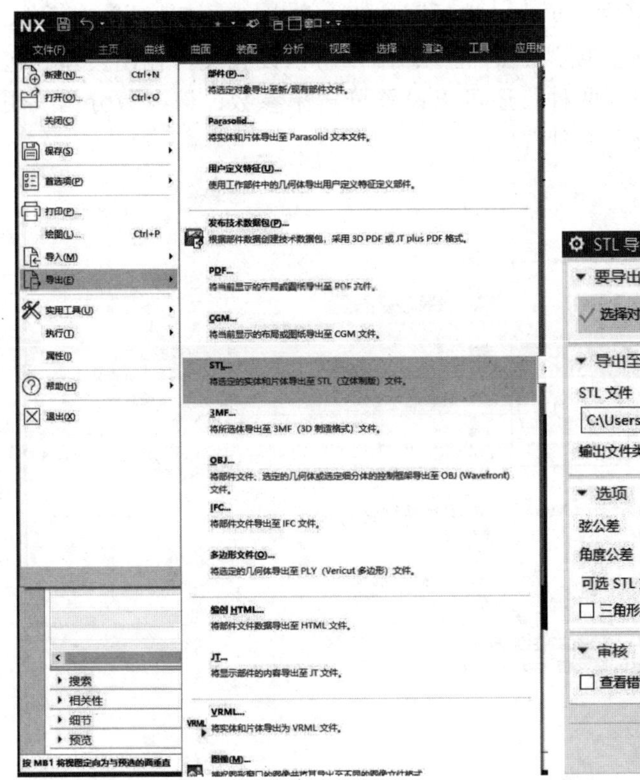

图 4-4 UG NX 菜单栏

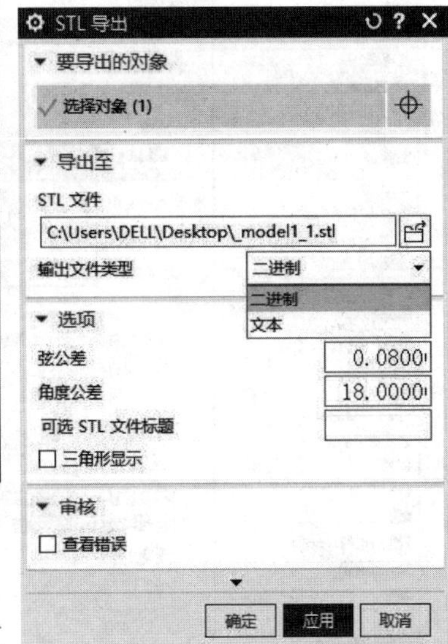

图 4-5 UG NX “STL 导出”对话框

依次单击菜单栏的“文件”和“另存为”命令，弹出“另存为”对话框，将文件保存类型设置为 STL，如图 4-6 所示。

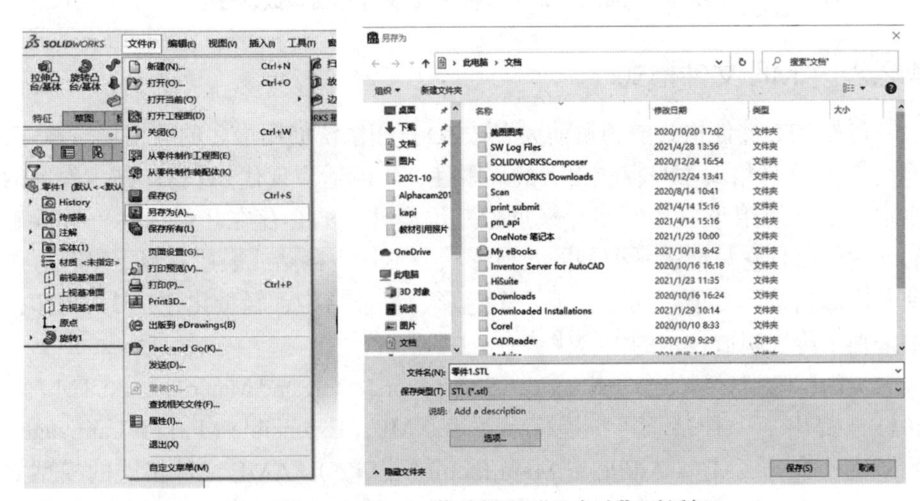

图 4-6 SolidWorks 菜单栏和“另存为”对话框

在“另存为”对话框中，单击“选项”按钮，弹出“系统选项”对话框，如图 4-7 所示。在“系统选项”对话框中，用户可以设置文件输出类型，包括“二进制”和“ASCII”两种；还可以设置分辨率参数，该参数分为“粗糙”“精细”和“自定义”三种选项。

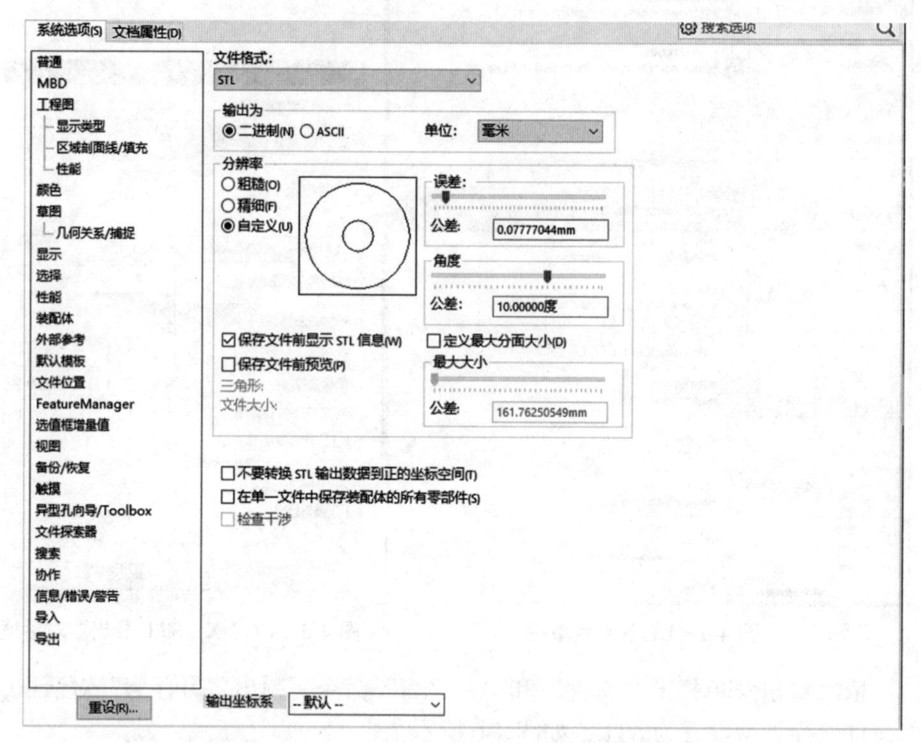

图 4-7 SolidWorks 软件 STL 文件输出参数设置

4.2.2 AMF 文件格式

虽然 STL 文件格式成为目前大多数 3D 打印系统使用最多的数据接口格式，但是 STL 文件格式本身存在很大的局限性，不能适应现代 3D 打印技术发展的要求。由于使用小三角形面片来近似三维实体，STL 存在几何描述不够准确的问题；而且它只能表示模型的几何形状，不具备存储或表达材料、颜色、纹理、内部结构等功能，而多材料、多色彩、复杂结构、轻量化正是 3D 打印技术区别于传统制造技术的独特优势。

美国试验与材料协会（American Society for Testing and Materials，ASTM）于 2011 年提出了一种基于可扩展标示语言 XML（Extensible Markup Language）的新文件格式 AMF（Additive Manufacturing File），AMF 文件格式的模型如图 4-8 所示。AMF 弥补了 CAD 数据和 3D 打印技术之间的差距，是一款专门

面向3D打印制造技术的文件格式。该文件格式采用点、线、面、柱体的表达形式表示实体几何属性，并增加了材料等属性。2013年AMF被ASTM和ISO（国际标准化组织）确立为新的3D打印文件格式标准，2017年被全国增材制造标准化技术委员会（SAC/TC562）确立为国家标准。

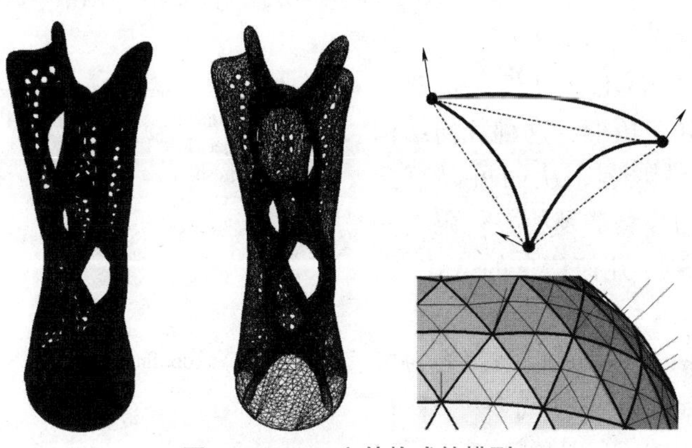

图4-8 AMF文件格式的模型

AMF文件具有以下优点：①可读性强，易于理解；②具有良好的兼容性，支持将任何现有的STL文件方便地转换成AMF；③具有良好的可扩展性；④AMF文件格式包含用于3D打印制造的所有相关信息，例如精确的几何表达（曲面三角形）、材料（包括异质材料和功能梯度材料等）、颜色、内部结构、纹理和数据加密等；⑤AMF的数据量适中，比二进制形式存储的STL文件大，但比ASCII形式存储的STL文件小。虽然AMF格式文件优点较多，但是现阶段支持的厂商较少，并且曲面三角形不利于后期的数据处理，这在一定程度上限制了AMF在3D打印领域中的快速推广和应用。

AMF文件包含实体<object>、材料<material>、纹理<texture>、群集<constellation>、元数据<metadata>5种最高级别元素，见表4-1。

表4-1 AMF文件包含的5种最高级别元素及含义

元素名称	含义
<object>	定义了实体的几何区域及相应的属性
<material>	定义了一种或多种用于3D打印的材料特性
<texture>	定义了模型所使用的纹理
<constellation>	定义多个实体的位置和方向，来描述大量相同的实体、提高填料效率
<metadata>	定义了关于实体、几何尺寸以及材料的附加信息

1）<object> 元素。该元素是必需的，一个 AMF 文件至少要有一个 <object> 元素。<object> 元素定义了与 material ID 相关联材料的一个或多个实体，拥有唯一的 object ID。元素 <object> 包含一个子元素 <mesh>，用来表达实体的几何结构信息，而 <mesh> 又包含两个子元素：<vertices> 和 <volume>，每个 <volume> 包含一个体积，多个体积构成一个实体。元素 <object> 可以任意指定一种材料。

最基本的 AMF 文件仅仅包含一系列的顶点和三角形，这种几何结构可与 STL 文件兼容，从而可以直接利用现有的切片算法及相关代码。一个包含基本 STL 几何信息的 AMF 文件如图 4-9 所示。

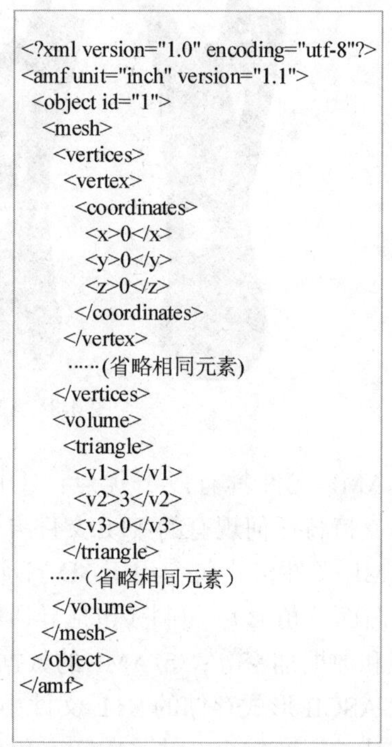

```
<?xml version="1.0" encoding="utf-8"?>
<amf unit="inch" version="1.1">
  <object id="1">
    <mesh>
      <vertices>
        <vertex>
          <coordinates>
            <x>0</x>
            <y>0</y>
            <z>0</z>
          </coordinates>
        </vertex>
        ……(省略相同元素)
      </vertices>
      <volume>
        <triangle>
          <v1>1</v1>
          <v2>3</v2>
          <v3>0</v3>
        </triangle>
        ……（省略相同元素）
      </volume>
    </mesh>
  </object>
</amf>
```

图 4-9　包含基本 STL 几何信息的 AMF 文件

2）<material> 元素。该元素为可选元素，它定义了一种或多种 3D 打印制造所使用的材料特性。通过每次赋予一个唯一的 ID，元素 <material> 可以定义多种材料。通过指定元素 <volume> 中的材料属性，将几何体积与材料关联到一起。<material> 元素包含子元素 <composite>，用来表示混合材料的成分比例及空间分布(即梯度材料)。如果文件中不包含 material ID，则意味着使用单一的缺省材料进行加工。

3）<texture> 元素。该元素为可选元素，定义了模型所使用的纹理信息。元素 <texture> 可以将纹理 ID 和某一特定纹理数据关联，可定义纹理映射的尺寸，支持二维和三维映射。

4）<constellation> 元素。该元素为可选元素。一个 <constellation> 元素可以将多个 <object> 元素组装起来，它通过定义多个实体的位置和方向来描述大量相同的实体、提高填料效率，如图 4-10 所示。元素 <instance> 指定了集合中现有实体所需的旋转和位移，旋转和位移应相对于物体的初始位置和方向定义。

5）<metadata> 元素。该元素为可选元素，可以用来定义关于实体、几何尺寸以及材料的附加信息。例如，可以指定名字、纹理描述、作者信息、版权信息以及特殊说明。元素 <metedata> 可以作为 <amf> 的子元素来定义整个文件的属性，或者作为实体、体积以及材料的子元素，定义相对于整体的局部元数据。

```
<? xml version="1.0" encoding="UTF-8"?>
<amf unit="millimeter">
  <object id="1">
    ......
  </object>
  <constellation id="2">
    <instance objectid="1">
      <deltay>5</deltay>
      <rz>90</rz>
    </instance>
    <instance objectid=1">
      <deltay>-10</deltay>
      <deltay)10</deltay>
      <rz>180</rz>
    </instance>
    ......
  </constellation>
</amf>
```

图 4-10　<constellation> 元素

除了 5 个最高级别元素，AMF 文件还包含几何规范 <geometry specification>、颜色规范 <color specification>、纹理映射 <texture maps>、材料规范 <material specification>、打印群集 <print constellations>、可选曲线三角形 <optional curved triangles>、公式 <formulas>、压缩 <compression> 等信息。

4.2.3　3MF 文件格式

2015 年，由微软创建的 3MF 联盟开发了新的 3D 打印文件格式 3MF（3D Manufacturing Format）。开发 3MF 的目的是提供一种全新的 3D 打印数据格式，突破 STL、OBJ 等传统文件格式难以适应现代 3D 打印技术发展要求的限制，并可用于不同的平台、应用、服务以及不同类型的 3D 打印机，让第三方开发者专注于创新而不是文件格式之间的互操作性。图 4-11 所示为 3MF 文件的主要应用特点。

3MF 文件格式的最大优势在于由世界领先的 3D 打印领域科技公司支持，3MF 联盟成员既包括 Microsoft、Autodesk、Dassault Systems、PTC、Siemens、nTopology 等软件巨头，又包括 HP、3D Systems、Stratasys、EOS、Shapeways、Ultimaker、SLM Solutions、GE 等专业的 3D 打印设备厂商。

3MF 文件具有以下优点：

1）完整性：3MF 能够完整描述 3D 打印模型的信息，除了可以描述几何外形，还可以描述内部结构、颜色、材料、纹理等信息。此外，3MF 文件格式还可以包含签名和缩略图等信息。

图 4-11　3MF 文件的主要应用特点

2）可读性：使用 OPC、ZIP 和 XML 等通用结构，易于开发和阅读。

3）简单：具有简短、明晰的数据规范，使开发变得简单且验证快速。

4）可扩展性：与 AMF 文件类似，3MF 也是一种基于 XML 的数据格式，具有良好的扩展性。

5）清晰明确：清晰的语言和一致性测试可确保文件从数字形态到物理形态始终保持一致。

6）免费：3MF 规范的访问和实施将永久免费，不收取版权费、专利费和许可费用。

3MF 文件一般包含 3D 模型 <3D Model>、核心属性 <Core Properties>、数字签名源 <Digital Signature Origin>、数字签名 <Digital Signature>、数字签名证书 <Digital Signature Certificate>、打印信息 <PrintTicket>、缩略图 <Thumbnail>、3D 纹理 <3D Texture> 和自定义部件 <Custom Parts>，3MF 按照严格的层级关系将上述元素封装在一起，其中 3D 模型是 3D 有效载荷 <3D Payload> 的唯一有效根。3MF 文件组成元素的详细介绍见表 4-2。

表 4-2　3MF 文件组成元素的详细介绍

名称	描述	关系源	必需 / 可选
<3D Model >	包含一个或多个用于制造的 3D 对象的描述	封装	必需

（续）

名称	描述	关系源	必需 / 可选
< Core Properties >	以 OPC 部件存在，包含创建时间、修改时间、作者、搜索关键字等各种文件属性	封装	可选
< Digital Signature Origin >	以 OPC 部件存在，是数字签名的根	封装	可选
< Digital Signature >	以 OPC 部件存在，每个 OPC 包含一个数字签名	< Digital Signature Origin >	可选
< Digital Signature Certificate >	包含数字签名证书的 OPC 部件	< Digital Signature >	可选
< PrintTicket >	当从 <3D Model > 输出 3D 实体时，提供要使用的打印设备配置参数	<3D Model >	可选
< Thumbnail >	包含一个小的 JPEG 或 PNG 图像，代表文件中的 3D 对象或整个文件	封装	可选
< 3D Texture >	为 <3D Model > 中某个 3D 实体上色的纹理（可用于扩展）	<3D Model >	可选
< Custom Parts >	与元数据相关联的 OPC 部件	封装	可选

4.3 STL 文件数据质量诊断和修复

4.3.1 STL 文件的基本规则

STL 文件应遵循取向规则、点点规则、取值规则、合法实体规则 4 个基本规则。

1. 取向规则

STL 文件中的每个小三角形都是由三条边组成的，而且具有方向性。每个三角形的三条边按逆时针顺序由右手定则确定面的法向量，该法向量应指向所描述实体表面的外侧，如图 4-12 所示。

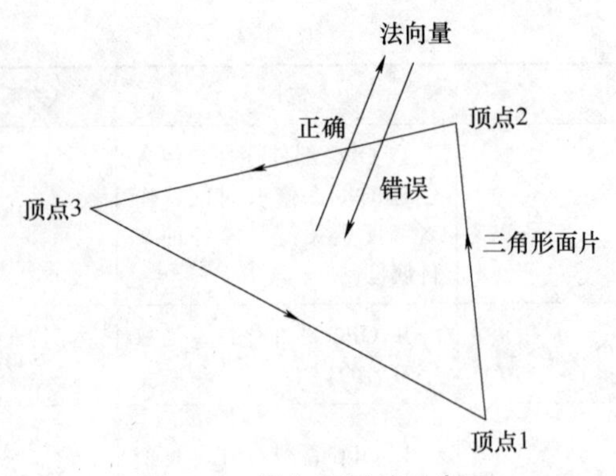

图 4-12 取向规则的示意图

2. 点点规则

每一个三角形都必须与其相邻的每一个三角形共用两个顶点，即一个三角形的顶点不能落在相邻的任何一个三角形的边上，如图 4-13 所示。

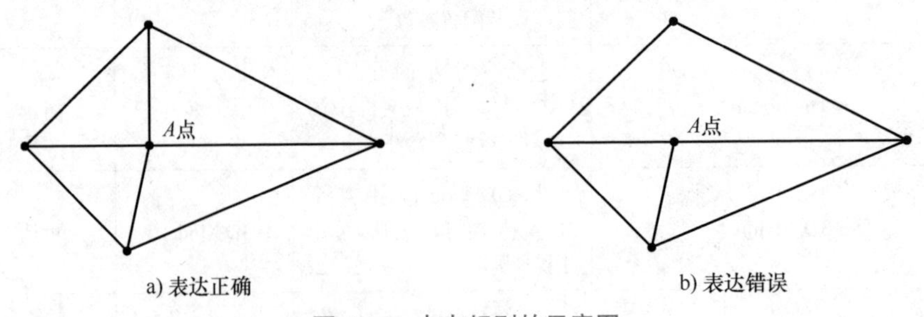

图 4-13 点点规则的示意图

3. 取值规则

STL 文件中所有的顶点坐标必须是正的，不能为零和负数。

4. 合法实体规则

STL 文件不得违反合法实体规则（又称充满规则），即在三维模型的所有表面上，必须布满小三角形面片，不得有任何遗漏（即不能有缝隙或孔洞）；不能有厚度为零的区域；外表面不能从其本身穿过。

4.3.2 STL 文件常见的错误类型

目前典型的 CAD 软件系统都有输出 STL 格式文件的功能模块，能够将 CAD 系统构造的三维模型转换成 STL 格式文件，并显示转换后的 STL 格式的三维模型。然而，像其他 CAD 软件常用的交换数据一样，STL 也经常出现数据错误，其中最常见的错误类型有以下几种：模型不封闭、法向不一致、相交三角形面片、重叠三角形面片、非流形三角形面片、干扰壳体、壁厚过小等。

1. 模型不封闭

STL 三维模型应为封闭的三维网格曲面，不应存在孔洞、缝隙等缺陷，也不应存在孤立的三角形面片，如图 4-14 所示。虽然缝隙和孔洞都是违反了 STL 文件的充满规则，由三角形面片缺失而产生的，但二者的修复方法却不相同，孔洞修复可以通过添加新的面片来填补缺失的区域，而缝隙修复通常是将临近的点移动并合并在一起。

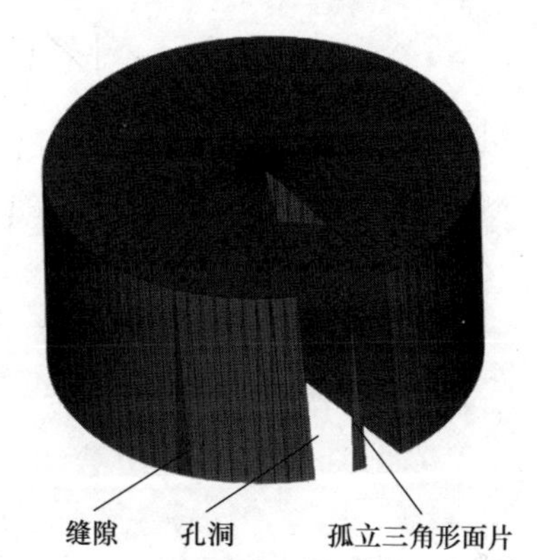

图 4-14 缝隙、孔洞和孤立三角形面片

2. 法向不一致

STL 三维模型的所有三角形面片的法向量方向应朝向一致且指向实体的外部，其中三角形面片的法向量方向和三角形顶点之间应符合右手螺旋法则，如图 4-15 所示。

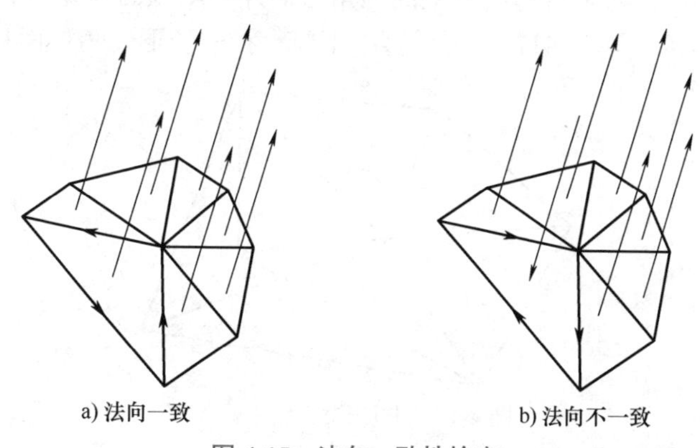

图 4-15 法向一致性检查

3. 相交三角形面片

STL 三维模型的三角形面片之间不应相交，如图 4-16 所示。

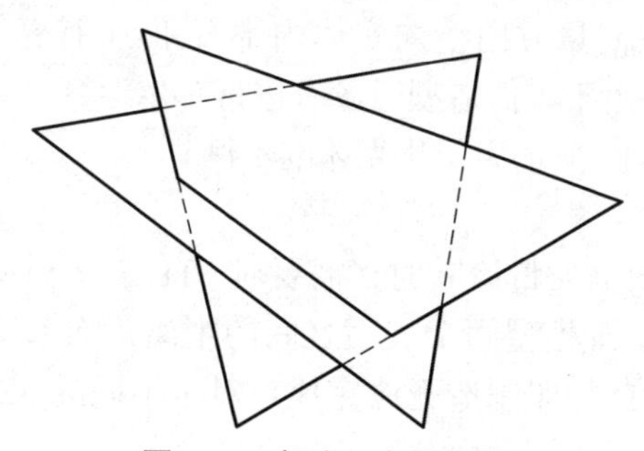

图 4-16 相交三角形面片

4. 重叠三角形面片

STL 三维模型中的三角形面片不应重叠，如图 4-17 所示。

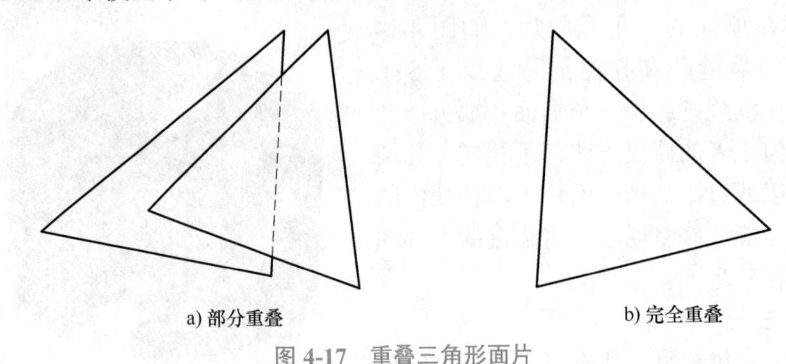

图 4-17　重叠三角形面片

5. 非流形三角形面片

STL 三维模型的三角形网格曲面中，三角形面片的每条边有且只能被两个三角形面片共用，如果有超出两个的三角形面片，则该面片即为非流形三角形面片，如图 4-18 所示。STL 三维模型中不应存在非流形三角形面片。

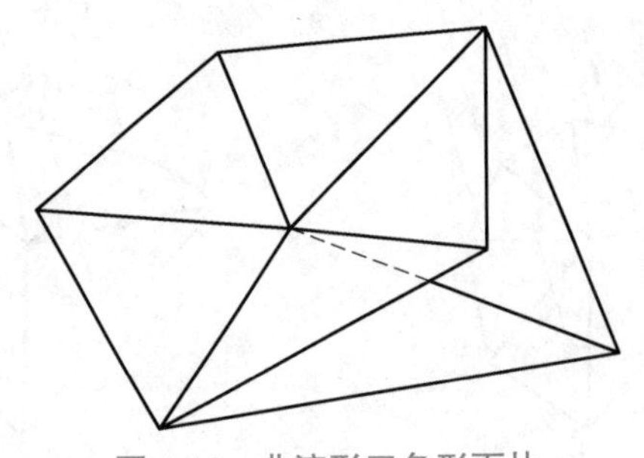

图 4-18　非流形三角形面片

6. 干扰壳体

壳体的定义是一组相互正确连接的三角形的有限集合。一个正确的 STL 模型应只有一个代表外表面的壳体（法向量指向实体外部），虽然也可以有代表内表面的壳体（法向量方向指向实体内部），但所有壳体之间均不应相交。存在干扰壳体通常是由于零件造型时没有进行布尔运算，结构与结构之间存在分割面引起的。图 4-19 所示为干扰壳体的示例。

7. 壁厚过小

进行 STL 文件数据质量诊断时，需要对 STL 三维模型的最小壁厚进行诊断。壁厚是指 STL 三维模型两个表面之间的距离，如果壁厚过小，会导致切片数据生成错误和 3D 打印制造无法完成。对于不同的 3D 打印制造工艺，其最小壁厚的要求通常是不同的。

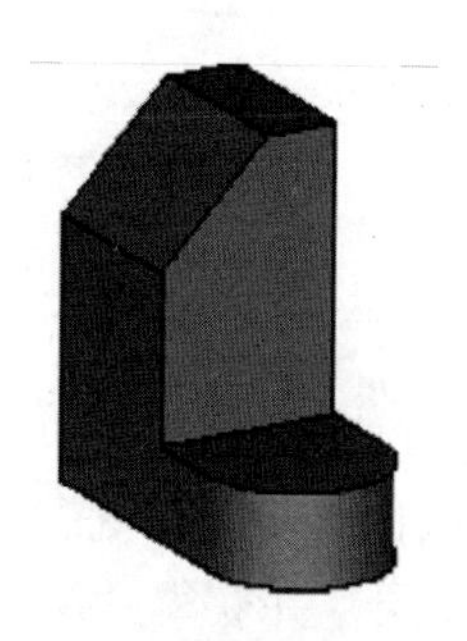

a) 1个壳体 (正确)

每一个三角形面片都有与其相连的另一个三角形面片

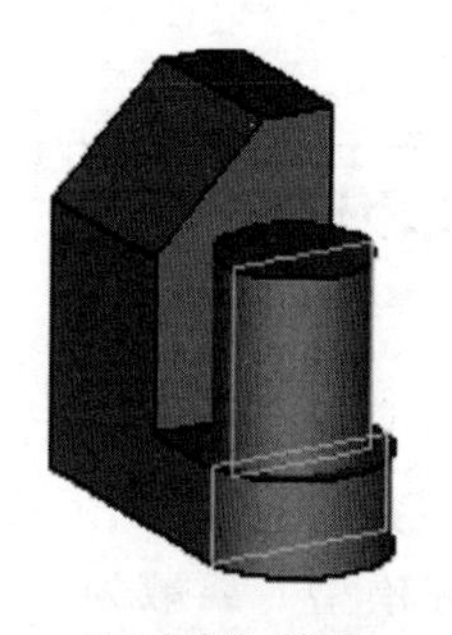

b) 2个壳体 (错误)

该圆柱体没正确与零件相连，两个壳体的重叠区域导致模型错误，需要通过布尔并运算将两个壳体合并为一个壳体

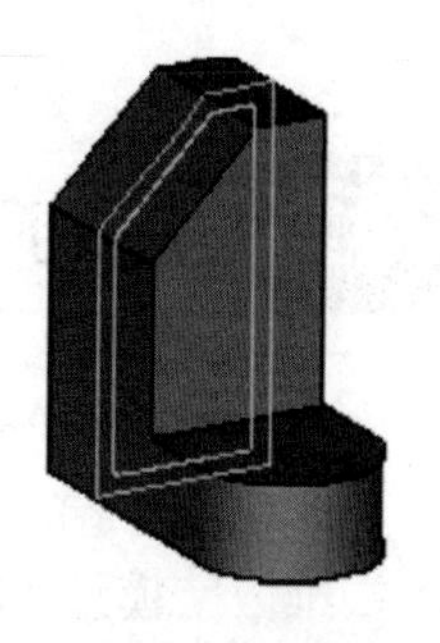

c) 2个壳体 (正确)

该零件为中空零件，其内部壳体未与外部壳体相连，这种情况在中空零件中很典型

图 4-19　干扰壳体的示例

4.3.3　STL 文件错误诊断和修复专业软件

针对 STL 文件中可能存在的错误，有必要在 3D 打印制造前使用专业软件对 STL 文件进行模型浏览、错误诊断和编辑修复。目前已有多种用于诊断和修复 STL 格式文件的专业软件（见表 4-3），其中 Magics 软件是比利时 Materialise 公司推出的面向 3D 打印技术的 STL 数据编辑与处理软件平台，是目前全球应用最广泛的 3D 打印预处理软件，具有完备的 3D 打印模型修复、设计优化、加工准备、添加支撑、切片处理等数据处理功能。

表 4-3　常见的 STL 格式文件诊断和修复专业软件

软件名称	开发公司	国家	网址
Magics	Materialise N.V.	比利时	http：//www.materialise.com
3-matic	Materialise N.V.	比利时	http：//www.materialise.com
Autodesk Meshmixer	Autodesk	美国	https：//www.meshmixer.com
Autodesk Netfabb	Autodesk	美国	https：//www.autodesk.com
3Data Expert	Desk Artes Oy	芬兰	http：//www.deskartes.fi
Blender	the Blender Foundation	荷兰	https：//www.blender.org
LimitState：FIX	LimitState	英国	https：//www.limitstate.com/fix

4.4 3D打印模型的切片处理

在3D打印制造系统中，切片处理及切片软件是极为重要的。3D打印技术采用分层制造的基本原理，与之相对应，在制造之前的数据准备阶段就需要将三维数字模型（通常为STL模型）离散为一系列二维片层，并获得片层的截面轮廓信息，这个过程称为切片处理，如图4-20所示。切片处理的实质是一种降维处理，其目的是将三维模型以片层方式来描述，通过这种描述，无论零件多么复杂，对每一层来说都是很简单的平面。

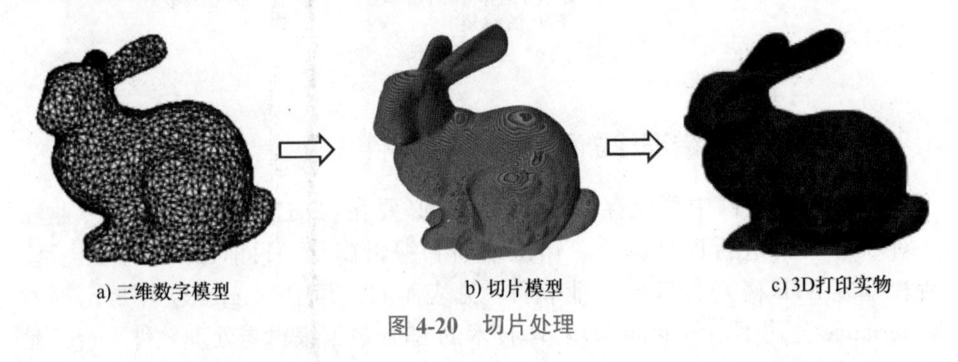

图4-20 切片处理

切片处理的基本过程包括选择成型方向、设定切片参数、选取切片方法并生成指定方向的截面轮廓线和网格扫描线。

4.4.1 成型方向的选择

为零件设置合适的成型方向是切片处理中首先需要考虑的重要因素，因为不同的成型方向会对3D打印最终成型零件的质量、材料成本、制造效率和工艺稳定性产生很大的影响。

1. 成型方向对零件质量的影响

1）成型零件的力学性能。3D打印逐层叠加的特性通常会使零件的外表面留有分层或小的过渡面，被称为“台阶效应”（或“阶梯效应”），台阶效应与分层厚度直接相关，分层厚度越大，台阶效应越明显，如图4-21所示。

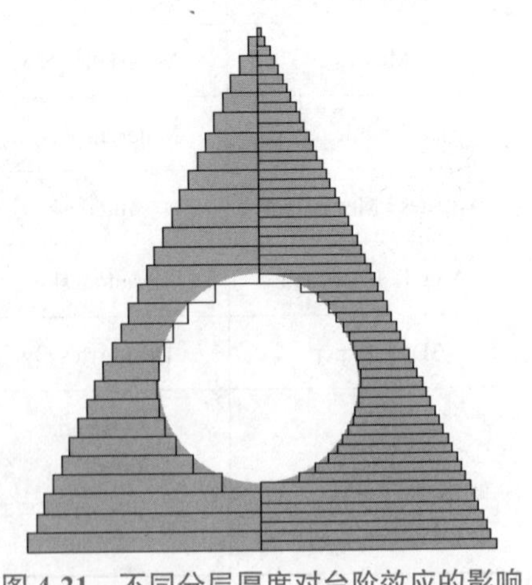

图4-21 不同分层厚度对台阶效应的影响

台阶效应会导致成型零件材料的各向异性。这是因为，每层内的材料结合比层与层之间的材料结合更牢固，因此零件的横向强度往往要高于其纵向强度，如图 4-22 所示。通常情况下，台阶效应和材料的各向异性会降低成型零件的整体机械性能，层与层之间结合的部位（台阶纹）可能是应力集中点、裂纹起始点，并且会降低疲劳寿命。因此，在选择和确定成型方向时，成型零件将来应用时所受到的载荷是主要考虑因素之一。

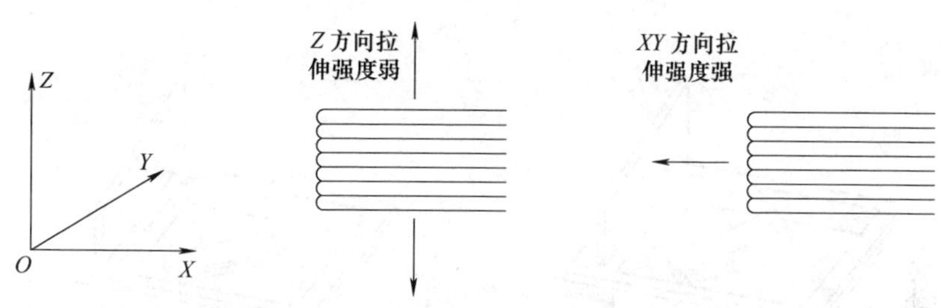

图 4-22　成型零件材料和力学性能的各向异性

2）成型零件的精度。为了保证零件的加工质量，对于有装配要求的孔或圆柱、薄壁零件、螺纹特征以及表面花纹应采用不同的摆放方式。具体来讲，对于表面有花纹的模型，为了避免花纹被破坏，应尽量使花纹表面朝上；对于有螺纹的模型，摆放时要保证其形状并满足和其他零件的装配要求；对于有装配要求的孔或圆柱，摆放时应尽量保证其竖直摆放，以保证其圆柱度，如图 4-23 所示。

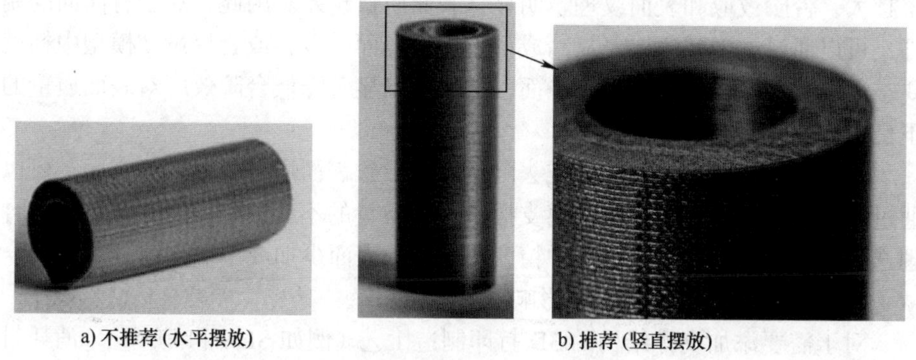

a) 不推荐 (水平摆放)　　b) 推荐 (竖直摆放)

图 4-23　有装配要求的孔的摆放（以 FDM 工艺为例）

对于 SLM 等许多 3D 打印制造工艺，在成型大平面零件时，由于存在热应力容易发生 Z 方向的翘曲变形，从而影响产品的精度。应合理选择成型方向，尽可能避免在单层成型期间熔合大的零件表面，如图 4-24 所示。

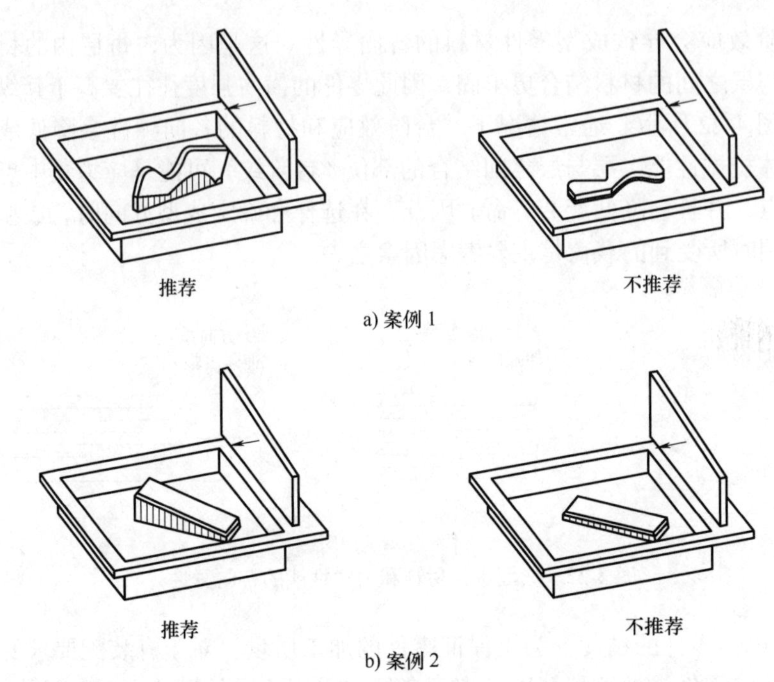

图 4-24　在成型大平面零件时成型方向的选择（以 SLM 工艺为例）

3）成型零件的表面质量。影响成型零件表面质量的主要因素包括台阶效应和去除支撑结构。

为减小台阶效应对表面质量的不良影响，应尽量使模型中精度要求高的平面区域与 *XY* 加工平面保持平行。一般来说，对于有曲面的零件，曲面的曲率越大，台阶效应和表面纹理越明显，表面质量越差。因此，对于有曲面的制件，可以通过适当减小层厚提高成型零件的表面质量，或者尽量使模型中精度要求高的曲面区域垂直于加工平面，这样可以显著降低台阶效应对表面质量的不良影响。

将支撑从成型零件上剥离或去除后，会导致表面质量变差。一方面，可以通过优化支撑结构，来减小剥离支撑对表面质量的不良影响；另一方面，应合理选择成型方向，尽量使模型中精度要求高的表面少加或不加支撑。

2. 成型方向对材料成本的影响

对于需要添加支撑结构的 3D 打印制造工艺（例如 SLA 和 FDM），消耗材料的计算量除了包括制作成型产品所消耗的材料，还应包括制作支撑结构所消耗的材料。支撑结构材料的添加不仅会增加 3D 打印的制造时间、造成材料浪费，还会使模型表面更加粗糙。由于不同的成型方向会导致不同的支撑结构添加方案，因此在 3D 打印过程中要注意选择模型的摆放方向，尽可能减少支撑结构，从而节约打印时间和降低材料成本，如图 4-25 所示。

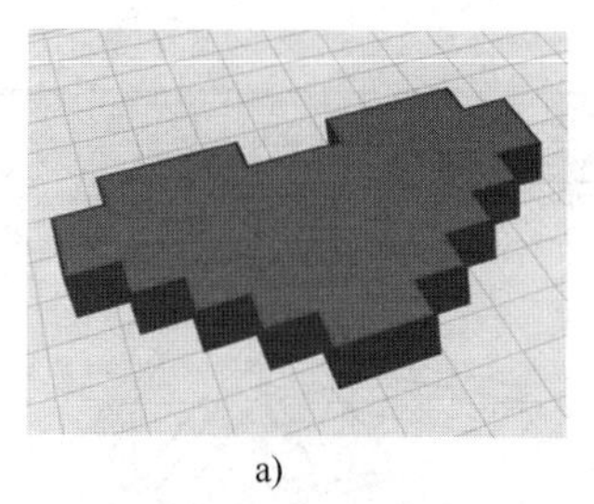
a)

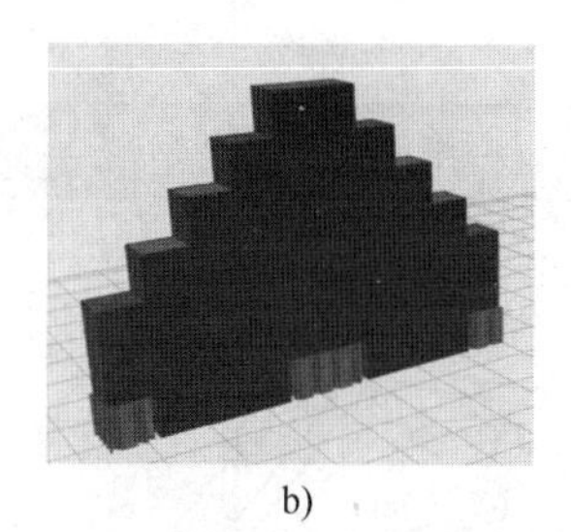
b)

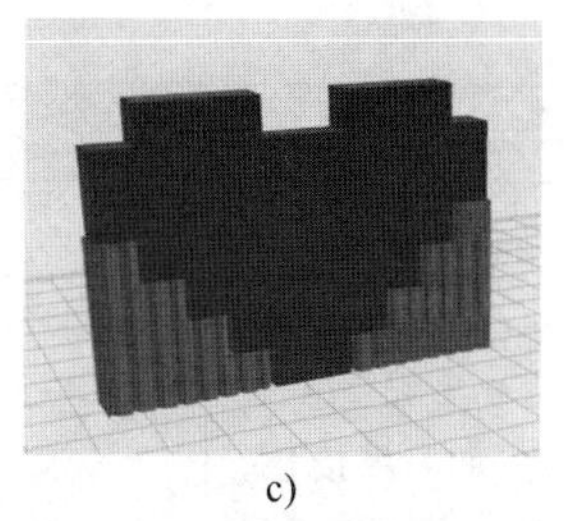
c)

图 4-25　不同成型方向导致不同的支撑结构添加方案（以 FDM 工艺为例）

3. 成型方向对制造效率的影响

零件的摆放方向对于制造效率有着非常显著的影响。零件的成型制造时间主要由叠层打印时间和后处理时间构成。对于 FDM、SLS、SLM 等多数 3D 打印工艺，在选择成型方向时，应尽量使模型在成型方向上的高度最小，这是因为减少分层叠加的层数，可以使打印成型时间缩短。

后处理阶段主要包括去除支撑、打磨、上色等。其中，对于需要添加支撑结构的成型零件，不同的成型方向会导致不同的支撑结构和数量，一般来说，在确保打印过程顺利完成的前提下，应尽可能减少支撑结构；否则支撑越多，需要打印的时间越长，去除支撑废料所需的后处理时间也越长，导致零件的总制造时间越长。

4. 成型方向对工艺稳定性的影响

对 SLS、SLM 等粉末床熔融工艺，大多数 3D 打印制造系统使用具有铺粉装置（例如陶瓷、金属或硅刀片、辊子或碳刷）的粉末供给系统，将粉末从供料室推动，穿过成型空间，并进入回收粉区域。在上述过程中，铺粉机构通常会刮擦或扰动零件，从而对工艺稳定性造成不良影响。因此，零件应适当定向、定位和排列布置，以便在铺粉时使刮削过程中产生的摩擦力达到最小。

具体来说，需要考虑以下几点（见表 4-4）：

表 4-4　不同成型方向对工艺稳定性的影响（以 SLM 工艺为例）

描述	推荐	不推荐
纵向几何形状：纵向几何形状应以与铺粉系统的接触长度最小化的方式定向		

（续）

描述	推荐	不推荐
关键几何形状：关键结构如果在铺粉系统和零件之间存在接触，则应以避免零件弯曲的方式定向	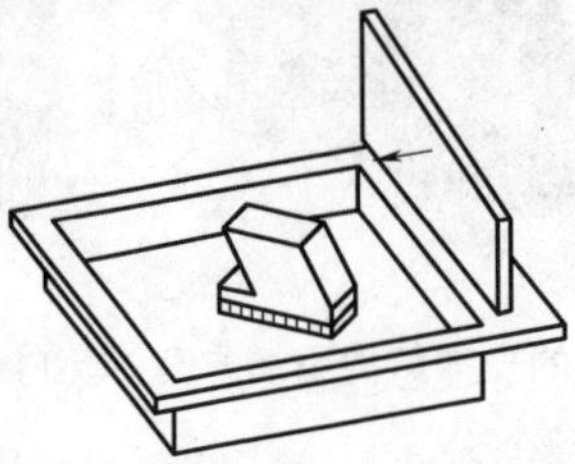	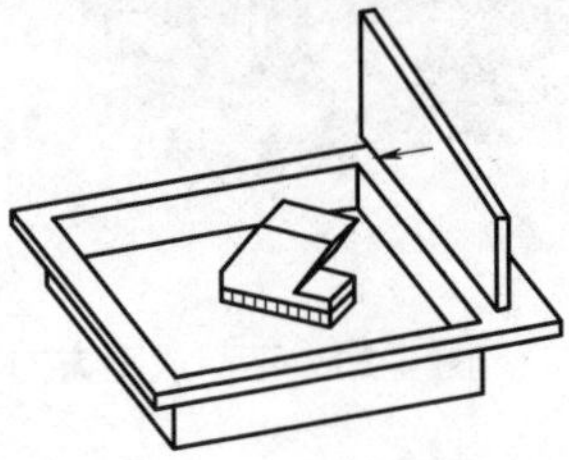
多个零件：多个零件应以与铺粉系统的接触长度最小化的方式分布（以偏移方式排列）	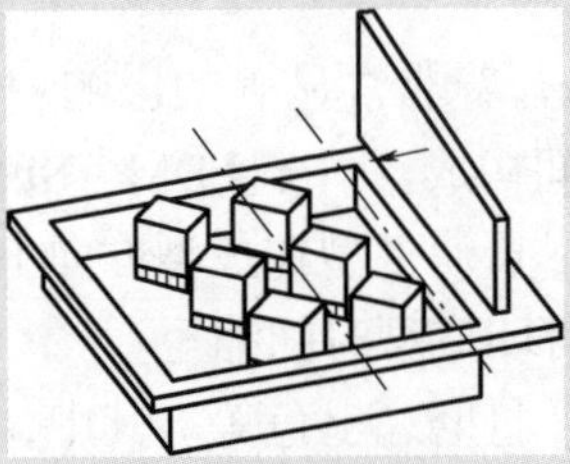	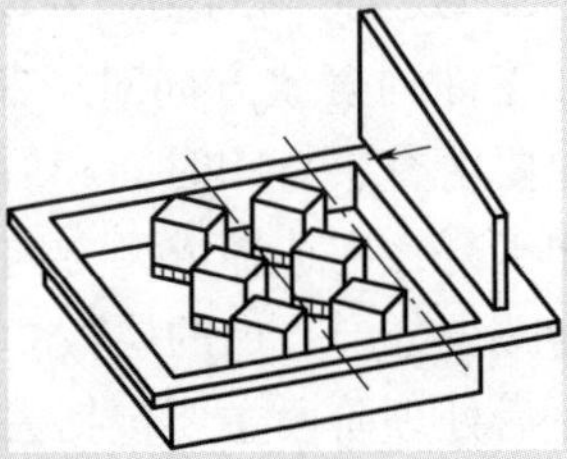

1）纵向几何形状应平行于铺粉方向，而不应垂直于铺粉方向。

2）零件的关键几何形状应尽可能不与铺粉方向相反。

3）多个零件的定位应确保与铺粉系统的接触长度最小化（以偏移方式排列）。

综上可以看出，零件的成型方向和摆放对零件特性、成本和制造效率等具有十分重要的影响，然而在实际打印过程中很难同时兼顾。绝大多数3D打印设备在*XY*方向与*Z*方向的加工精度和零件强度是不同的，模型摆放时首先应考虑零件最佳使用性能对成型方向的要求，例如零件关键特征精度、强度指标等；零件最终成型方向的选择应由客户和零件供应商协商确定，并记录在案，以便用于后期的检验、后处理或返工。

4.4.2 切片参数设定

切片处理过程中切片软件参数设置的好坏直接影响模型的打印效果。不同类型的3D打印制造工艺其切片参数不完全相同，下面以FDM工艺为例，介绍切片参数设定的一些基本概念和原则。FDM切片软件中的主要设置参数包括层厚、填充率、壁厚、挤出喷嘴温度、支撑临界角、支撑类型等。

1. 层厚

层厚即每层的打印厚度，在切片软件中表示模型在*Z*方向上每层的切片高度，是切片软件中最重要的设置参数之一，它直接决定了3D打印成型零件的质量。层厚值越小，成型零件的打印精度越高、质量越好，但所需打印时间也

越长。图 4-26 所示为 FDM 切片软件不同层厚设置方案及其切片效果。在实际打印过程中，需要综合考虑成型零件的质量和打印时间来选择层厚。

a) 层厚0.25mm (打印耗时252s)　b) 层厚0.15mm (打印耗时407s)　c) 层厚0.05mm (打印耗时1147s)

图 4-26　FDM 切片软件不同层厚设置方案及其切片效果

2. 填充率

3D 打印模型在制作过程中，内部往往不是实心的，而是采用蜂窝状、线性网状等规则结构进行填充，从而在保证结构强度的前提下提高打印效率和节省打印材料。切片软件中模型内部填充率的设置范围为 0~100%（0 为完全空心，100% 为完全实心）。对于大多数 3D 打印模型而言，最佳填充率可以在 30%~40% 之间选取，这样既能保证模型的结构强度，又能有效地控制打印时间和材料消耗。图 4-27 所示为不同填充率设置方案及其切片效果。

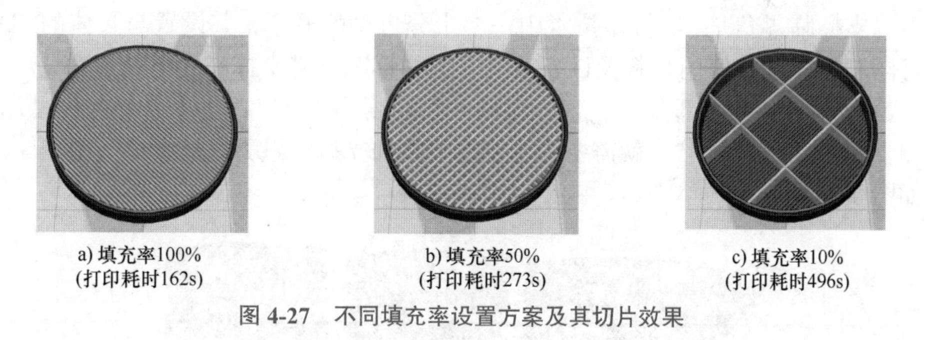

a) 填充率100% (打印耗时162s)　b) 填充率50% (打印耗时273s)　c) 填充率10% (打印耗时496s)

图 4-27　不同填充率设置方案及其切片效果

3. 壁厚

模型壁厚对保证打印模型外壳的强度有着重要意义。壁厚值越大，模型的外壳越结实。如果壁厚取值过小，3D 打印成型零件的外壁会出现缝隙。切片软件中通常将模型壁厚设置为挤出喷嘴直径的整数倍，对于表面需要进行打磨或钻孔的模型，可以将壁厚数值设置地更大一些。图 4-28 所示为不同壁厚设置方案及其切片效果。

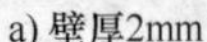
a) 壁厚2mm

b) 壁厚5mm

c) 壁厚8mm

图 4-28　不同壁厚设置方案及其切片效果

4. 挤出喷嘴温度

挤出喷嘴温度是FDM 3D打印工艺的重要切片参数，应根据原材料的特性来进行合理设置，喷嘴温度过高或过低，都会对最终成型零件的质量产生不良影响。

FDM工艺3D打印使用的原材料为ABS、PLA等丝状热塑性材料。以PLA材料为例，PLA材料在170℃时开始熔融，但此时材料的黏度较大，不易流动；195℃为PLA材料的最适宜打印温度，如果需要加快打印速度，可以适当提高挤出喷嘴温度，但不能高于220℃，否则温度过高时，PLA材料容易出现变质和发糊等问题。

5. 支撑临界角

对于多数3D打印制造工艺，当一个零件的某个悬空面与竖直线的角度大于一定角度时，在加工过程中就有可能发生坍塌等问题，该角度称为支撑临界角，这时需要通过CAD软件在模型上设计或通过3D打印工艺软件自动生成支撑工艺结构。

支撑临界角是3D打印技术中一个十分重要的概念，其设置与具体的3D打印制造工艺、使用材料及设备有关，通常情况下将支撑临界角设置为45°，也就是说如果悬空部分与竖直方向的倾斜角度小于45°，就不需要为模型添加支撑，反之超过45°就需要为悬空部分添加支撑，以更好地支撑模型本体，如图4-29所示。

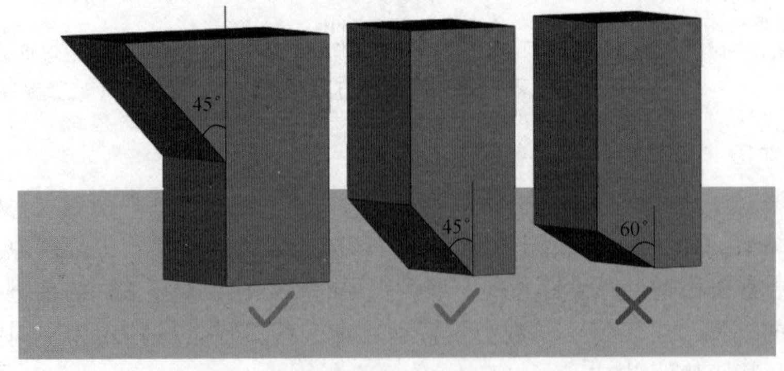

图 4-29　支撑临界角（以45°为例）

6. 支撑类型

合理的支撑结构类型可以有效减少打印材料和时间，提高成型零件的表面质量，减少后处理的工作量。网格支撑和线形支撑是FDM工艺3D打印过程中常见的两种支撑类型，如图4-30所示。线形支撑因为其结构简单，相对于网格支撑更容易去除，因此对于大部分普通模型而言，通常采用线形支撑。网格支撑具有支撑效果好、支撑稳固等优点，但在后处理过程中不易拆除，对于复杂模型或悬空面较大的模型，可以选用网格支撑，有利于提高模型打印的成功率。

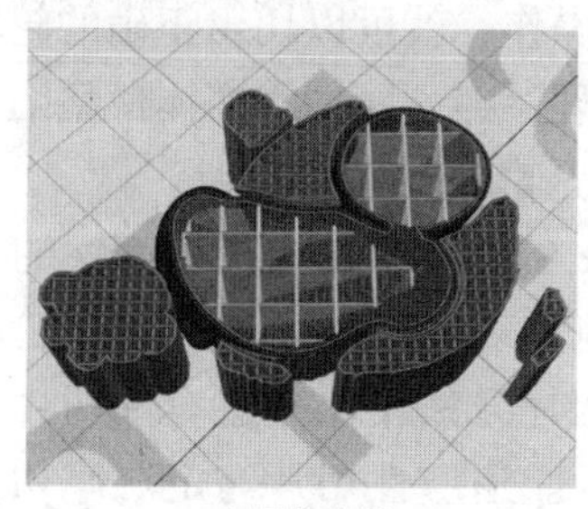

a) 网格支撑

b) 线形支撑

图4-30　FDM工艺常见的支撑类型

4.4.3　切片方法

目前，在切片软件中应用的切片方法主要有基于STL模型的平面切片、基于STL模型的曲面切片和基于CAD模型的直接切片等。

1. 基于STL模型的平面切片

1）直接STL切片。切片是几何体与一系列平行平面求交的过程，切片的结果将产生一系列以曲线边界表示的实体截面轮廓，组成一个截面的边界轮廓环之间只存在两种位置关系：包容或相离。切片算法取决于输入几何体的表示格式。STL格式采用小三角形面片近似实体表面，这种表示法最大的优点就是切片算法简单易行，只需要依次与每个三角形求交。

在实际操作中，对于单个小三角形面片，可能会遇到四种边界表示的情形：0交点、1交点、2交点、3交点。在获得交点后，可以根据一定的规则，选取有效顶点组成边界轮廓环。获得边界轮廓后，按照外环逆时针、内环顺时针的方向描述，为后续扫描路径生成中的算法处理做准备。

STL文件因其特定的数据格式存在数据冗余、文件庞大、缺乏拓扑信息等缺点，也可能因数据转换和前期CAD模型的错误，出现悬面、悬边、点扩散、面重叠、孔洞等错误，诊断与修复困难。同时，使用小三角形面片来近似三维曲面，还存在下列问题：存在曲面误差；大型STL文件的后续切片将占用大量的机时；当CAD模型不能转化成STL模型或者转化后存在复杂错误时，重新造型将使 3D 打印的加工时间与制造成本增加。正是由于这些原因，不少学者发展了其他切片方法。

2）容错切片。容错切片（Tolerate Errors Slicing）基本上避开了 STL 文件三维层次上的纠错问题，直接对 STL 文件切片，并在二维层次上进行修复。由于二维轮廓信息十分简单，并具有闭合、不相交等简单的约束条件，特别是对于一般机械零件实体模型而言，其切片轮廓多由简单的直线、圆弧、低次曲线组合而成，因而能容易地在轮廓信息层次上发现错误，依照以上多种条件与信息，进行多余轮廓去除、轮廓断点插补等操作，就可以切出正确的轮廓。对于不封闭轮廓，采用评价函数和裂纹跟踪处理，在一般三维实体模型随机丢失 10% 三角形的情况下，都可以切出有效的边界轮廓。

3）适应性切片。适应性切片（Adaptive Slicing）是指根据零件的几何特征来决定切片的层厚，在轮廓变化频繁的地方采用小厚度切片，在轮廓变化平缓的地方采用大厚度切片。与统一层厚切片方法相比，适应性切片可以减小 *Z* 方向误差、台阶效应与数据文件的长度。适应性切片与定层厚切片比较如图 4-31 所示。

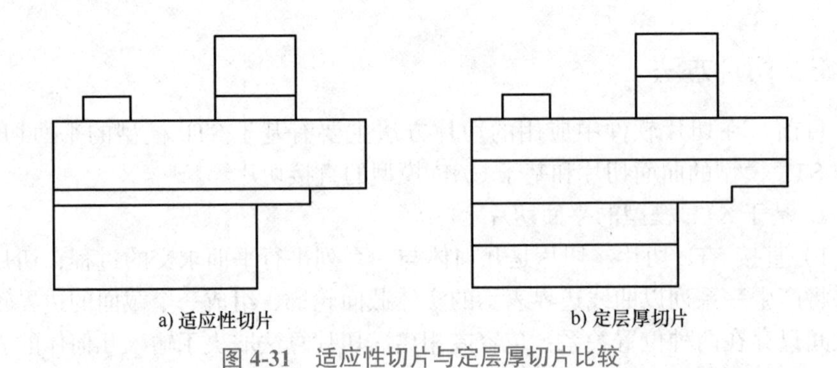

a) 适应性切片　　b) 定层厚切片

图 4-31　适应性切片与定层厚切片比较

2. 基于 STL 模型的曲面切片

传统的 3D 打印技术使用平面分层方式制造零件，存在许多限制和不足，如需要添加支撑材料、存在台阶效应、造成模型表面失真、在曲面基底上难以成型等。曲面切片和分层制造方式为这些问题提供了很好的解决方案，在实现保形制造、减少模型表面特征损失、提高零件表面精度等方面有明显改善。随着多自由度增材制造技术的不断发展，曲面层沉积成型（Curved Layer Fused Deposition，CLFD）被大量研究，如电弧增材制造（Wire Arc Additive Manufacturing，WAAM）、激光近净成形（Laser Engineered Net Shaping，LENS）等工艺。对于无支撑打印、在已有曲面基底上进行再制造等领域，曲面分层和路径规划技术具有十分重要的研究意义和应用价值。

曲面分层算法与平面分层相比，复杂度体现在以下几点：

1）切片层与三角形面片的空间位置关系判断。对于由三角形网格描述的曲面切片层而言，通过对三角形面片按坐标范围分组排序的方式提高切片层与模型的相交三角形面片筛选速度不再适用，因为曲面切片层的坐标范围和切片方向不确定。

2）三角形面片求交运算。平面分层是对边求交运算，而曲面分层是两个空间三角形求交运算。

3）生成各切片层的封闭轮廓交线环。平面分层是在二维空间中对交点按序连接，而曲面分层是在三维空间中对交线段按序连接，并且需要考虑交点的浮点算术误差问题。

4）曲面内部信息获取。曲面分层算法还需要考虑曲面内部信息获取，对封闭轮廓环内的曲面作三角剖分，以便后序的路径规划和加工。

针对上述问题，华中科技大学史玉升团队提出了基于多信息体素空间划分的高效自由曲面分层算法，曲面分层算法示意图如图 4-32 所示，以邦尼兔模型的某层自由曲面分层过程为例，如图 4-32a 所示。首先读入 STL 模型并对三角形网格拓扑重构，筛选出模型与曲面层的相交三角形面片，求解得到曲面分层的轮廓环，如图 4-32b 所示；针对相交三角形面片作三角剖分，保存剖分后位于模型内部的新三角形，并根据三角形内外分类算法得到位于模型内部的原生三角形面片，如图 4-32c 所示；最后合并得到自由曲面分层结果，如图 4-32d 所示。

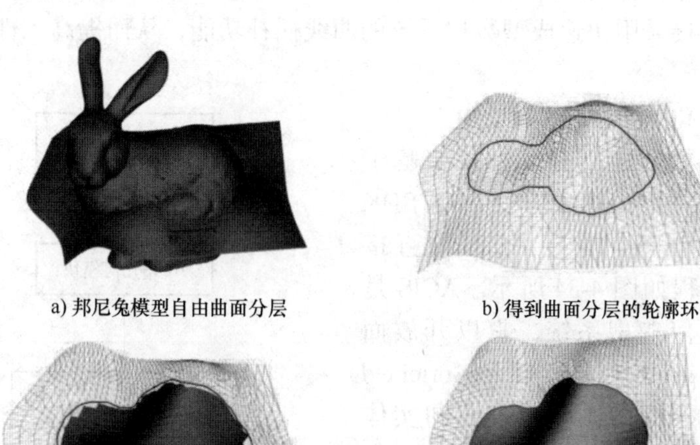

a) 邦尼兔模型自由曲面分层　b) 得到曲面分层的轮廓环

c) 模型内部的原生三角形面片　d) 自由曲面分层结果

图 4-32　曲面分层算法示意图

自由曲面分层算法可以衍生出多种不同类型的曲面，如柱面、球面、任意曲面等。根据待加工零件的表面基底的形状，有不同的应用场景。对于柱面、球面等常规类型的曲面，可以用参数表达式来描述和生成曲面层的信息；而对于形状不规则的自由曲面，通过提取表面、建立相应 STL 模型，并进行偏置来获得一系列的曲面层。图 4-33 所示为螺旋桨模型及其圆柱面分层结果。

图 4-33　螺旋桨模型及其圆柱面分层结果

3. 基于 CAD 模型的直接切片

在工业应用中，保持从概念设计到最终产品的模型一致性是非常重要的。在很多例子中，原始 CAD 模型本来已经精确表示了设计意图，但 STL 文件反而降低了模型的精度。使用 STL 格式表示方形物体时精度较高，表示圆柱形、球形物体时精度较差。在加工高次曲面时，直接从 CAD 模型中获取截面描述信息，即直接切片（Direct Slicing），明显优于 STL 切片方法。采用原始 CAD 模型进行直接切片具有如下优点：

1）能减少快速成型的前处理时间。

2）可避免 STL 格式文件的诊断和修复过程。

3）可降低模型文件的规模。

4）能直接采用快速成型数控系统的曲线插补功能，从而提高工件的表面质量。

5）能提高原型件的精度。

直接切片的方法有多种，如基于 ACIS 的直接切片法和基于 ARX SDK 的直接切片法等。基于 ACIS 的直接切片法的流程如图 4-34 所示。ACIS 是一种现代几何造型系统，它以开放面向目标的结构（Open Object-oriented Architecture），提供曲线、表面和实体造型功能。由图 4-34 可知，ACIS 用做几何信息转换的媒介。基于 ARX SDK（AutoCAD Runtime eXtension Software Development Kit）的直接切片法可以针对 AutoCAD 模型直接进行切片。这两

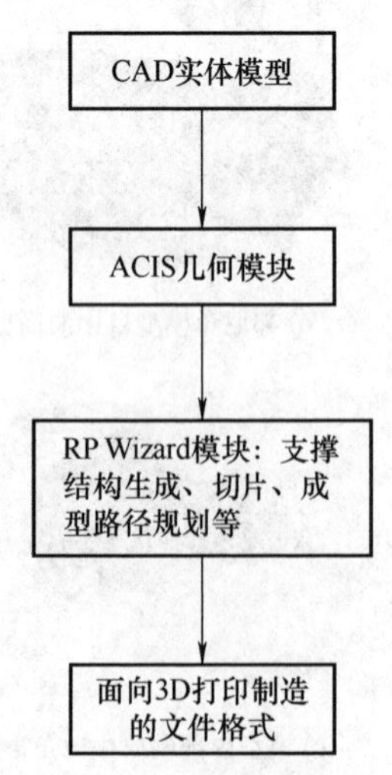

图 4-34　基于 ACIS 的直接切片法的流程

种切片方法的共同点是，经过一个未做近似处理的中间文件——ACIS 或 ARX SDK，对 CAD 模型进行直接切片。

直接切片方法的缺点是需要依赖特定的 CAD 软件平台，无法独立运行于软件外部，难以实现统一和标准化，上述缺点导致直接切片方法不是目前主流的切片方法。

4.5 STL 数据编辑与处理软件 Magics

Magics 是比利时 Materialise 公司推出的面向 3D 打印技术的 STL 数据编辑与处理软件平台。Magics 软件具有强大的数据处理能力，主要功能包括 3D 打印模型修复、设计优化、加工准备、添加支撑、切片处理等；此外，Magics 软件还具有测量、分析评估功能，可以帮助工程师及时发现产品设计存在的问题。Magics 软件能够为处理 STL 文件提供理想的、完美的解决方案，从而满足前处理阶段的使用要求、提高 3D 打印制造的质量和效率。

Magics 软件的基本工作流程如图 4-35 所示。

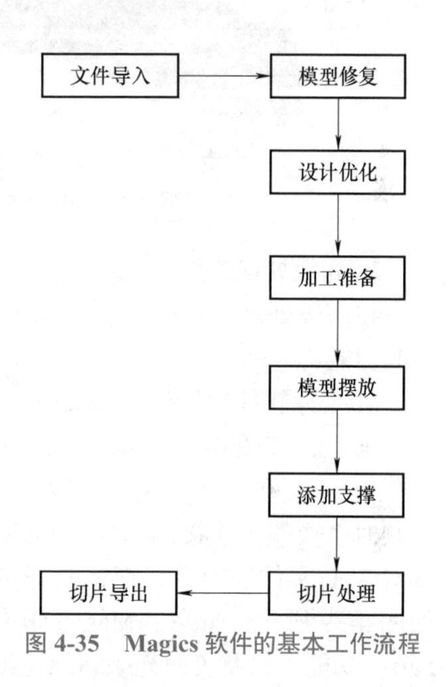

图 4-35　Magics 软件的基本工作流程

4.5.1　Magics 软件的编辑功能

1. 常规处理工具

Magics 软件支持 STL、CATIA、PRO-E、STEP、AMF 等几乎所有主流数据格式的模型文件导入，导入后能够最大程度地保持原始模型几何、色彩等信息的完整性。

在常规处理工具中，Magics 软件可以查看单个零件的基本信息，包括位置、尺寸、体积等；可以对 STL 文件进行旋转、变换、复制、镜像、调整尺寸和装配等；可以对零件特征（平面、圆柱体及球体等）进行 2D 和 3D 的距离、半径、角度等的测量（见图 4-36）；其剖切功能能够使操作者更好地理解零件的结构；用户自定义坐标系统能够使操作者定义并在多坐标系统下工作；Magics 软件还具有对 STL 文件进行压缩和解压操作功能。

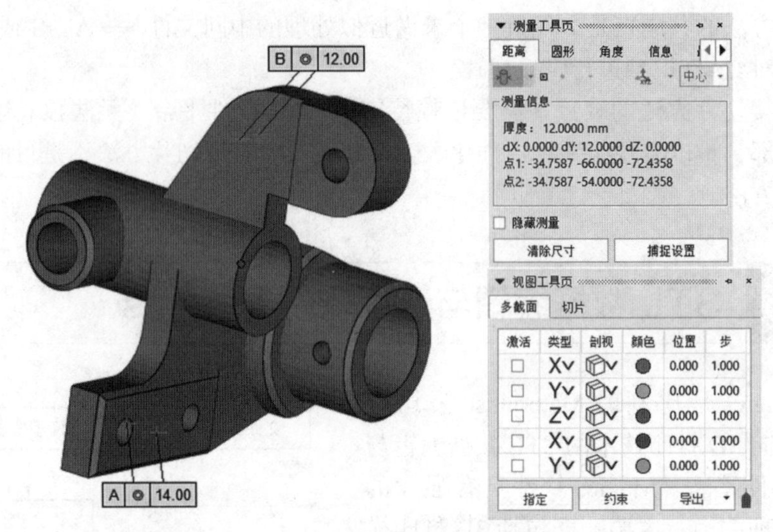

图 4-36 Magics 软件的可视化和测量功能

2. 高级处理工具

在高级处理工具中，Magics 软件提供了功能强大的 STL 文件直接设计和修改功能。

Magics 软件的标记（Label）工具可以将字符雕刻或浮凸在模型的任意复杂曲面上，如图 4-37 所示。Magics 软件提供了 STL 文件的切割和冲孔（Cut or Punch）功能，当模型尺寸较大时，可以切割成多个零件分开加工，并且在切割时生成便于连接的结构，其切割功能示意如图 4-38 所示。Magics 软件可以对 STL 文件进行并、交、差等布尔运算（Boolean）来生成新的零件特征，如图 4-39 所示。此外，Magics 软件还具有对实体零件的精确抽壳（Hollow Part）功能，以及表面光顺和细化（Refine and Smooth Parts）功能，其表面光顺功能示意如图 4-40 所示。

图 4-37 Magics 软件的标记功能

图 4-38 Magics 软件的切割功能

图 4-39　Magics 软件的布尔运算功能

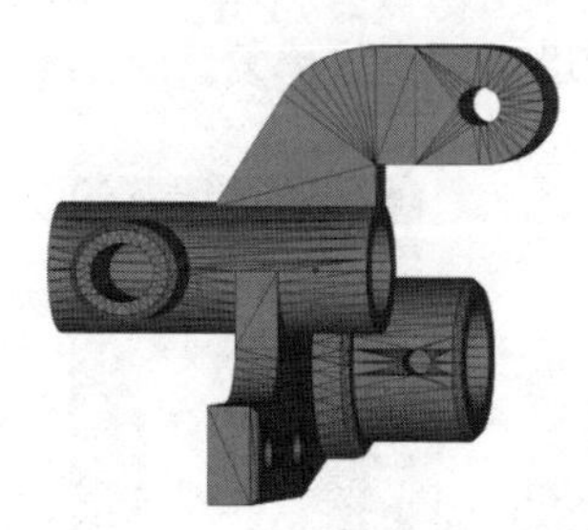

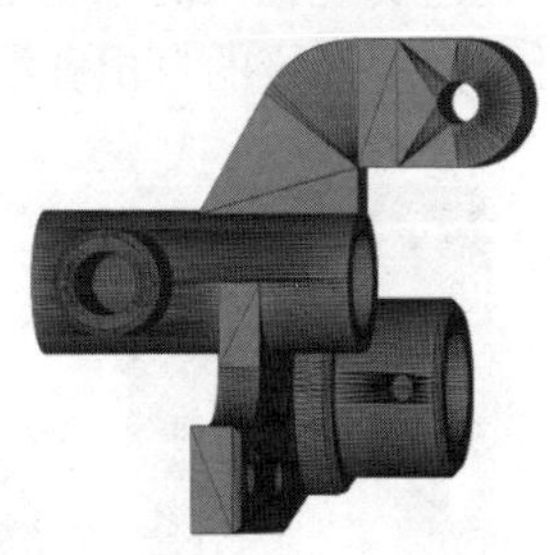

图 4-40　Magics 软件的表面光顺功能

4.5.2　Magics 软件的修复功能

许多 STL 文件常常存在坏的边、孔洞等错误和缺陷，因此可以在 3D 打印制造之前使用 Magics 软件对 STL 文件进行模型诊断和修复。

1. 模型错误信息诊断功能

Magics 软件可以利用修复向导（Fix Wizard）功能对 3D 打印模型的错误信息进行分析和诊断（见图 4-41），并以突出的可视化工具呈现出来，例如三角面反向、缝隙、干扰壳体、孔洞、重叠等错误都可以非常清晰地指示出来。采用模型闪烁的方法和颜色能够进一步显示模型中具有错误的部位和错误类型。

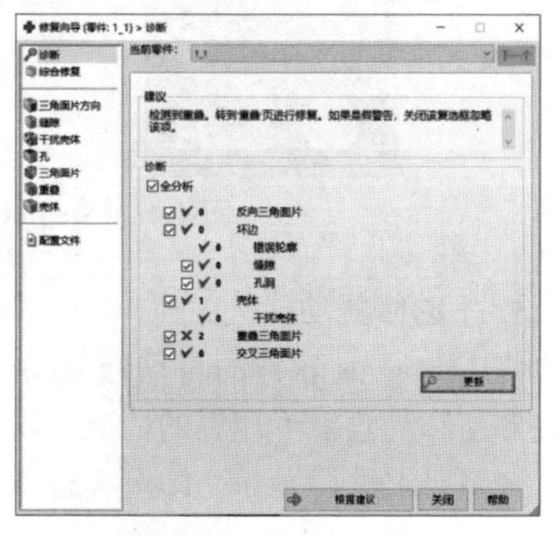

图 4-41　Magics 软件的模型错误信息诊断功能

2. 自动修复功能

Magics 软件使用智能算法能够对有缺陷的 STL 文件进行自动修复，从而大大加快修复的速度。例如，Magics 软件可以判断出零件的内外表面，并且检测每一个小三角形的法向量描述是否正确，如果存在问题，具有错误法向量的单一三角形或整个面，将被自动地反转过来。

由两个小三角形之间缝隙产生的坏边可以在 Magics 软件中自动缝合（见图 4-42），只需设定预期的误差和迭代的次数即可。Magics 软件的自动三角形化功能可以迅速实现孔洞的三角形化填充，即便具有复杂几何形状或者轮廓的孔洞，也可以使用高级的自由孔洞填充功能迅速地完成修复。

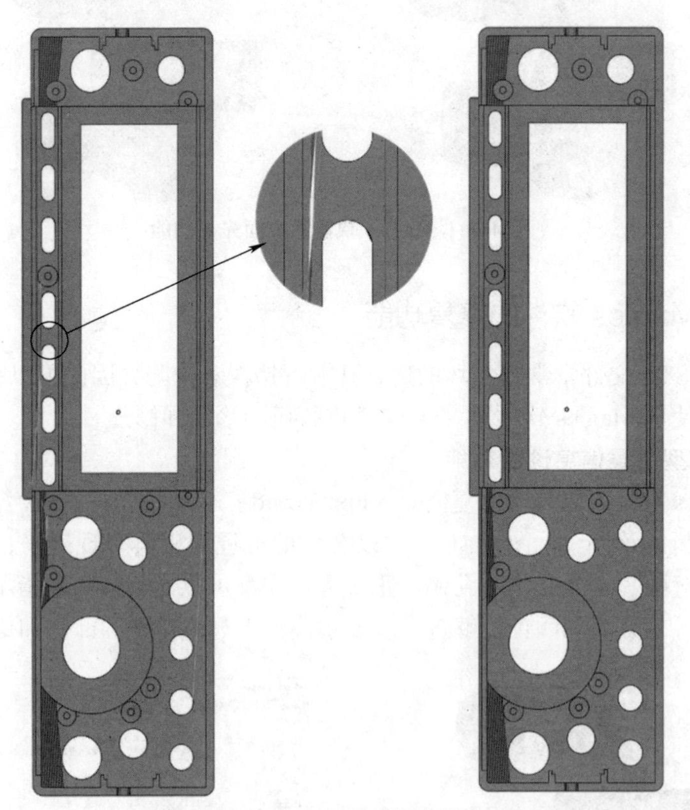

图 4-42　Magics 软件的缝隙缝合功能

3. 手动修复功能

使用 Magics 软件的自动修复功能，有时会出现某些错误无法进行自动修复或自动修复效果不理想的情况，这时可以使用手动修复功能。只需通过鼠标单击按照要求进行操作，即可实现三角形的删除、法向量的反转以及新三角形的生成，如图 4-43 所示。

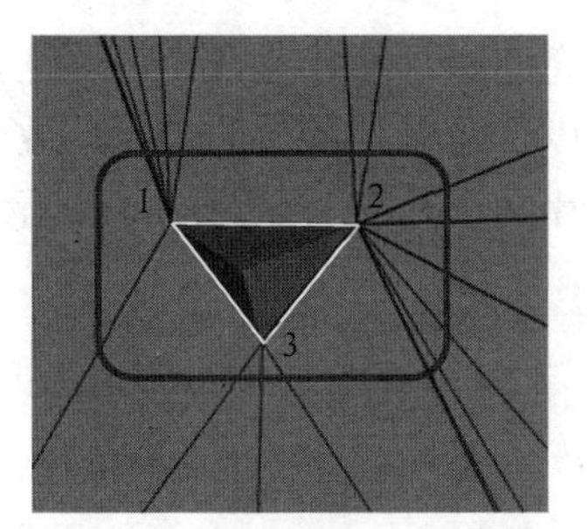

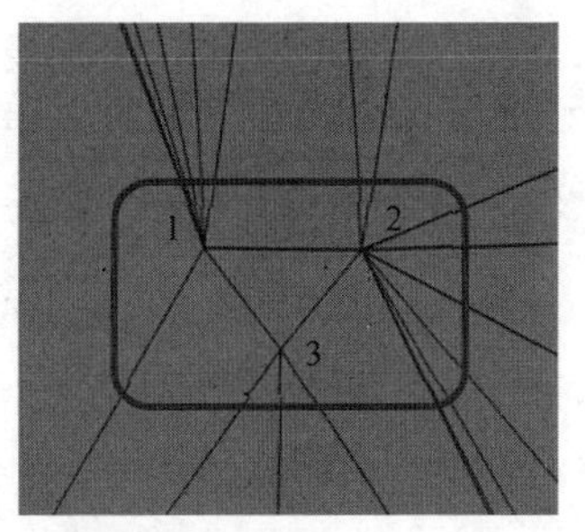

图 4-43　Magics 软件的手动修复功能（生成新三角形）

4.5.3　Magics 软件的添加支撑及切片功能

Magics软件具有强大的添加支撑和切片功能，针对各种3D打印成型工艺，均能够快速有效地生成支撑结构和切片模型，使用上述功能能够有效地避免人工错误、节约材料和打印时间，并减少后处理阶段的工作。

1. 自动添加支撑

Magics 软件具有自动添加支撑功能，可以根据 STL 模型的摆放位置、模型形状、3D 打印机类型、打印参数等设置自动添加支撑，如图 4-44 所示。

2. 手动修改支撑

当模型结构非常复杂时，使用自动添加支撑功能会出现冗余支撑、欠支撑等问题，这时可以通过手动方式对支撑进行修改，图 4-45 所示为 Magics 软件的手动修改支撑功能，它在自动添加支撑结果（见图 4-44）的基础上手动添加了新的支撑。

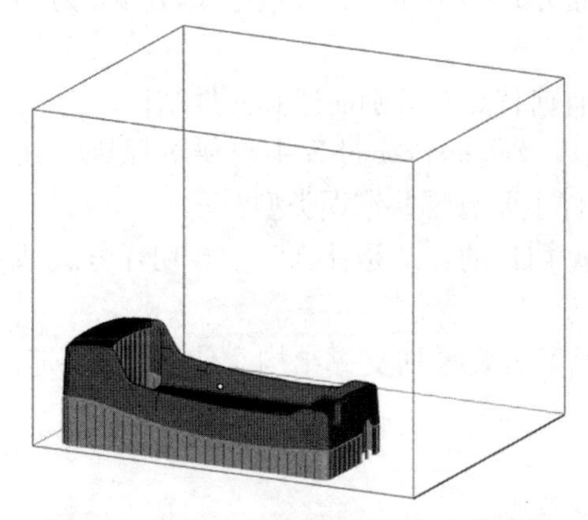

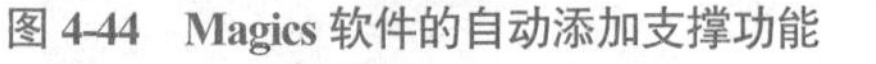

图 4-44　Magics 软件的自动添加支撑功能

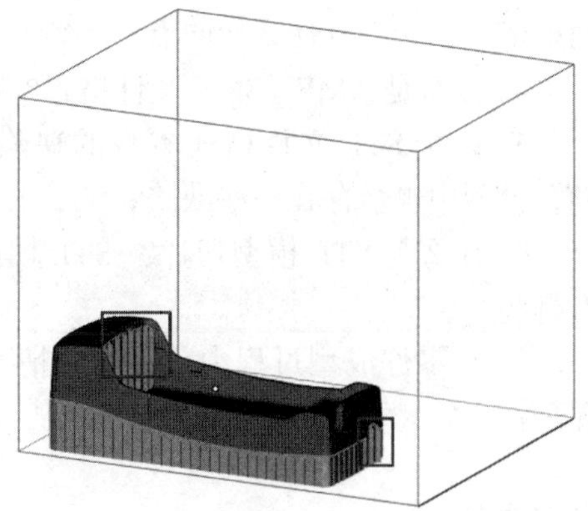

图 4-45　Magics 软件的手动修改支撑功能

3. 切片处理

模型添加完支撑后，就可以利用 Magics 软件进行切片处理。首先选择打印材料，并设置切片厚度、填充线间隔和填充间距等切片参数，最后选择“切片处理”按钮开始切片。当切片完成后，可以预览切片模型的打印层数、预估时间以及每一层的切片情况等，还可以将切片文件导出，如图 4-46 所示。

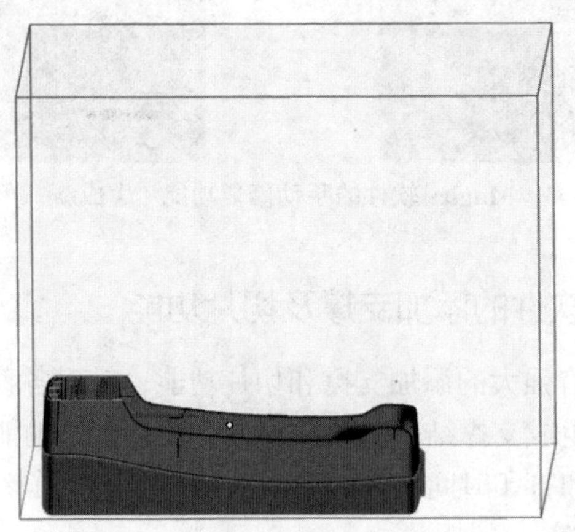

图 4-46　Magics 软件的切片处理功能

思考与练习

1. 3D 打印在加工前需要进行数据处理，数据处理主要包括哪些步骤？

2. 3D 打印的数据格式主要有哪几种？

3. 什么是 STL 模型？按照数据存储方式的不同，STL 模型文件可分为哪两种格式？它们有什么异同点？

4. 什么是 AMF、3MF 文件格式？有何特点？分别简述其文件结构。

5. 由于 STL 文件格式本身的缺陷以及数据转换过程中出错等原因，在 STL 模型中也会存在一些缺陷，STL 文件主要有哪些错误类型？

6. 什么是 STL 模型切片？ STL 模型切片的目的是什么？主要切片方法都有哪些？

7. 在零件成型过程中，在何种情况下需要添加支撑结构？什么是支撑临界角？

参考文献

[1] SZILVSI-NAGY M，MATYASI G. Analysis of STL files [J]. Mathematical and Computer Modelling，2003，38 (7)：945-960.

[2] 全国增材制造标准化技术委员会. 增材制造 数据处理通则：GB/T 39331—2020 [S].

北京：中国标准出版社，2020.

[3] 全国增材制造标准化技术委员会. 增材制造 文件格式：GB/T 35352—2017 [S]. 北京：中国标准出版社，2017.

[4] 李彦生，尚奕彤，袁艳萍，等. 3D 打印技术中的数据文件格式 [J]. 北京工业大学学报，2016，42 (7)：1009-1016.

[5] HU C，YANG L，ZHANG Y Y.Research on repair algorithms for hole and cracks errors of STL models [J]. Communications in Computer and Information Science，2011，234：42-47.

[6] 马淑梅，刘彩霞，李爱平. STL 文件错误的自动检测与修复技术 [J]. 现代制造工程，2009 (12)：109-112.

[7] 张李超，胡祺，王森林，等. 金属增材制造数据处理与工艺规划研究综述 [J]. 航空制造技术，2021，64 (3)：22-31.

[8] ZHANG Z Y，JOSHI S. An improved slicing algorithm with efficient contour construction using STL files [J]. The International Journal of Advanced Manufacturing Technology，2015，80 (5-8)：1347-1362.

[9] 王琛，张佳音. 熔融沉积 3D 打印切片软件参数设置要点 [J]. 软件，2021，42 (5)：81-83.

[10] 田慧英. 运用 Magics 对 STL 模型文件进行数据处理 [J]. 大众标准化，2020 (4)：158-159.

[11] 郭强强，张李超，王森林，等. 基于多信息体素空间划分的高效自由曲面分层算法 [J]. 机械工程学报，2022，58 (19)：265-274.

[12] 李鑫磊，张广军. 电弧增材制造中空间曲面等距路径规划算法 [J]. 焊接学报，2021，42 (7)：14-20.

[13] 吴陈铭，戴澄恺，王昌凌，等. 多自由度 3D 打印技术研究进展综述 [J]. 计算机学报，2019，42 (9)：1918-1938.

[14] JIN Y，DU J，HE Y，et al. Modeling and process planning for curved layer fused deposition [J]. The International Journal of Advanced Manufacturing Technology，2017，91 (1-4).

[15] 雷聪蕊，葛正浩，魏林林，等. 3D 打印模型切片及路径规划研究综述 [J]. 计算机工程与应用，2021，57 (3)：24-32.

[16] 魏青松. 增材制造技术原理及应用 [M]. 北京：科学出版社，2017.

[17] 王广春，赵国群. 快速成型与快速模具制造技术及其应用 [M]. 北京：机械工业出版社，2013.

第5章 3D打印技术在工业制造领域的应用

3D打印作为一种新兴的先进制造技术，凭借其无与伦比的独特优势和特点，给工业产品的设计思路和制造方法带来了巨大的变革。

工业和信息化部、国家发展和改革委等十二部委联合发布的《增材制造产业发展行动计划（2017—2020年）》中明确提出："以直接制造为主要战略取向，兼顾原型设计和模具开发应用，推动增材制造在重点制造、医疗、文化创意、创新教育等领域规模化应用。"在重点制造领域，文件着重指出："推进增材制造在航空、航天、船舶、核工业、汽车、电力装备、轨道交通装备、家电、模具、铸造等重点制造领域的示范应用。"具体分别如下：

航空：针对各类飞行器平台和发动机大型、复杂结构件，推进激光直接沉积、电子束熔丝成型技术在钛合金框、梁、肋、唇口、整体叶盘、机匣以及超高强度钢起落架构件等承力结构件上的应用，推进激光、电子束选区熔化技术在防护格栅、燃油喷嘴、涡轮叶片上的示范应用，加强增材制造技术用于钛合金框、整体叶盘关键结构修理的验证研究。

航天：利用增材制造技术实现运载火箭、卫星、深空探测器等动力系统、复杂零部件的快速设计、原型制造；实现易损部件、备品备件等的直接制造和修复。

船舶：推进增材制造在船舶与配套设备领域的产品研发、结构优化、工艺研制、在线修复等应用研究，实现船舶及复杂零件的快速设计与优化，推进动力系统、甲板与舱室机械等关键零部件及备品备件的直接制造。

核工业：推进增材制造在核级设备复杂、关键零部件的产品研发、工艺试验、检测认证，利用增材制造技术推进在役核设施在线修复。

汽车：在汽车新品设计、试制阶段，利用增材制造技术实现无模设计制造，缩短开发周期。采用增材制造技术一体化成型，实现复杂、关键零部件轻量化。

电力装备：在核电、水电、风电、火电装备等设计、制造环节使用增材制造技术，实现大型、复杂零部件的快速原型制造、直接制造和修复。

轨道交通装备：推进增材制造技术实现新产品研发、工艺试验、关键零部件试制过程中的快速原型制造，实现关键部件的多品种、小批量、柔性化制造，促进轨道交通装备绿色化、轻量化发展。

家电：将增材制造技术纳入家电的设计研发、工艺试验环节，缩短新产品研制周期，推进增材制造技术融入家电智能柔性制造体系，实现个性化定制。

模具：利用增材制造技术实现模具优化设计、原型制造等；推进复杂精密结构模具的一体化成型，缩短研发周期；应用金属增材制造技术直接制造复杂型腔模具。

铸造：推进增材制造在模型开发、复杂铸件制造、铸件修复等关键环节的应用，发展铸造专用大幅面砂型（芯）增材制造装备及相关材料，促进增材制造与传统铸造工艺的融合发展。

5.1 3D打印技术在产品设计中的应用

当前，市场竞争愈演愈烈，产品更新换代速度加快。制造企业要在同行业中保持竞争力并能够占有市场份额，就必须不断地开发出新产品，并将其快速推向市场，满足多样化的市场需求。3D打印技术对于新产品开发和设计模式会产生重要的变革性影响。

5.1.1 设计实体化——3D打印加速新产品开发

目前一款新产品的开发往往需要经历较长的时间，由于产品的复杂性其设计成本居高不下。新产品的设计过程通常包括概念模型设计、功能模型设计、成品设计、改进设计等多个阶段。3D打印技术能够快速实现“设计实体化”。相比于传统的数控机床加工（CNC）等制造方法，3D打印具有更快的打印速度、更低的制造成本以及更高的保密性，并且能够一次性完成结构非常复杂的零件制作，因此3D打印在产品研发过程中，可以有效缩短研发周期以及降低研发成本。设计中出现的缺陷，能够在早期阶段就被及时发现并加以解决，从而最大限度地减少设计反复。缩短产品的研发周期，也就意味着提高了产品的市场转化率，增强了产品的市场竞争力。

3D打印技术在新产品开发的各个阶段均发挥重要的作用，具体介绍如下：

1. 产品概念设计阶段

在产品概念设计阶段，设计团队往往只能借助较为抽象的2D平面图样作为可视化媒介来进行方案的设计讨论。手工制作的概念草模在一定程度上能够弥补平面媒介直观性的不足，但在精度、质感、触感等方面与概念的设计预期存在较大偏差。上述状况无形中限制了团队间关于产品概念的有效交流。

3D 打印的应用能够快速制作出精准的概念模型实物并将其引入设计讨论。它可以很直观地以实物的形式把设计师的创意反映出来。设计团队中的每个成员，乃至产品用户能够直观地看到和触摸这些概念模型。3D 打印制作的概念模型能够明确地反映出产品概念存在的问题，进而方便修改设计；重复这个设计迭代过程，可以不断完善产品概念，最终达到令人满意的效果。图 5-1 和图 5-2 所示分别为 3D 打印手机壳和电水壶产品的概念模型。

图 5-1　3D 打印手机壳

图 5-2　3D 打印电水壶

自 2013 年起，国内一流园林工具制造企业格力博将 3D 打印技术融入了其园林工具的研发制造环节，使产品生产周期缩短了 30%，整个开发成本降低 30%~40%。使用 3D 打印技术后，格力博每年研发的新产品数量从几十款增加到 300 多款，并成功创立自主品牌，销售业绩每年都以 20% 左右的速度递增，实现了电动工具制造模式的创新。图 5-3 所示为该企业 3D 打印割草机产品。

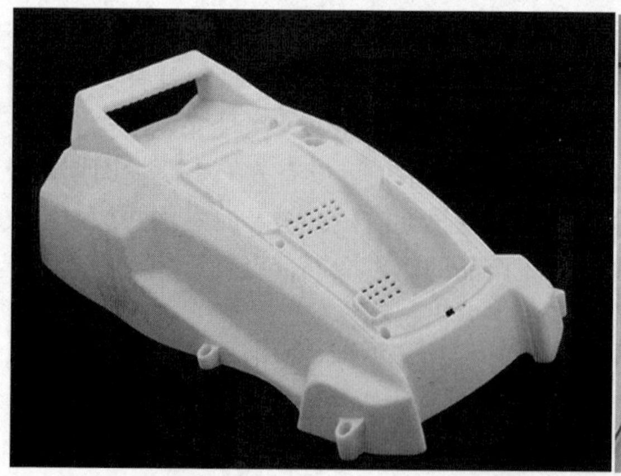

图 5-3　3D 打印割草机

2016年，美国Stratasys公司发布全球首个全彩、多材料3D打印机J750，实现让用户首次自由搭配不同颜色和材料，产品甚至无须做后期处理，带来前所未有的一站式3D打印体验。J750能实现36万种不同的色彩输出，材料从刚性到柔性、从不透明到透明，应有尽有。图5-4所示为利用J750设备打印的彩色汽车仪表板通风孔装配件。

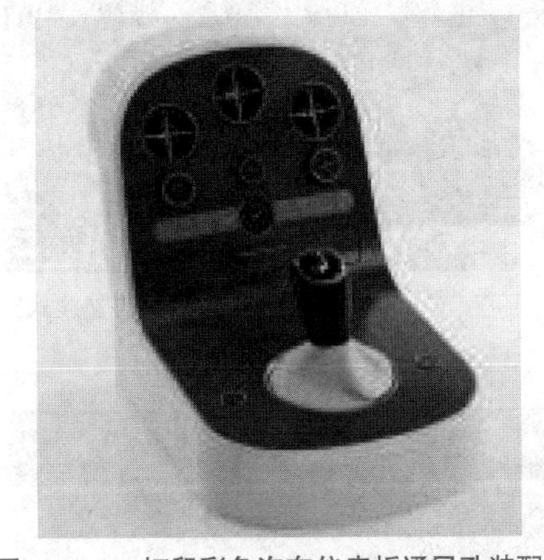

图5-4 3D打印彩色汽车仪表板通风孔装配件

图5-5所示为比利时著名3D打印公司Materialise为全球旅行箱包领导品牌——美国新秀丽公司（Samsonite）生产的新款3D打印旅行箱模型。其特点是外壳具有高精细纹理、超轻量化而且坚固耐用，整个制造过程只用了8天时间，不仅保证了设计效果，而且大大缩短了新产品研发和上市周期，而这是传统的注射成型工艺难以达到的。

图5-5 3D打印旅行箱

2. 产品结构设计阶段

运用3D打印技术，在产品结构设计阶段验证结构装配可行性和产品功能可行性时，能够及时发现产品设计问题并加以改进，从而大大降低后期在开模过程中发现结构不合理或其他问题带来的巨大风险。近年来，随着3D打印装备和材料的发展，3D打印技术在材料性能、表面质量和尺寸精度等方面有了很大的改进，越来越广泛地应用于产品结构装配验证，成为加速产品设计开发的强大武器。图5-6所示为3D打印的壁挂式空调组件的结构及装配验证。图5-7所示为3D打印的变速器组装件的结构、装配及运动干涉验证。

图 5-6　3D 打印的壁挂式空调组件的结构及装配验证

图 5-7　3D 打印的变速器组装件的结构、装配及运动干涉验证

工业级 3D 打印领军企业华曙高科与武汉萨普科技股份有限公司合作，将 3D 打印技术直接应用到汽车整体解决方案当中，实现了汽车配件制造模式的创新（见图 5-8）。这款大型汽车仪表盘长 2m，宽 0.55m，高 0.70m，由尼龙粉末选择性激光烧结（SLS）技术打印出 20 余种零部件再无缝拼接而成，并采用了打磨、包胶、电镀、喷漆、攻螺纹、拼接 6 种后处理工艺，其误差值 <1mm，工艺精湛，细节考究，整个制作过程在一周内全部完成，与传统工艺相比缩短了 80% 的研发周期，节约了 66% 的人工成本和 45% 的制作成本。

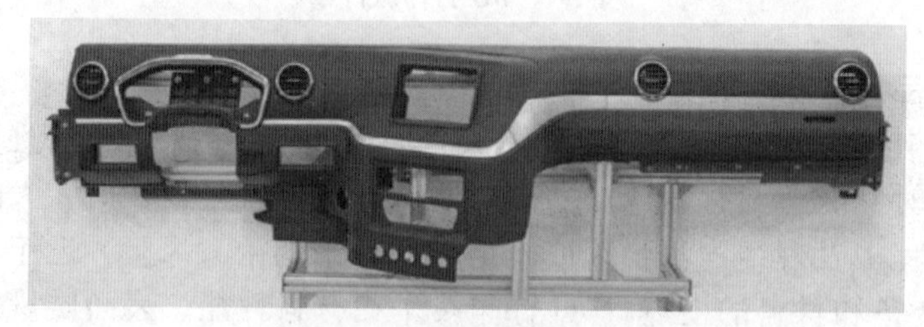

图 5-8　3D 打印汽车仪表盘

3. 产品功能验证阶段

随着 3D 打印技术的不断成熟，以及材料应用科学的不断突破，现在已经可以将打印出的塑料或金属零件，直接应用到产品功能验证中。

如图 5-9 所示，奥迪汽车公司使用 Stratasys 公司 J750 3D 打印机进行车尾灯罩的原型设计，多色多功能车尾灯罩可一次整体成型，无须像以前那样需要多个步骤，可以节省高达 50% 的时间，使汽车可以更快地投入市场。引进 3D 打印技术之前，奥迪汽车公司使用传统铣削或注射成型进行生产。车尾灯罩颜色通常是红色和橙色，或者红色和白色等单独的颜色部件，且制作周期较长。利用 3D 打印制作原型，可以生成具有精确的、无扭曲和极高质量的零件几何形状，以及真实的零件颜色和透明度，能够打印出设计定义的精确纹理和颜色。

图 5-9　利用 3D 打印技术制作的车尾灯罩

华曙高科与巴斯夫公司联合开发高强度、高熔点的 3D 打印 PA6 材料——FS6028PA，协助上海泛亚汽车技术中心制作发动机进气歧管（见图 5-10），在一周内成功完成从部件设计、3D 打印制造到检测与调试整个过程，产品研发时间缩短了 71%，使用 3D 打印生产的费用只有传统开模成本的 10%。使用 PA6 材料的零部件通过了 700h 的动态实验，实验结果表明：3D 打印制件具有出色的强度和热变形稳定性，能承受高频率的振动。FS6028PA 材料的拉伸强度高于同类大多数 3D 打印塑料材料，可以直接制作终端或功能部件，尤其适用于耐温件的直接制造。

图 5-10　3D 打印发动机进气歧管

德国西门子公司在新产品研发过程中利用3D打印技术制造出燃气涡轮叶片（见图5-11），并首次进行了满负荷运行测试。测试结果表明，该3D打印涡轮叶片完全符合燃气轮机工作要求，这是3D打印技术生产大型部件的新突破。3D打印制造的燃气涡轮叶片将安装在西门子制造的13MW SGT-400型工业燃气轮机上，新的涡轮叶片采用粉末状的耐高温多晶镍高温合金生产。燃气轮机叶片要能承受高温、高压和强离心力，其满负荷工作时转动速度达到1600km/h，比波音737飞机的飞行速度还要快一倍；其承载的负重达11t，相当于一辆满载的伦敦双层巴士的重量；叶片在燃气轮机上工作时的最高温度达1250℃。目前制造燃气轮机叶片的传统方法是采用铸造或锻造工艺，然而这两种方法都需要开模，不仅费时费力，而且价格昂贵。而3D打印燃气轮机叶片采用激光束对金属粉末进行逐层加热和融化，一层一层生成金属固体，直至整个叶片模型成型。现在西门子工程师利用3D打印技术生产一种新的燃气轮机叶片，从设计到制造的整个新产品研发周期可以从2年缩短至2个月，大大提高了研发效率。

图5-11　3D打印燃气涡轮叶片

4. 产品市场推广阶段

3D打印技术使产品面世时间大大提前。由于样件制作的超前性，人们可以在模具开发出来之前利用样件制作进行产品的宣传、预售等工作，及早占领市场。

2013年上半年，一台名为Urbee 2的汽车诞生了，而其前身Urbee早在2010年就推出了，只不过当时由于各种问题只停留在了概念阶段（见图5-12）。Urbee 2包含了超过50个3D打印组件，但这相较于传统制造工艺显得十分精简。车辆除了底盘、动力系统和电子设备等，超过50%的部分都是由ABS塑料打印而来。

2014年，Local Motors公司推出了升级版的3D打印车Strati（斯特拉迪），如图5-13所示。Strati的进步之处首先在于它的底盘部分也采用了3D打印技术制造，其次它的打印时间仅为44h，如果加上组装时间，最多只需要三天就能够制造出来。

图 5-12　世界首台 3D 打印汽车 Urbee

图 5-13　3D 打印车 Strati（斯特拉迪）

在 2015 年的法兰克福车展上，法国标致汽车推出一款名为 Fractal 的纯电动概念车，如图 5-14 所示。这款车除了外观出众、科技感十足，最大的特点就是内部采用了消声效果极佳的 3D 打印内饰。Fractal 82% 的内壁都是 3D 打印的，它的表面具有凹凸不平的结构，结构是中空的。这些形状独特的内饰可以有效减少回声，使声波从一个表面反射到另一个表面，从而实现对声音环境的调整和精确地塑造声音效果，带给驾驶者完美的音乐体验。据了解，这些 3D 打印消声内饰先通过一系列复杂算法设计出 3D 数字模型，再使用切片处理软件对模型完成切片，最后使用选择性激光烧结（SLS）3D 打印机，用白色尼龙材料制造而成。打印完成后，这些部件还进行了植绒处理，这样可以赋予它们天鹅绒般的柔软触感以及更强的环境耐受力。上述复杂的内饰造型通过传统的注射成型等制造方式是无法实现的。

图 5-14　具有 3D 打印消声内饰的 Fractal 的纯电动概念车

5.1.2　设计个性化——3D 打印为实现个性化定制提供技术支撑

传统的产品设计是建立在工业革命以来所形成的大批量生产方式之上的，这意味着消费者的差异性需求在设计过程中难以体现。为了追求大规模生产，消费者被假定为一模一样的人，个性需求被忽视了。个性化和高端化是产品发展的大趋势。随着时代的发展，人们在满足日常消费需求后，越来越注重展现自我的个性化需求。工业产品需要从原来的单一化，逐渐向多样化、个性化、高端化发展。3D 打印的出现大大降低了制造门槛，具有任意复杂结构的产品都能够用 3D 打印技术直接制造出来。3D 打印技术使产品的个性化、高端化设计与生产成为可能。消费者可根据自身条件、喜好甚至不同的产品使用情景自行进行设计与生产，真正实现以人为本。

1. 3D 打印助听器

对消费者来说，个性化、定制化具有独一无二的魅力。过去几年，新闻、音乐、视频等数字媒体方面已经实现了定制化点播，现在人们开始利用 3D 打印技术制作定制化的实物产品了。作为一种佩戴在人耳道中的医疗器械，助听器对舒适度的要求非常高，而定制化的助听器是实现高舒适度的最佳途径。3D 打印和三维扫描这样的数字化技术为助听器制造行业带来了精准、高效的批量定制化生产解决方案（见图 5-15 和图 5-16）。*Forbes* 杂志曾经评论到：3D 打印技术颠覆了助听器行业。

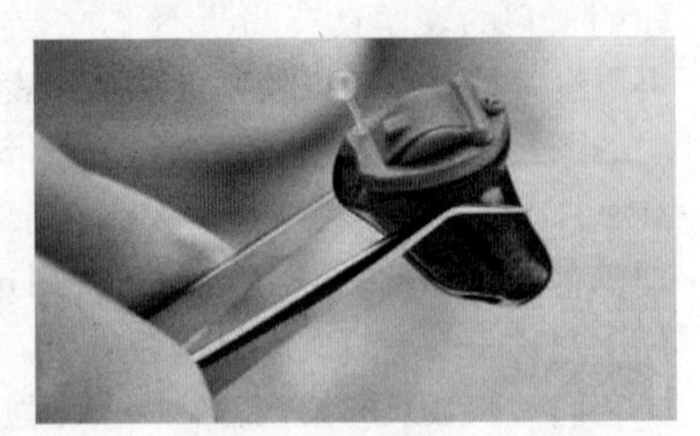

图 5-15　3D 打印助听器

在传统的生产方式下，制造助听器

需要经过多个步骤。首先，技师需要通过患者的耳道模型做出注射模具，然后得到塑料产品，通过对塑料产品进行钻声孔和手工处理后得到助听器最终形状。如果在这一过程中出错，就需要重新制作模型，整个过程需要长达一周的时间。

图 5-16　个性化 3D 打印助听器外壳

现在有了 3D 打印技术，可以通过三维扫描仪扫描得到每个人耳蜗的结构形状，快速制作出更舒适的定制化助听器产品。图 5-17 所示为 3D 打印定制化助听器流程，主要包括以下几个步骤：

① 首先将液态的注模材料注入用户的耳朵内，材料逐渐变硬得到一个耳印模。

② 将耳印模取出并对其进行三维扫描，得到耳印模的三维数字模型（即耳道数据）。

③ 根据耳道数据，利用建模软件只需要短短几分钟就能够得到助听器外壳模型。而且助听器 3D 设计师还能够进行数字化设计，使所有助听器元器件在助听器内部达到最佳的分布状态。

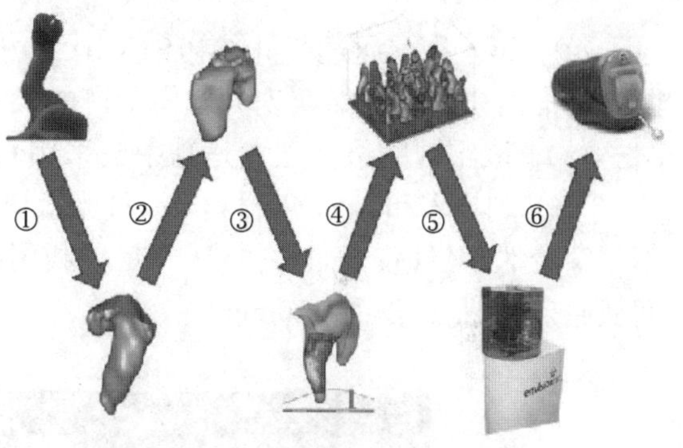

图 5-17　3D 打印定制化助听器流程

④ 将该助听器外壳三维模型与其他多个助听器外壳模型进行摆放位置优化，使得在同一打印空间内能够制造出最多数量的助听器外壳。

⑤ 生成切片数据，并将其发送到 3D 打印设备上。

⑥ 利用 3D 打印技术打印制造出助听器外壳，并对其进行抛光等后处理操作，然后将电子元器件和外壳进行组装，最终得到一个佩戴舒适、品质卓越的助听器产品。

2. 3D 打印鞋

2013 年，著名运动品牌耐克公司发布了全球首款 3D 打印足球鞋，如图 5-18 所示。此款名为“蒸汽激光爪（Vapor Laser Talon）”的足球鞋鞋底是利用 SLS 3D 打印技术打印而成的。除了外观看起来很炫，官方称该跑鞋还拥有优异的性能，不仅在草坪场地上的牵引力表现非常优秀，而且还能加长运动员保持“驱动姿势”的时间和提升运动员的冲刺能力。通过这款产品，耐克公司实现了3D打印技术从制造原型向终端产品的跨越。2014年耐克公司又推出了Vapor Carbon 2014精英版3D打印跑鞋和Vapor Hyper Agility版3D打印球鞋。

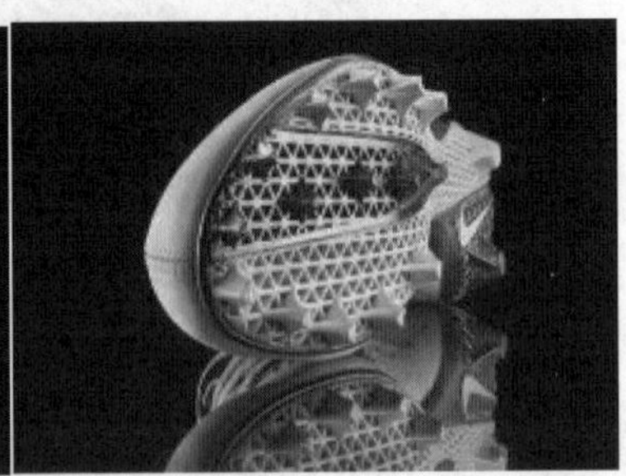

图5-18　全球首款3D打印足球鞋

2017年4月，通过与硅谷初创美国3D打印公司Carbon的合作，阿迪达斯公司推出全球首款能实现大规模量产的3D打印跑鞋——Futurecraft 4D（见图5-19）。该跑鞋的最大亮点是鞋中底采用Carbon公司的数字光合成（DLS）3D打印专利技术和EPU 40材料（一种光敏树脂和聚氨酯的混合物）制造而成，不仅穿着非常舒适，而且科技感十足。利用DLS技术，这双鞋中底的打印时间从原来的1.5h缩短到20min。

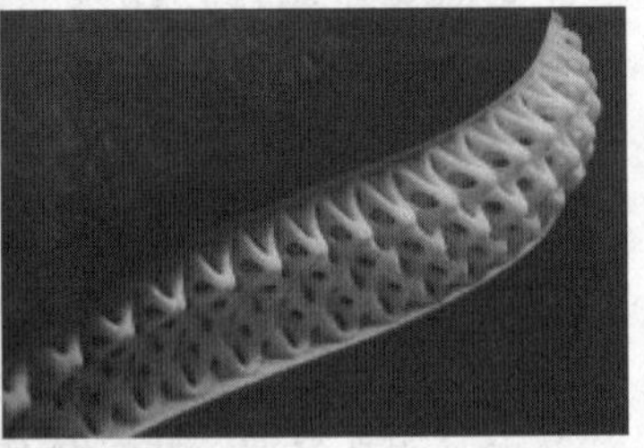

图5-19　阿迪达斯Futurecraft 4D

3. 其他3D打印个性化产品

2013年，手机制造商Nokia和3D打印机制造商MakerBot建立了合作关系，3D打印机MakerBot Replicator 2的拥有者能够在MakerBot的Thingiverse网站上自主下载适配于Lumia 520或者Lumia 820型号手机的个性化手机壳模板，并进行自主打印，如图5-20所示。MakerBot Replicator 2能够打印20多种不同颜色的ABS材料。

图 5-21 所示为比利时公司 Materialise 设计的带有文字的灯具。消费者可以把自己喜欢的话刻到灯具上，激发了消费者参与创作设计的热情，实现了个性化家居产品的设计和制造。

图 5-20　3D 打印手机壳

图 5-21　3D 打印个性化灯具

日本 Panasonic 公司与德国设计公司 WertelOberfell 共同推出了具有 3D 打印金属外壳的三款 Lumix GM1 相机，将 3D 打印技术扩展到摄影领域，如图 5-22 所示。3D 打印相机外壳灵感源自设计史上的三个重要阶段，黄铜弧线缠绕起伏的外壳代表"新艺术运动（Art Nouveau）"，而黑色的编织纹理外壳则受到"现代主义（Modernism）"的启发，银色蜂巢则象征"数字主义（Digitalism）"，上述设计呈现出不同时代的独特风貌。

图 5-22　具有 3D 打印金属外壳的三款 Lumix GM1 相机

世界第二大眼镜制造商日本 HOYA 公司与 3D 打印服务公司 Materialise 公司合作，推出了 Yuniku 3D 定制眼镜系统（见图 5-23），为人们带来了定制化 3D 打印眼镜解决方案。该系统可以根据佩戴者的不同脸型、功能需求以及视觉要求来进行定制化的眼镜设计，不仅提高了佩戴眼镜的舒适度，而且打造出个性化的产品风格。眼镜的镜架是利用 SLS 3D 打印技术制造而成的，通过设置合理的工艺参数，3D 打印技术能够实现非常精细的产品效果，如图 5-24 所示。

图 5-23　Yuniku 3D 定制眼镜系统

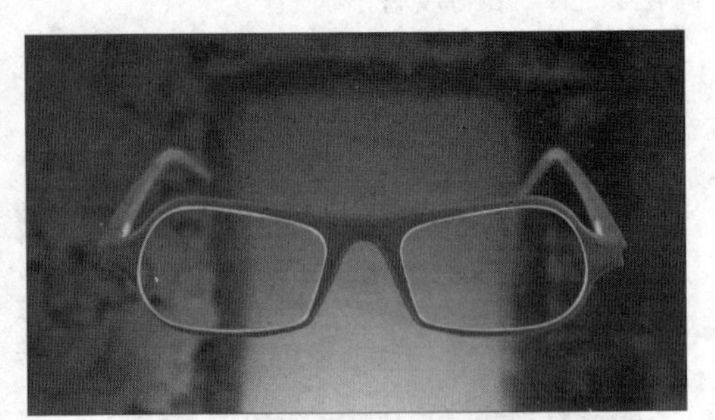

图 5-24　3D 打印眼镜

5.2　3D 打印技术在直接制造中的应用

5.2.1　航空航天领域的 3D 打印直接制造

航空航天产品普遍具有结构复杂、工作环境恶劣、重量轻以及零件加工精度高、表面粗糙度值低和可靠性要求高等特点，需要采用先进的制造技术。此外，航空航天产品的研制准备周期较长、品种多、更新换代快、生产批量小。因此，其制造技术还要适应多品种、小批量生产的特点。3D 打印技术的出现，为航空航天产品从产品设计、原型制造、零件生产和产品测试都带来了新的研发思路和技术路径。

对于航空航天领域而言，3D 打印技术在节省材料方面的优势是非常显著的，过去采用切削技术加工一个钛合金航空异型件，100kg 的原材料，95kg 都被切削掉了，最终产品只有 5kg；而采用 3D 打印技术，可能只要 6kg，稍加切削就可以使用了。此外，传统制造方式不仅浪费材料，制造成本更是高得出奇。例如飞机上用的钛合金型材，全机加起来 20kg，却需要投资 5 亿元的拉伸机，才能把这个型材制造出来。对于钛合金异型结构件，即没有规律和形状的结构件，用 3D 打印技术做起来非常简捷、快速。

在航空航天产品优化设计制造方面，3D 打印技术也起到非常重要的作用。例如在战斗机起落架上，之前需要螺钉进行连接的两个或者多个部件，现在通过 3D 打印技术可以一次成型；保证足够强度的同时，既减小了质量，还降低了加工难度。此前需要焊接才能完成的三通管路，通过 3D 打印技术能够直接

制造出一体结构，省去了焊接的流程，提高了成品化率。

航空工业应用的3D打印材料主要包括钛合金、铝锂合金、超高强度钢、高温合金等，这些材料具有强度高、化学性质稳定、不易成型加工以及传统加工工艺成本高昂等特性。

美国波音公司早在1997年就开始使用3D打印技术，到目前为止已在10个不同的飞机制造平台上打印了超过2万个飞机零部件，已成功应用在X-45、X-50、F-18、F-22等战斗机以及波音787梦幻客机中。

美国洛克希德·马丁公司联合3D打印设备制造商Sciaky开展了大型航空钛合金零件的3D打印制造技术研究，采用该技术成型制造的钛合金零件（见图5-25）已于2013年装到F-35飞机上成功试飞。

图5-25　Sciaky公司公开的3D打印钛合金零件

美国GE公司重点开展航空发动机零件的SLM和EBM制造技术研究和相关测试，图5-26所示为GE公司发布的第一款在商用喷气式发动机上试飞的3D打印飞机引擎零件，该款3D打印零部件是T25压缩机入口温度传感器的外壳，采用钴铬合金的微细粉末进行打印，兼具轻量化和坚固性。该零件已经获得了美国联邦航空局（FAA）和欧洲航空安全局（EASA）的适航认证，这意味着3D打印技术正式得到航空发动机制造业的认可。

目前，GE公司配备了19个3D打印燃料喷嘴的LEAP-1A发动机已经安装在空客A320neo上载客飞行，土耳其Pegasus航空公司成为首家接收搭载该发动机的A320neo用户，如图5-27所示。

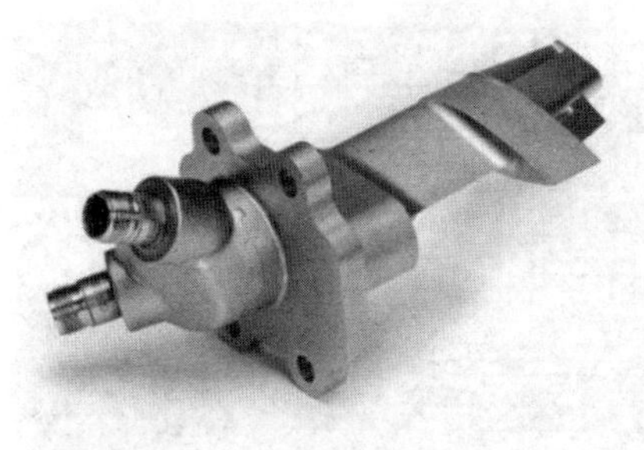

图5-26　GE公司发布的3D打印飞机引擎零件

图5-27　搭载LEAP-1A发动机的空客A320neo飞机

欧洲空客公司也于2006年开展了起落架金属3D打印技术研发工作，对飞机短舱铰链进行拓扑优化设计，使最终制造的零件减重60%，并解决了原设计零件在使用过程中存在高应力集中的问题。此后，空客公司越来越多地将3D打印零件应用到飞机制造中。2017年9月，空客公司宣布首次在A350 XWB系列量产客机上完成了3D打印钛合金支架的安装，如图5-28和图5-29所示。该支架链接飞机机翼和发动机，在飞机发动机挂架结构中起着重要的作用。这也是空客首次安装3D打印钛金属零件在批量化生产的系列飞机上，具有里程碑意义。

图5-28　3D打印的钛合金支架组件构成A350 XWB客机发动机挂架的一部分

图5-29　发动机挂架

国内北京航空航天大学王华明院士团队，研制成功国内首套“动密封/惰性气体保护”钛合金结构件激光快速成型成套工艺装备，并突破了飞机钛合金结构件激光快速成型关键工艺及应用关键技术，制造的钛合金大型整体关键主承力构件已经在多种重点型号飞机上成功应用，如图5-30所示。这使我国成为继美国之后世界上第二个掌握飞机钛合金结构件3D打印技术及在飞机上装机应用的国家，相关成果获2012年国家科技进步奖一等奖。

图5-30　北京航空航天大学研制的激光快速成型设备及3D打印的飞机钛合金零件

西北工业大学黄卫东教授团队依托国家凝固技术重点实验室，成功研制出系统集成完整、技术指标先进的激光熔融沉积成型设备，为商飞 C919 大飞机提供了多种大型钛合金构件，尺寸最大的零件达到了 2.85m，如图 5-31 所示。

图 5-31 西北工业大学研制的激光熔融沉积成型设备及制造的大型钛合金构件

华中科技大学史玉升教授团队研发出了粉末床熔融成型设备，并与中国运载火箭技术研究院首都航天机械公司共同成立了快速成型技术联合实验室，从事选择性激光熔融（SLM）技术的研究。其制备的部分零件如图 5-32 所示。

a) 多层复合整体叶轮　b) 流道变截面零部件

c) 内外空心螺纹流道零部件　d) 单叶轮零部件

图 5-32 华中科技大学利用粉末床熔融成型设备制造的零件

与传统技术相比，3D 打印在制造航天器时具有广泛的优势。复杂结构可以高精度打印，并且大大提高了生产速度。3D 打印也意味着可以将复杂结构制成单件，而不是组装各种不同的部件。随着技术的发展，航空航天产品上的零件构造越来越复杂，力学性能要求越来越高，重量却要求越来越轻，通过传统工艺很难制造，而 3D 打印可以满足这些需求，成为高效、低成本制造的新方法。

5.2.2 家电领域的个性化产品制造

随着 90 后、00 后消费群体的崛起与壮大，新一代年轻人已成为当前家电产品消费的主力军。在追求个性化、极致品质的时代，他们已不满足于整齐划一的传统家电产品，更加注重消费体验，追求彰显自己个性需求的产品。另一方面，对于家电行业来说，传统的家电批量化的生产模式、千篇一律的外观、同质化的功能设定已不能满足市场多样化、个性化的需求，家电业大规模制造的模式已成过去，用户做主、按需定制的时代已经来临。

为满足消费者的个性化需求，各大企业在产品类型的挖掘上费尽了心思。各种颜色或图案的定制家电如井喷般出现在市场上。如苏宁的“欧洲杯定制电视”、海信的欧洲杯主题定制冰箱、海尔的“Hello Kitty”定制洗衣机、格兰仕的情侣款“热恋”微波炉、美的小天鹅的“美国队长”款洗衣机等各式各样的定制家电新品不断冲击着人们的眼球。

然而，个性化定制家电并没有想象的那么容易实现。目前，定制化家电仍旧处于探索阶段，流水线批量化的生产模式限制了家电一对一的量身定制。多数的定制产品设计主要还是由厂商决定，根据销售数据及流行趋势来自行把握产品方向，很多家电企业所谓的定制还只是停留在自行改变部分外观或是具体的某个功能模块上，很少能真正做到“量身打造”，将定制选择权交给消费者。3D 打印技术的发展使家电产品的个性化、定制化成为可能，应用前景十分广阔。

全球家电领军企业海尔集团（简称海尔）针对我国家电行业转型升级的迫切需求，顺应家电产品个性化、高端化的趋势，利用 3D 打印技术及云计算、大数据等信息技术，在国内率先启动了基于 3D 打印制造的家电产品个性化定制服务模式，搭建了国内首个家居家电产品个性化定制服务平台，实现了基于 Web 的三维交互式创意设计、支持 3D 打印的家电产品专业化设计、产品创新创意管理与交易。

2015 年海尔在上海家博会上推出了全球首台结合 3D 打印概念的空调（见图 5-33），其外观呈三维立体海浪形状，轮廓呈流线型弧度，颜色白蓝渐变，如同大海的波浪一般。为了更好地满足用户需求，海尔结合用户喜好，将 3D

打印空调设计得更加人性化，用户可以自由选择空调的颜色、款式、性能、结构等，再把自己的喜好以及装修风格等打印到空调上，比如姓名、照片等具有个性化的图案打印到空调外壳上，定制满足个性化需求的空调成为可能，3D打印的创新形式也将这一可能变得更加多样化和智能化。

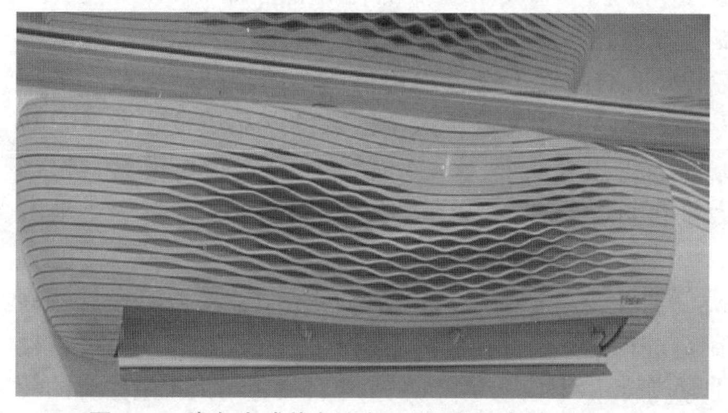

图 5-33　海尔全球首台结合 3D 打印概念的空调

2015 年 9 月，在国际家电展（IFA）上，海尔又推出了一款外观更复杂的3D打印柜式空调（见图5-34），在空调未开启时，前面板是一个整体封闭的面，表面会有六边形的纹理；但当空调开启后，前面板会随出风需要沿表面六边形肌理裂开，形成大面积的缝隙。用户根据前面板六边形裂开的大小就能判断出风的强弱和方向等状态。

图 5-34　海尔在国际家电展（IFA）上推出的外观复杂的 3D 打印柜式空调

5.3 3D 打印技术在成型模具制造中的应用

模具加工以其优质、高效、低成本、低能耗等特点而得到广泛应用，覆盖了工业生产的各个方面，被称为“工业之母”，在现代工业生产中占有重要地位。模具技术水平的高低不仅成为衡量一个国家产品制造水平高低的重要指标，而且在很大程度上决定着这个国家的产品质量、效益及新产品开发能力。绝大部分工厂在批量生产产品前都会先制作模具，根据模具来完成后续的大批量订单。没有模具，批量生产、规模制造几乎不可能。

然而模具本身又是单件生产的，生产一个零件一般只需要一套模具就够了，因此模具的设计制造过程具有个性化和离散制造的显著特点，这与 3D 打印个性化制造的特点非常吻合。因此模具作为一个单件制造与大批量生产的转换器，被认为是 3D 打印技术一个重要的应用领域和发展方向。

5.3.1 注射模随形冷却水路的 3D 打印制造

注射成型是应用最广泛的一种塑料制品加工方法，其数量接近塑料制品总量的一半。注射模包括成型部件、导向部件、浇注系统、脱模机构、抽芯机构、排气系统、温度控制系统等，典型注射模成型周期的时间分布如图 5-35 所示，包括开模时间、注射时间、保压时间、冷却时间。其中，冷却时间在整个注射周期中的占比接近 70%，决定着注射成型工艺的生产率。此外，模具温度还直接影响塑件的品质，如表面粗糙度、翘曲、残余应力以及结晶度等，注射成型中 60% 以上的产品缺陷来自不能有效地控制模具温度，因此模具的温度控制系统对注射成型质量和生产率起着决定性的作用。优化模具水路设计，提高温度分布均匀性，一方面，可以减少成型缺陷，提高塑件的成型质量；另一方面，可以缩短生产周期，提高生产率。

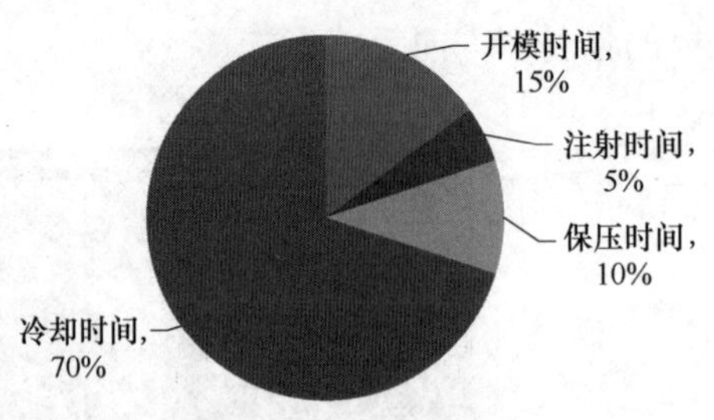

图 5-35 典型注射模成型周期的时间分布

传统的冷却水路多以钻孔的方式加工成直线型，由于水路距型腔表面距离不一致，使模具难以获得均匀的温度分布，容易导致冷却不均匀和翘曲变形等缺陷。另外，水路与型腔距离不一使得制件不同部位的冷却速率不同，冷却速率慢的部位拖延了整个塑料件的冷却时间，延长了生产周期。

因此，设计一个有效的冷却系统对于提高制件的成型质量和生产率具有非常重要的意义。

针对上述问题，注射模3D打印随形冷却技术应运而生。该技术采用随产品轮廓形状变化而变化的随形冷却水路，如图5-36所示。与传统冷却水路相比，3D打印随形冷却水路摆脱了常规加工工艺对水路加工的诸多限制，使水路布局更能贴近产品轮廓，能够很好地解决传统冷却水路与型腔表面距离不一致的问题，使模具型腔温度分布均匀，实现注射产品的均匀高效冷却，消除翘曲变形等缺陷，缩短注射件的制造周期，提高生产率，从而增强企业的竞争力。

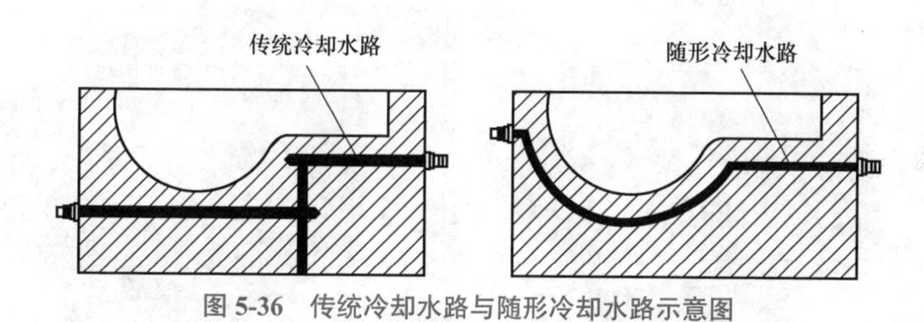

图5-36 传统冷却水路与随形冷却水路示意图

近年来，国内外都在探索研究将3D金属打印与传统模具制造工艺结合，并通过随形水路的优化设计来提高复杂模具的冷却效率和成型质量，从而实现模具冷却技术的进一步发展，特别是针对注射成型产品的冷却盲区或模具上不易散热的区域，例如局部的凸起或凹陷。图5-37所示为随形冷却水路方案与传统冷却水路方案的模具温度分布对比，可以看出，随形冷却水路方案的模具温度分布更均匀，冷却效率更高。

目前国内外针对三维复杂形状注射模的制造需求，正在重点研究基于金属3D打印工艺的模具随形冷却水路优化设计及加工技术。通过建立3D打印随形冷却水路注射模技术体系（见图5-38），为提升模具行业竞争力提供了成套技术方案。该体系的主要内容包括随形冷却水路的优化设计方法、3D打印工艺控制、3D打印模具后加工工艺和3D打印模具性能测评。

1. 随形冷却水路优化设计方法

应用MARC和Moldflow等CAE软件对随形水路进行冷却效果分析，然后运用区域分解算法，将制品热点区域的几何表面分解出来，以此为基础进行多目标优化；同时融合冷却回路的设计知识，研究随形冷却水路的优化设计方法，针对典型模具镶件设计出最优的随形冷却水路，建立随形冷却水路的优化设计系统方法，自动完成制品随形冷却方案的构建。

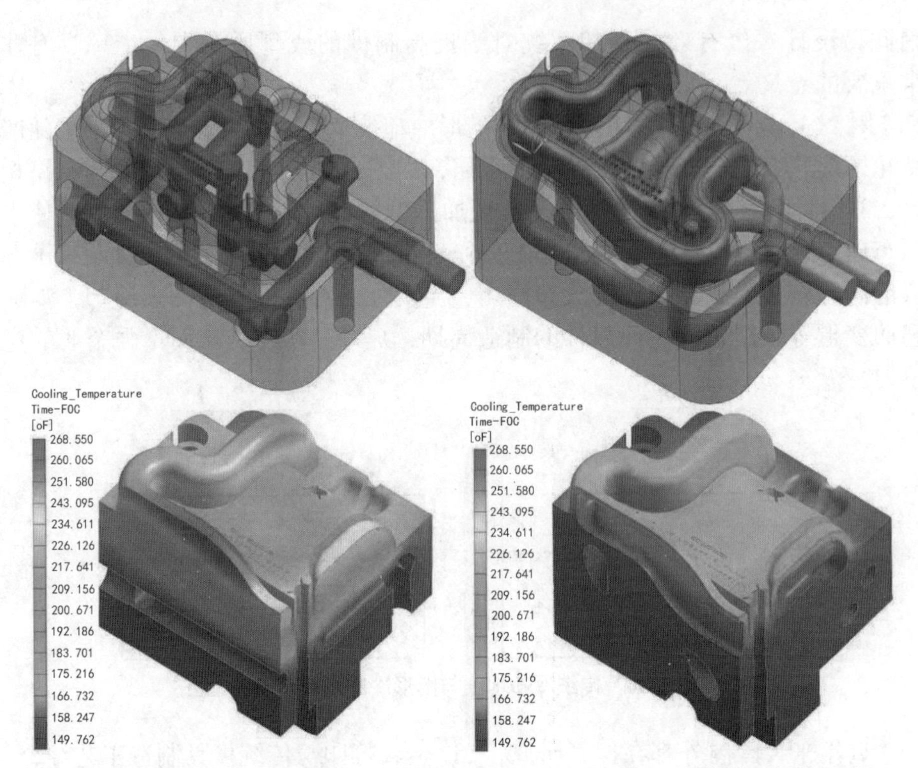

图 5-37　传统冷却水路方案（左）与随形冷却水路方案（右）的模具温度分布对比

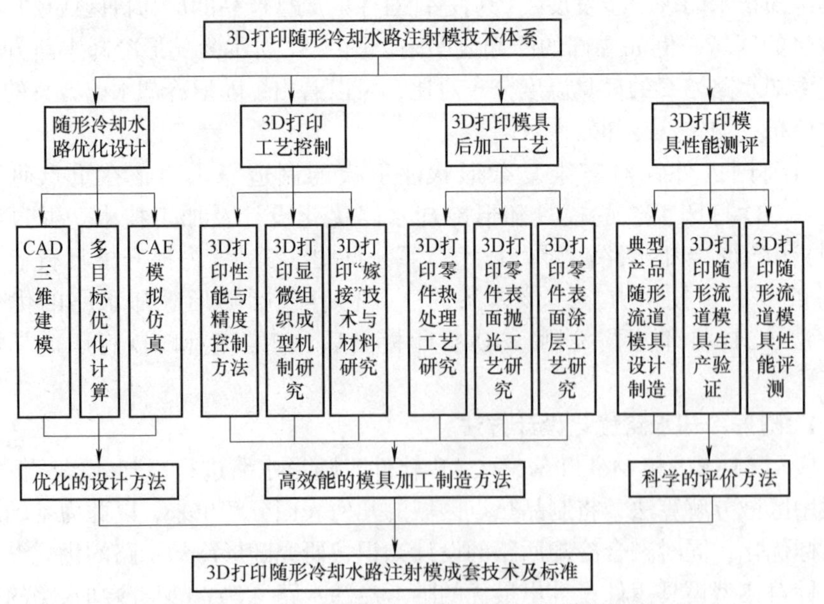

图 5-38　3D 打印随形冷却水路注射模技术体系

2. 3D 打印工艺控制方法

研究 P20（对应我国牌号：3Cr2Mo）、S136（对应我国牌号：30Cr13）、40Cr13、18Ni300 等常用模具材料的 3D 打印成型工艺，并对粉末材料的成分、粒径、形貌进行优化处理；研究粉末材料在激光作用下的组织、缺陷形成机理，提出合理的控制方法；研究不同工艺对成型制件的力学性能、硬度、尺寸精度、显微组织的影响规律，获得能满足模具使用要求的工艺参数窗口。此外，为了降低 3D 打印模具的成本，考虑将模具零件分成两部分，直通水路部分采用传统方法加工后作为母体，随形水路部分采用 3D 打印技术进行“嫁接”打印。此工艺需要研究母体模具钢材料与 3D 打印金属粉末材料的匹配，以及精确的打印参数控制方法和影响规律。

3. 3D 打印后处理工艺

3D 打印制造出的金属零件，不论从加工精度还是表面外观，往往不能满足实际使用要求，还要进行热处理等后加工工序，并结合机械加工、抛光、喷涂工艺等。为此需要研究 3D 打印零件热处理及精加工工艺，研究不同热处理工艺对零件组织、性能及精度的影响规律，研究机械加工及表面处理工艺对模具表面质量的影响规律，建立 3D 打印模具高精度和高性能的后处理工艺方法。

国外学者已研究了 H13（对应我国牌号：4Cr5MoSiV1）、M2（对应我国牌号：W6Mo5Cr4V2）等模具钢材料的 3D 打印工艺，并成型出致密的金属零件，德国、美国等国家的模具企业已开始使用该技术制造随形冷却水路模具，并进行了应用验证，效果显示，其对模具及产品质量均有很大提升。图 5-39 所示为国外 3D 打印随形水路设计应用案例。

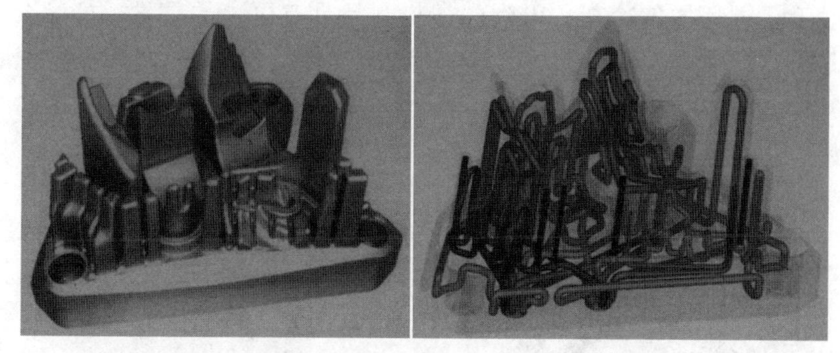

图 5-39　复杂型面模具镶件及内部的随形水路

国内清华大学颜永年教授团队、华中科技大学史玉升教授团队等分别联合模具企业开展了相关的研究和应用实践，进行了 316L（对应我国牌号：022Cr17Ni12Mo2）不锈钢、40Cr13、18Ni300 等材料的 3D 打印实验，已成型出接近全致密的零件，并试验应用于三维复杂型面模具中随形水路的加工，取得了一定的成果。

图 5-40 所示为风机叶轮模具型腔及其随形水路应用案例，该模具型腔采用德国 EOS 公司 Maraging Steel MS1 模具钢粉末材料打印。通过模流仿真分析及随形水路设计优化，风机叶轮的注射冷却时间从初始的 54s 缩短到 35s，冷却效率提高 35%；而且产品冷却均匀，翘曲变形大大减小。

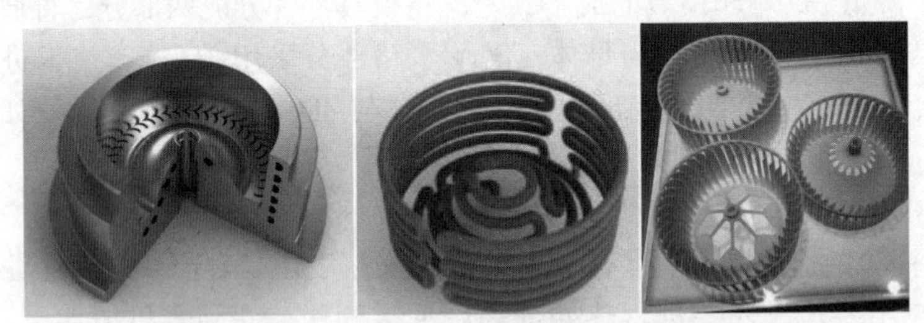

图 5-40　风机叶轮模具型腔及其随形水路应用案例

图 5-41 所示为某波轮洗衣机外桶后部件的注射模案例。传统的模具制造方式不能保证镶块深筋位置有足够的冷却水路，产品注射成型后会形成一个个的热点（见图 5-41a），为了能使产品冷却完全，必须延长冷却时间，从而导致注射成型周期加长。将金属 3D 打印技术应用于波轮模具的生产制造，可以根据波轮筋位大小及位置设计随形冷却水路（见图 5-41b），使难冷却位置（热点）得以快速冷却。采用 3D 打印技术后，该产品的注射成型周期从原来的 60s 缩短为 45s（缩短 25%），大大提高了生产率，而且解决了传统模具加工方式难以对镶块深筋等复杂结构进行冷却的问题；由于注射工艺过程均匀冷却，得到的塑料制品具有更高的质量，产品合格率提升 30%。

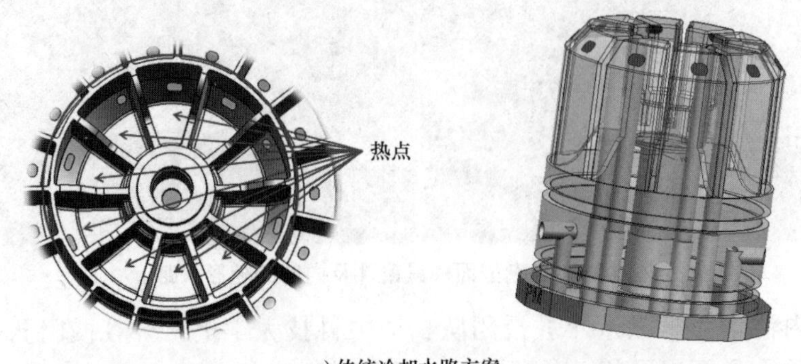

a) 传统冷却水路方案

图 5-41　某波轮洗衣机外桶后部件的注射模案例

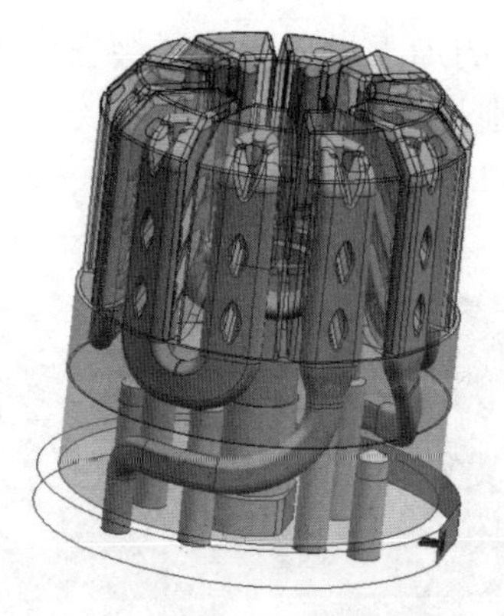

b) 3D打印随形冷却水路方案

c) 3D打印模具实物

图 5-41　某波轮洗衣机外桶后部件的注射模案例（续）

5.3.2　轮胎模具的 3D 打印制造

我国已成为世界第一大轮胎生产国、消费国和出口国，随着我国汽车工业的快速发展，对汽车轮胎的要求也越来越高。轮胎制作工艺的最后一步是在闭合模具中对轮胎进行硫化。硫化赋予橡胶弹性，模具则负责给橡胶塑形，最后成为我们日常所见的轮胎，如图 5-42 所示。

图 5-42　汽车轮胎及其表面花纹

轮胎模具是制造轮胎的重要装备。轮胎模具中的花纹块用于成型轮胎表面的花纹，它对于增加胎面与路面间的摩擦力以防止车轮打滑有着非常重要的意义。目前，轮胎花纹的设计种类越来越多，要求也越来越精细复杂，导致加工日益困难，轮胎花纹加工的精密程度直接影响到轮胎的精度和质量，甚至是轮胎的安全、驾驶的舒适度等。轮胎花纹的结构往往呈现出空间三维扭曲，花纹具有弧度多、角度多等特点，这对轮胎模具的制造提出了更高的要求。

在轮胎模具花纹块的加工过程中，传统制造方法主要以数控铣加工为主，辅以电火花加工及精密铸造加工。这些方法的共同特点是加工周期长、效率低，而且因为加工的角度、转角等不统一，有些花纹还有薄而高的小筋条或者窄而深的小槽，甚至是表面不规则的坑坑洼洼结构，所以加工难度较大。此外，由于轮胎模具的很多花纹过深，在刀具的加工过程中，还会发生干涉现象，这为花纹的设计带来了不少的限制。特别是当花纹变得多而复杂时，轮胎模具的制造不仅变得困难，耗费的人力和时间也大幅增加。

轮胎模具3D打印技术可以完成传统机械加工难以实现的形状复杂度，可以直接制造出传统方式很难加工的形状复杂的轮胎模具花纹块，而且从设计到打印生产出来的周期比传统方法更短。例如图5-43所示的3D打印轮胎模具，可以在同一套模具上做出至少四种不同形状的复杂花纹。

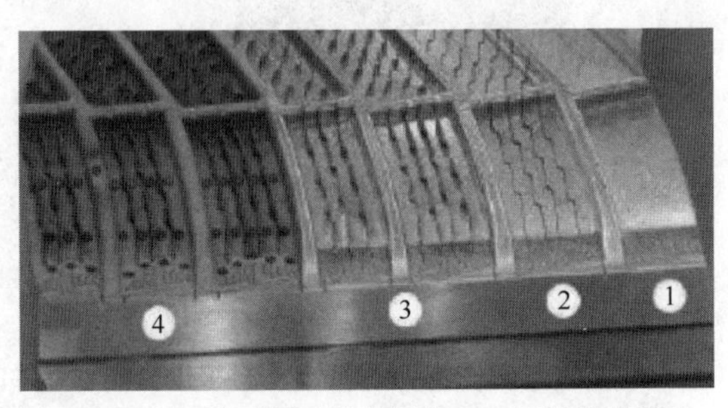

图5-43　具有不同形状花纹的3D打印轮胎模具

全球领先的金属3D打印公司SLM Solutions一直在关注、推进金属3D打印在轮胎模具方面的应用。作为金属3D打印中的高端品牌，SLM Solutions金属3D打印机已经成功打印出了最薄处厚度只有0.3mm的钢轮胎模具，免去了冲压、折弯等价格不菲的工艺，同时还省去了人工安装和焊接的成本。

图5-44所示为SLM Solutions公司打印出的轮胎模具，外层是一个铝制的机械加工的支撑外壳，用来提供足够的强度、稳定性以及圆度，内部是金属3D打印的模具部分，该部分具有复杂的花纹结构。

图5-44　3D打印的轮胎模具的花纹结构

2015年9月，全球领先的轮胎制造商米其林（Michelin）与知名法国工业工程集团法孚（Fives）组建了合资企业AddUp Solutions，宣告正式进军金属3D打印领域。这家合资企业不仅开发了一系列新型金属3D打印机，而且利用3D打印技术制造轮胎模具来开发性能更好的轮胎。通过3D打印技术，米

其林突破了传统铸造与机械加工技术难以实现复杂纹理模具制造的局限性，设计出独特的雕塑系列轮胎 Michelin Cross Climate+，并通过安全认证，使米其林的轮胎在市场上更具竞争力。采用 3D 打印技术制造的米其林雕塑系列轮胎模具如图 5-45 所示。

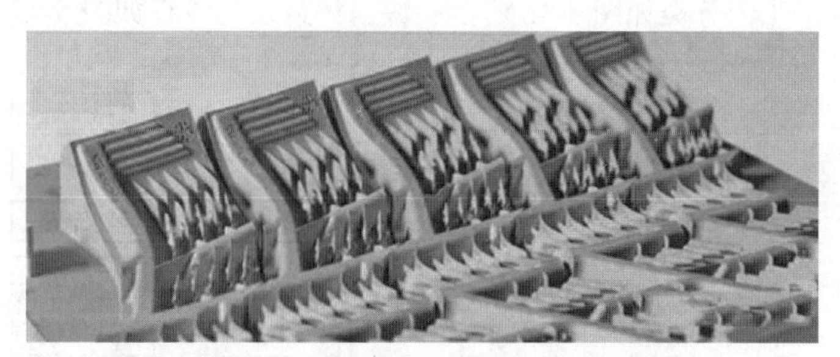

图 5-45　3D 打印制造的米其林雕塑系列轮胎模具

目前国内生产轮胎模具的企业约 100 家，其中，中规模以上的有 30 家左右，领军企业包括山东豪迈机械科技有限公司（简称山东豪迈）、广东巨轮模具股份有限公司等，它们不仅仅实现了规模化的生产，而且正在向国际化市场迈进。其中，山东豪迈已建成全球领先的轮胎模具研发与生产基地，年产各类轮胎模具 2 万多套，是世界轮胎三强米其林、普利司通和固特异的优质供应商。山东豪迈已经成功将金属 3D 打印技术用于轮胎模具的研发，大大提高了公司的技术水平和市场竞争力。

5.4　3D 打印技术在铸造成型中的应用

铸造是将金属熔炼成符合一定要求的液体并浇进铸型里，经冷却凝固、清整处理后得到有预定形状、尺寸和性能的铸件的工艺过程。被铸金属有铜、铁、铝、锡、铅等，普通铸型的材料是原砂、黏土、水玻璃、树脂及其他辅助材料，特种铸造的铸型包括熔模铸造、消失模铸造、金属型铸造、陶瓷型铸造等。

作为现代制造工业的基础工艺之一，铸造是比较经济的毛坯成型方法，对于形状复杂的零件更能显示出它的经济性，如汽车发动机的缸体和缸盖、船舶螺旋桨以及精致的艺术品等。有些难以切削的零件，如燃气轮机的镍基合金零件不用铸造方法无法成型。

我国是世界铸造第一大国。近年来，随着我国铸造产业的不断发展，铸造技术也取得了巨大的进步，其中一个重要内容就是在铸造生产中全面采用 3D

打印技术，推进快速铸造。快速铸造是将3D打印技术与传统铸造技术相结合而形成的铸造工艺，其基本原理是利用3D打印技术直接或者间接地打印出铸造用消失模、聚乙烯模、蜡模、模板、铸型、型芯或型壳，然后结合传统铸造工艺，快捷地铸造出金属零件。

快速铸造工艺分类如图5-46所示，快速铸造工艺流程如图5-47所示。

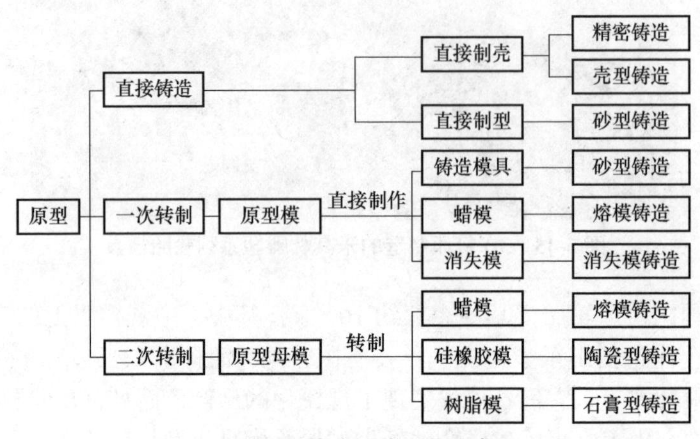

图5-46　快速铸造工艺分类

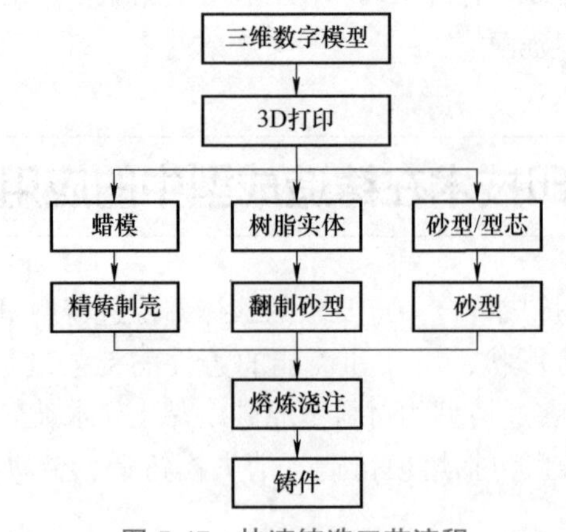

图5-47　快速铸造工艺流程

5.4.1　快速熔模铸造

熔模铸造又称失蜡铸造，是指用蜡做成模型，在其外表包裹多层黏土、黏结剂等耐火材料，加热使蜡熔化流出，从而得到由耐火材料形成的空壳，再将金属熔化后灌入空壳，待金属冷却后将耐火材料敲碎得到金属零件。熔模铸造

最大的优点是熔模铸件有着很高的尺寸精度和表面粗糙度，可减少机械加工工作，只在零件上要求较高的部位留少许加工余量即可，甚至某些铸件只留打磨、抛光余量，不必机械加工即可使用。但是制作复杂零部件的所需的压蜡模具非常耗时，制作时间得以月计算，而且费用很高。

快速熔模铸造是将3D打印技术与传统熔模铸造技术相结合，利用3D打印技术直接制作蜡型，然后再进行熔模铸造。与传统的制造方法相比，快速熔模铸造具有精度高、周期短、成本低的显著优势。基于3D打印技术的快速熔模铸造具体应用案例如图5-48所示。

图5-48　基于3D打印技术的快速熔模铸造具体应用案例

5.4.2　间接快速砂型铸造

图5-49所示为基于3D打印技术的间接快速砂型铸造方法，该方法首先通过3D打印技术获得产品原型，然后应用原型翻制砂型，合型后进行浇铸来获得所需的零件。

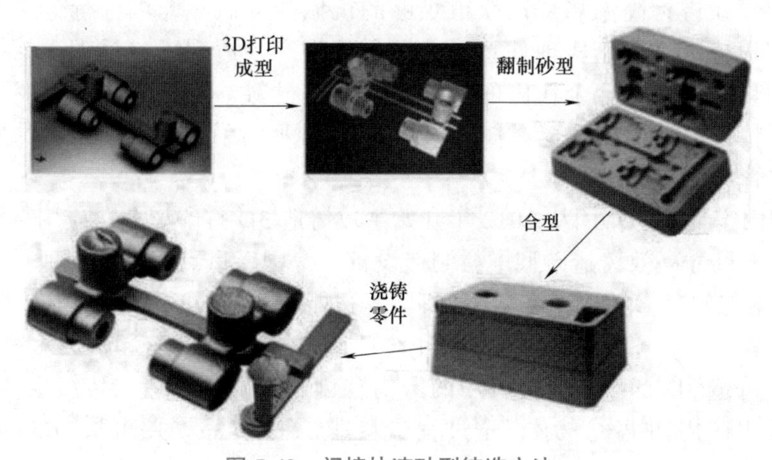

图5-49　间接快速砂型铸造方法

5.4.3 直接快速砂型铸造

在传统的砂型铸造生产过程中，需要熟练的技术工人依据图样等来制作砂型，造型、制芯等工序，往往耗费大量人力和时间。通过引入3D打印技术，可以直接快速制作所需的砂型结构，从而缩短造型工艺周期，减少对熟练技术工人的依赖。

德国EOS公司率先研发了基于3D打印的直接快速砂型铸造技术，该技术通过运用激光烧结等3D打印制造工艺，使表面包覆聚合物的型砂粘结起来以形成铸型结构，这一方案被EOS公司命名为DirectCastw，并于2000年在美国获得了专利授权。我国武汉滨湖机电技术产业有限公司及北京隆源自动成型系统有限公司，也开发了类似的获得砂型结构的制造方法，自主研制了用于实现砂型快速成型的大尺寸SLS原型机，该方法及设备已在发动机缸体的砂型铸造中得到应用（见图5-50）。

图5-50 3D打印的产品砂型和铸造的制品

3D打印技术也被用于陶瓷型壳的直接成型。美国Soligen Technology公司利用黏结剂喷射技术，搭建了直接型壳制作铸造系统（DSPC），直接制作出包含内部芯子的陶瓷型壳，减少了传统熔模精铸中蜡模压制组合、制壳脱蜡等烦琐工序。该系统通过多个喷头喷射硅溶胶的方式将刚玉粉末粘结起来，未被粘结的刚玉粉被移除，从而获得型壳，所制作的型壳在进行高温焙烧以获得足够的机械强度后，即可进行金属液的浇注。该系统可以用于实现任意形状的零件生产，适用于包括铜、铝、不锈钢、工具钢、钴铬合金在内的多种不同金属材料，铸件的生产周期可由传统熔模精铸的数周缩减至2~3天。图5-51所示为采用该系统生产的发动机进气歧管铸件。

国内宁夏共享集团从2012年开始主攻铸造3D打印产业化应用技术，承担了“大尺寸高效铸造砂型增材制造设备”等国家重点研发计划项目。历经6年探索与研究，实现了铸造3D打印等智能装备的成功研发，攻克了材料、工艺、软件、设备等难题，开发出了全球最大的砂芯3D打印机（见图5-52），实现了铸造3D打印产业化应用的国内首创，改变了铸造的传统生产方式。其铸件生产周期缩短50%，全过程“零排放”，产品误差也从1mm降到了0.3mm。

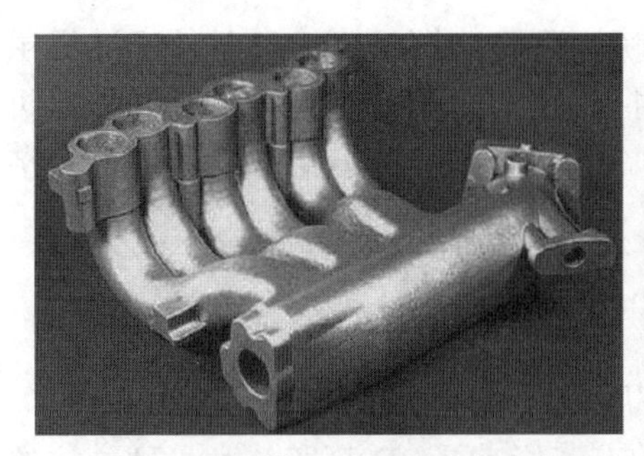

图 5-51　采用 DSPC 系统生产的发动机进气歧管铸件

图 5-52　共享集团开发的全球最大砂芯 3D 打印机

共享集团在四川建造了世界第一条铸造 3D 打印生产线，有 9 台 3D 打印机运用到产业化生产，又在银川建立了世界第一座万吨级的铸造 3D 打印智能工厂。该智能工厂设计砂芯产能 2 万 t/ 年，主要设备有黏结剂喷射打印机 12 台、桁架机器人系统 1 套、移动机器人 1 台、智能立体库 1 套等。图 5-53 所示为共享集团建立的世界第一条铸造 3D 打印生产线，图 5-54 所示为 3D 打印制造的砂芯。

图 5-53　世界第一条铸造 3D 打印生产线

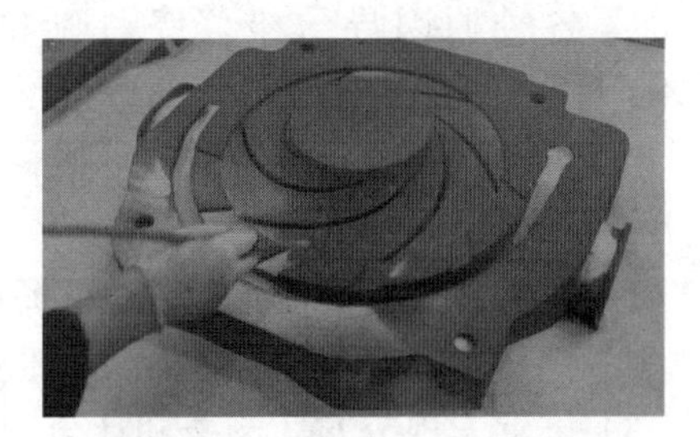

图 5-54　3D 打印制造的砂芯

5.5　3D 打印技术在维修及再制造中的应用

3D 打印技术在维修和再制造领域日益受到重视。产品或装备的全生命周期典型过程包括设计、制造、安装、使用、维修、报废等，其中使用过程占据了全生命周期的大部分时间，主要涉及设备的维护和维修管理。产品使用久了难以避免地会出现零部件损坏或失效，目前主要有两种维修方式：一种是用备用零件替换损坏零部件来恢复故障装备的工作能力。与常规的备件供应链相比，利用 3D 打印技术只需保存备件的数字模型文件，在需要时用户可以网上申请下载，并利用 3D 打印机在家或就近制造出来。其不仅可以实现

“零”库存，节省大量资金，响应速度快，而且能够解决为过时的产品提供备件这一行业难题。另一种是利用3D打印技术快速地对废旧零部件进行再制造修复，使其性能得到提升，服役寿命得以延长，这具有非常重要的经济意义。

5.5.1 3D打印技术对于备件供应链的影响

1. 3D打印实现备件的按需制造和零库存

3D打印技术对于产品供应链带来的变革影响是3D打印技术受到关注的重要原因之一。目前家电、汽车等制造行业在维修备件供应链中存在的主要问题如下：

1）为了库存而制造，据统计大约有10%的维修备件由于过量库存而造成浪费。

2）需要花费昂贵的场地、人工等仓储成本。

3）需要在特定的工厂中集中进行大批量生产，然后通过仓储、物流、分销抵达用户手中，生产时间长，运输、服务成本高。

4）仍然存在由于产品服役使用超过10年、模具报废淘汰、更换供应商等各种原因导致维修备件断供的问题，不能满足用户的维修服务需求。

3D打印技术会给传统制造业维修服务和备件制造带来重大变革，其优点如下：

1）按需制造，无须库存，降低场地、人工等仓储成本。

2）无模具生产，仅需产品的三维数字模型。

3）能够实现分布式制造和社会制造，降低物流成本。可以不用设立多个库存中心存放零件备件，然后再运输到需要的位置，而只需搭建一个拥有零备件CAD设计文件的在线模型库，任何地方只需一台3D打印机就可以在几分钟或几小时内制造出想要的备件，因此用户可以将产品的三维数字模型提交至最近的3D打印工厂或服务中心，按需进行生产。

4）能够满足几乎所有用户的维修服务需求。常规的备件供应链与基于3D打印的备件供应链对比如图5-55所示，由图可以看出，常规的备件供应链是在设备或产品的功能出现故障后，才开始查找和分析故障产生的原因，并找出对应的故障零部件。如果故障零部件恰好有备件的情况下，直接对其更换、进行测试满足功能后就可大功告成。这种情况下维修的效率高，质量有保障。如果故障零部件没有备件，那就需要重新找到故障零部件的图样，再利用模具进行备件的生产制造。这种情况下维修周期相对较长，因为是临时的小批量或单件生产，零部件的质量有待验证。

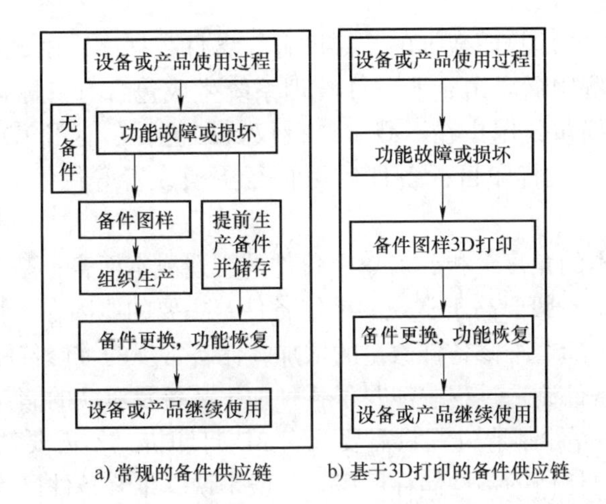

图 5-55　常规的备件供应链与基于 3D 打印的备件供应链对比

基于 3D 打印的备件供应链，无须储备任何的实物备件，只需保存产品或零部件的 3D 打印数据（包括三维数字模型文件、3D 打印材料、后处理工艺等）。当设备或产品的功能出现故障并找出对应的问题零部件后，3D 打印设备调取对应的数据模型，直接进行打印制造即可。这从根本上改变了现行的备件库存管理方式，真正意义上实现了备件的“零库存”管理，从原来的“按库存生产”转变为“按订单生产”模式。

基于 3D 打印的备件供应链的另一个优势在于能够为过时或停产型号的设备或产品提供备件和售后服务。由于三维模型丢失、模具报废等问题，往往无法对过时或停产型号的设备或产品提供备件和维修服务。针对上述行业难题，通过与逆向工程技术相结合，3D 打印技术能够提供一个理想的解决方案。首先通过 3D 扫描设备创建损坏零件的三维数字模型，然后将其发送到 3D 打印机直接打印制造。基于 3D 打印的备件供应链进一步扩展了常规的服务备件供应链的服务产品范畴，极大提升用户对产品的满意度。

根据备件制造实现方式的不同，基于 3D 打印的备件供应链可以分为以下两种：

1）设备制造商打印制造。用户报修以后，设备制造商维修服务人员上门检查确认整机产品损坏原因和需要更换的零部件。用户或维修人员只需采用客户端访问企业“零库存”备件数据库，查询是否存在该备件的 3D 打印数据，若存在，根据系统的提示确认打印目标备件的相关 3D 打印信息，由系统最终生成目标备件订单。设备制造商根据订单信息打印制造完成后，维修人员再到用户家里进行安装。

2）用户授权打印制造。用户需要更换产品配件时，可通过客户端访问存储有目标备件的3D打印数据的“零库存”备件数据库，生成目标备件订单，在支付了相关费用后，由企业备件管理系统生成包含有目标备件的3D打印数据的授权数据包，用户在下载了该授权数据包后，使用3D打印机打印出目标备件即可，在打印目标备件后可自行更换或者等待售后维修人员上门服务。

从维修成本的角度分析，就单个备件的制造成本而言，基于3D打印的维修备件制造成本一般要高于常规的维修备件，主要的原因在于目前3D打印的材料成本较高。随着维修备件数量的增加，储备常规的维修备件成本会急剧上升，因为这些备件制造过程中涉及了各种加工装备及对应的储存厂房。而基于3D打印的维修备件制造过程只需要几台3D打印机，不需要动用其他的加工装备，也不需要任何的备件储存厂房。一般来说，维修备件尺寸越小、数量越多，基于3D打印的维修备件制造成本优势就越明显。

3D打印技术在备件供应链领域日益受到重视。2016年3月，美国知名的信息技术研究和分析公司Gartner通过调查发现，65%的供应链专业人士正在使用3D打印技术，并且将在未来几年内投资于3D打印技术，其中有26%的供应链专业人士目前正在使用或试用3D打印技术，有39%的供应链专业人士计划在未来两年内投资3D打印技术。

2. 具体应用案例

1）在家电领域的应用。家电行业经历了价格战到品牌战、核心技术战，到现在转变为服务能力的竞争。消费者不仅关注产品质量与价格，对售后服务的质量要求也越来越高。但售后服务市场的现状却令人担忧：一方面，大量家电产品的配件兼容性不高，而相关加盟服务商手中的备件也不充足，从而导致家电维修周期长、用户体验差；另一方面，传统企业为了保证售后服务质量、维护企业形象，在服务备件方面往往采用过量库存，出现库存积压、“死库存”等现象，为了储存备件需占用库存空间，还需要雇佣专门人员进行备件库存管理，以上都造成大量企业资金浪费。另外，对于停产的机型，例如大量10年前购买的家电还在使用，产品报修后仍然需要备件，如何为这些过时的产品提供备件和售后服务，成为家电制造业的一个难题。

近年来，以海尔集团（简称海尔）为代表的家电领军企业，开始探索利用3D打印技术快速响应售后低体量需求、实现按需制造和零库存的新途径。图5-56所示为利用3D打印技术制造某型号洗衣机卡扣备件的应用案例。个别老产品用户通过售后服务热线反馈洗衣机故障，经海尔维修人员上门检修，发现洗衣机卡扣部件已损坏需要更换。然而该型号家电产品为老旧产品，在用户家里使用也已经超过10年，生产该部件的模具由于年代久远已经报废，导致无法为用户提供维修部件。为解决上述问题，首先利用三维扫描技术对损坏配件进行三维扫描，通过数据修复获取该部件的三维数字模型；然后应用 SLS 工艺 3D 打印技术和德国 EOS P396 设备直接生产出 3D 打印洗衣机卡扣部件。经海尔维修人员上门安装调试，用户家里的洗衣机又能够正常运转了，有效提升了用户满意度和品牌美誉度。据售后相关部门统计，该型号维修备件需求为 2500 件 / 年，通过应用 3D 打印技术共计可挽回经济损失约 100 万元。利用 3D 打印技术生产老旧型号家电产品的维修备件，将成为常规模具生产维修备件的有益补充。不仅为企业降低退换机损失，而且能够有效提升用户满意度。该技术已经扩展应用到冰箱等其他家电产品维修备件上（见图 5-57）。

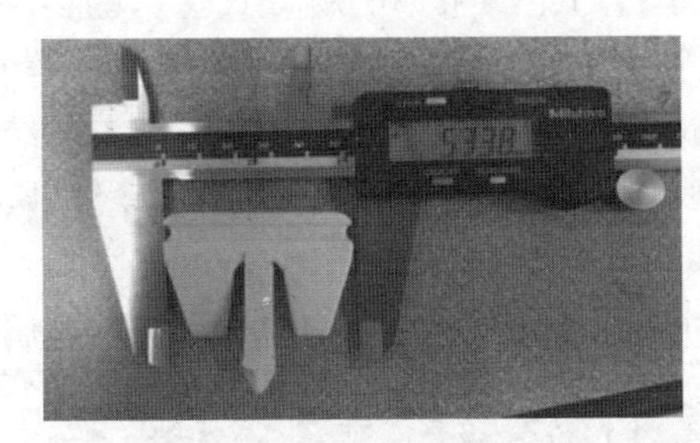

图 5-56　3D 打印洗衣机卡扣备件（尼龙材料）

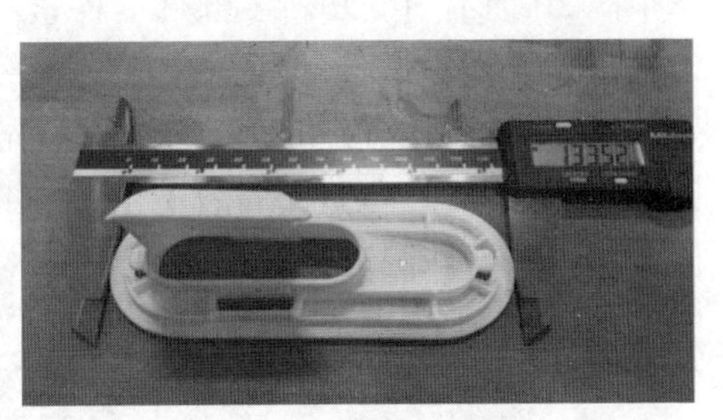

图 5-57　3D 打印冰箱空气导流板（尼龙材料）

2017 年，瑞典著名家用电器制造商伊莱克斯（Electrolux）与新加坡初创公司 Spare Parts 3D 合作开展一项 3D 打印备件的试点项目，利用数字化和 3D 打印技术实现备件零库存并缩短交付时间。图 5-58 所示为由 Spare Parts 3D 公司打印的一小批备件。伊莱克斯不再需要提前生产和储存所有备件以供未来使用，而是通过 Spare Parts 3D 公司及其遍布各地的 3D 打印生产服务商网络按需生产备件，并将其直接发送给客户。

图 5-58　由 Spare Parts 3D 公司打印的备件

通过 2017 年的试点项目，Spare Parts 3D 选取了 150 个家电零件，成功验证了 FDM、SLA 和 MJF 三种不同 3D 打印工艺的适用性，使用材料涵盖 ABS、ABS V0、PA12、类橡胶树脂和类 PP 树脂等多个种类。2018 年，Spare Parts 3D 公司又与另一国际家电巨头美国惠而浦（Whirlpool）公司正式达成伙伴关系，共同致力于将惠而浦的零部件实现数字化，通过3D打印技术制造家电备件来解决零部件停产过时和短缺的问题。

2）在汽车领域的应用。3D打印技术将给汽车备件市场带来巨大的改变，它适用于任何零件，不需要额外的工具和开发工作，所需要的只是一个虚拟的三维数字模型。3D打印技术大大提高了汽车备件制造的速度和灵活性，即使这些备件已经停止批量生产很久，无论设备型号有多老，都可以为客户提供至关重要的备件。另外，通过在当地按需制造替换备件，还能够减少运输和仓储成本以及客户的等待时间。

2016年，德国汽车制造商梅赛德斯-奔驰率先使用3D打印技术为其货车生产30种不同的塑料零部件，探索汽车售后维修服务的新方式。这些零件包括盖子、垫片、弹簧帽、空气和电缆管道、夹子、安装件和控制元件等，并且基于SLS 3D打印工艺，使用最先进的3D打印设备制造出来。与传统备件相比，3D打印货车备件具有相同的可靠性、功能性、耐用性和经济性，但是比传统零件制造更快速、更环保，同时节省了存储和运输备件的成本。

2017年梅赛德斯-奔驰进一步扩大应用，首次使用3D打印技术生产金属备件。该部件是一个利用SLM工艺制造的铝合金恒温器盖（见图5-59），并且通过了所有严格的质量测试，适用于已经停产15年的Unimog等旧式货车型号。与传统的压铸铝件相比，3D打印恒温器盖的密度和纯度几乎为100%，除了高强度和高硬度以及高动态阻力，它们的生产成本更低。3D打印金属技术的应用将极大地推动汽车市场的发展，未来梅赛德斯-奔驰还计划利用3D打印技术在当地按需制造汽车备件，从而减少运输和仓储成本以及客户的等待时间。

图5-59 梅赛德斯-奔驰应用3D打印生产的铝合金恒温器盖

3）在远洋船舶领域的应用。远洋船舶在航行期间，经常出现船舶设备发生故障而船上又缺少相应备件的状况，给航运公司带来很大的安全隐患和经济损失。3D打印技术能够实现快速打印相应备件，一方面可以迅速解决受损的船舶设备故障，另一方面，3D打印技术在实际船舶上的应用，也可以进一步减少航运企业船舶备件的种类和数量，因此具有重要的安全和经济意义。

2014 年 4 月，美国海军在“Essex”号两栖攻击舰上安装了一台 3D 打印机，起初只是用来打印一些需要的零部件，后来进一步扩大应用到 3D 打印无人机项目上，用于测试那些定制无人机执行特殊任务时的效果。同年，全球最大的集运公司马士基尝试利用 3D 打印这项新技术革新其船舶备件供应链，在一些船上安装了 3D 打印机以方便船员打印所需的零件，但是 3D 打印耗材大多还拘泥于 PLA、ABS 等塑料材料，应用范围受到很大限制。2017 年，在德国汉诺威工业展上，来自荷兰的 RAMLAB 实验室向海事界展示了其与软件巨头 Autodesk 合作利用增减材复合加工技术制造的船舶螺旋桨（见图 5-60），并对螺旋桨进行包括系柱拉力和碰撞测试等全面性能试验，目标是打造出世界上第一个通过船级社认证的 3D 打印船舶螺旋桨。3D 打印在船舶行业的大范围推广运用将逐步成为现实。

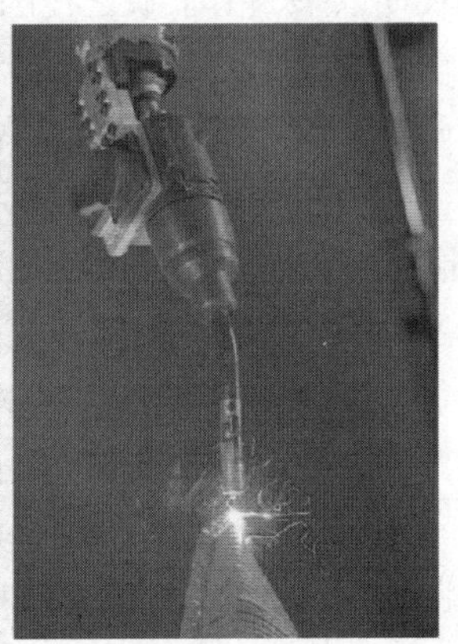

图 5-60　3D 打印船舶螺旋桨

4）在航空航天领域的应用。目前 3D 打印技术已成为促使航空航天零部件生产制造能力快速提升的一项关键性技术。空客公司通过实施 3D 打印技术，成功地制造出超过 1000 个飞机零部件，而且在 A350XWB 等飞机型号上进行了成功应用，不仅保证了生产交货的准时性，同时促使生产周期、成本以及质量都得到了有效地优化，促使供应链得到了进一步简化。2018 年，空客公司直升机部门开始采用 3D 打印生产 A350XWB 机舱门的钛合金锁闩轴，如图 5-61 所示。与传统制造工艺相比，采用 3D 打印制造这一零部件增加了整架飞机的经济性和环保性、减小了整机质量。这种锁闩轴是使用型号为 EOS M400-4 的打印机进行生产的，生产所使用的材料为钛粉，由四支激光束熔炼钛粉，逐层生产出所需的零部件。采用 3D 打印生产的钛合金锁闩轴质量减小 45%（约 4kg），价格降低 25%。2019 年年初进行批量生产，首架采用了这批 3D 打印钛合金锁闩轴的飞机已于 2020 年投入使用。

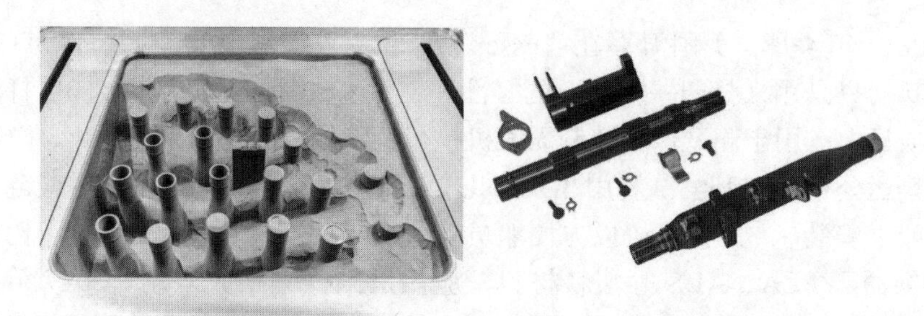

图 5-61　3D 打印钛合金锁闩轴（生产过程及最终部件）

此外，空客公司还将 3D 打印技术用于制造 A300/A310 系列喷气式飞机上的停产备件，当时生产这些部件的模具不复存在，利用 3D 打印技术可以快速准确地打印出符合使用标准的部件，然后安装在飞机上。

长期以来，由于缺乏在国际空间站上按需制造零部件的能力，国际空间站所需的全部物品都需要在地面上先制造好，再由运载火箭和飞船送往国际空间站，大大延长了发射周期并大幅增加了发射成本。而使用 3D 打印技术按需制造零部件，可逐步消除太空探索对地球的依赖，带来显著的经济和社会效益。为此，美国国家航空航天局（NASA）等机构和企业积极开展太空 3D 打印研究工作。

2014 年，NASA 借助美国太空探索技术公司（Space X）的货运飞船将首台微波炉大小的 3D 打印机送上国际空间站，以验证太空微重力环境下的 3D 打印技术，如图 5-62 所示。2015 年，NASA 宣布将在国际空间站上使用 Tethers Unlimited（TUI）公司的回收器，该技术能够把废塑料转化为 3D 打印线材，以供在太空中 3D 打印工具、备件以及各种卫星部件。

图 5-62　首台在太空中使用的 3D 打印机

5.5.2　3D 打印技术在再制造修复中的应用

1. 3D 打印再制造及其流程

按照中国工程院徐滨士院士的定义，再制造工程是以产品全生命周期理论

为指导，以废旧产品性能跨越式提升为目标，以优质、高效、节能、节材、环保为准则，以先进技术和产业化生产为手段，来修复、改造废旧产品的一系列技术措施或工程活动的总称。简而言之，再制造工程是废旧产品高技术修复的产业化。再制造的重要特征是再制造产品的质量和性能达到甚至超过新品，成本低，节能节材，对环境的不良影响与制造新品相比显著降低。

3D 打印再制造技术是利用 3D 打印技术对装备损伤零部件进行再制造修复，提升其性能，延长服役寿命。其技术流程如图 5-63 所示，首先，利用三维扫描仪对损伤零件进行扫描反求，获得损伤零件的数字化点云模型；其次，对数字化模型进行处理，生成损伤零件的三维 CAD 模型；然后，将损伤零件的三维 CAD 模型与标准模型进行对比，生成再制造修复模型；接下来对再制造修复模型进行分层和工艺路径规划处理，最后 3D 打印制造系统按照规划的工艺路径对损伤零件进行再制造修复。

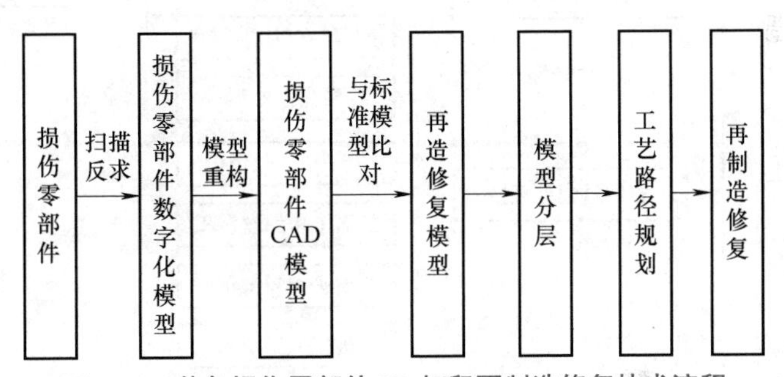

图 5-63　装备损伤零部件 3D 打印再制造修复技术流程

与零部件直接 3D 打印制造相比，损伤零部件的 3D 打印再制造修复过程更复杂，涉及的技术领域更广。一方面，再制造修复模型的获取是个复杂的过程，首先需要对损伤零部件进行扫描反求，获得损伤零件的数字模型，然后将处理过后的 CAD 数字模型与标准模型进行对比，从而得到再制造修复模型。另一方面，由于再制造修复过程中使用的材料与零件基体不同，再制造修复的零部件中存在明显的异质界面问题，对再制造修复的效果影响很大。

2. 3D 打印再制造应用案例

3D 打印再制造技术通过利用具有高能密度的激光束使某种特殊性能的材料熔覆在基体材料表面并与基材相互熔合，形成与基体成分和性能完全不同的合金熔覆层。一方面，3D 打印再制造技术能够提高材料表面层的性能，甚至能够赋予材料全新的性能；另一方面，与传统的再制造技术相比，3D 打印再制造技术能有效降低制造成本，大大提高修复效率。作为未来工业应用潜力最大的技术之一，3D 打印再制造技术在航空航天、冶金、模具、发电等众多领域的发展和应用日益受到重视。

航空发动机工作的苛刻环境决定了其对零件制造的要求极高。在航空发动机的工作过程中，其涡轮叶片、压气机叶片等关键核心部件损伤严重、报废量大，损伤情况也比较复杂，例如异物打伤、裂纹以及烧蚀等，成为制约发动机维修周期和成本的主要因素。利用3D打印开展航空发动机核心部件的再制造技术，是目前国内外研究热点和重点应用领域之一。

航空发动机零部件的3D打印维修技术体系如图5-64所示，主要包括3D打印前处理技术、3D打印过程处理技术、3D打印后处理技术以及零部件性能考核技术。

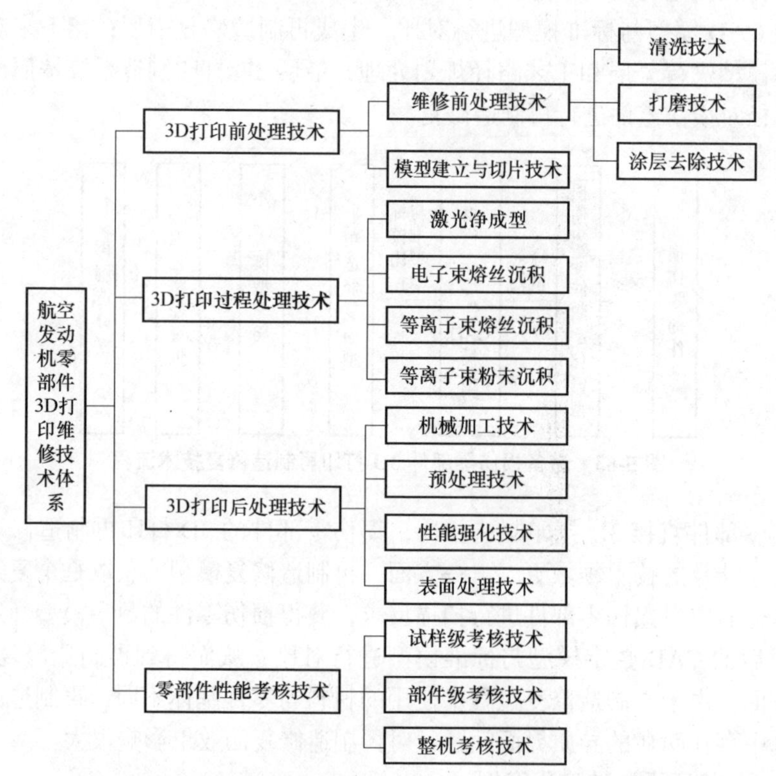

图5-64 航空发动机零部件的3D打印维修技术体系

美国Optomec Design公司将3D打印技术应用于T700美国海军飞机发动机零件的磨损修复（见图5-65），实现了已失效零件的快速、低成本再制造。

在国内，西北工业大学基于3D打印激光熔覆技术开展了系统的激光成型修复的研究与应用工作，已经针对发动机部件的激光成型修复工艺及组织性能控制一体化技术进行了较为系统的研究，并在小、中、大型航空发动机机匣、叶片、叶盘、油管等关键零件的修复中获得广泛应用，如图5-66所示。

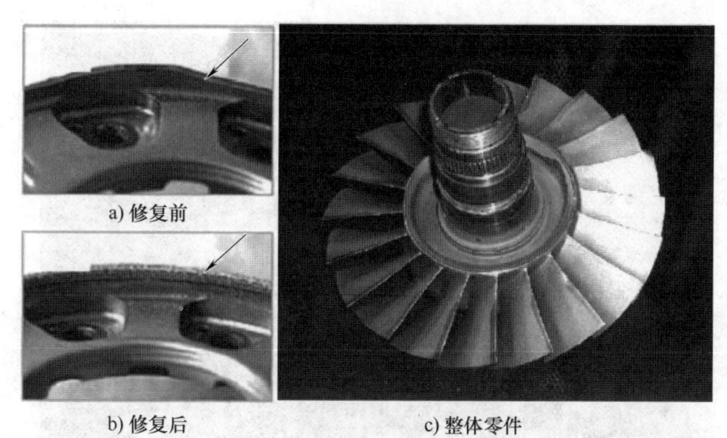

a) 修复前　b) 修复后　c) 整体零件

图 5-65　Optomec Design 公司采用 3D 打印技术修复的航空发动机零件

图 5-66　西北工业大学采用 3D 打印技术修复的航空发动机零件

近年来，中国宝武钢铁集团（简称宝武集团）等许多知名钢铁企业，联合国内相关高校、科研院所，积极探索 3D 打印制造技术在钢铁冶金部件再制造中的应用。2007 年，宝山钢铁股份有限公司（简称宝钢股份）在行业内率先利用激光 3D 打印再制造技术，成功修复了宝钢股份初轧 1 号轧机牌坊窗口面（见图 5-67），不仅让废旧部件“重获新生”，还有效提升了装备性能、延长使用寿命，有力推动了 3D 打印再制造技术在冶金行业的产业化应用。2017 年，宝武集团在成功实现多种冶金部件 3D 打印再制造的基础上，又成功在冶金核心部件结晶器铜板表面“打印”出激光强化涂层，使部件寿命提高了两倍（见图 5-68）。

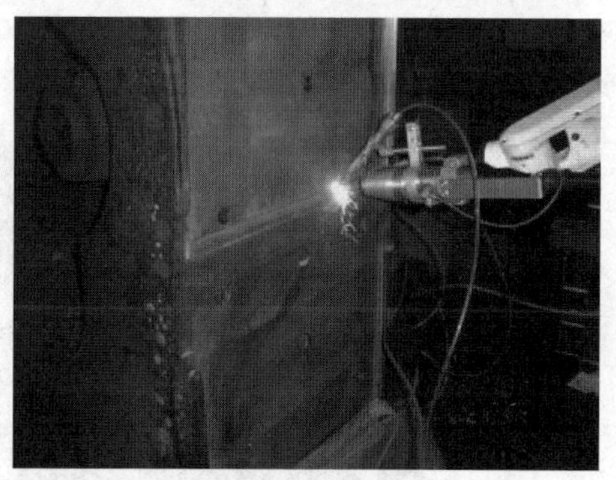

图 5-67　宝钢股份轧机牌坊窗口面的修复

图 5-68　宝武集团利用 3D 打印再制造冶金核心部件

模具是工业生产中极其重要的特殊基础装备之一，被广泛应用于机械、汽车、航空、军工等领域，模具水平的高低标志着一个国家制造业水平的高低。热作模具在模具行业占有较大比重，主要分为热锻模、热挤压模和压铸模。由于在服役过程中受到高温、高冲击载荷以及交替冷热作用，与其他模具相比，热作模具更易失效，失效形式包括磨损、冷热疲劳裂纹、塑性变形和断裂等。传统的模具修复手段往往制造成本高、修复周期长。利用 3D 打印技术对失效模具进行修复和再制造，不仅大大提高了修复效率、降低制造成本，而且修复后性能更优，延长了模具使用寿命，实现循环利用，达到节能减排、可持续发展的目的。图 5-69 所示为利用 3D 打印技术对徐州工程机械集团有限公司（简称徐工集团）某热作冲压模具进行修复和再制造的实际应用案例。

图 5-69　利用 3D 打印技术对某热作冲压模具进行修复和再制造

在军事领域中，3D 打印技术不但可以应用于武器装备的开发研制，还能够应用到武器装备战场的维修领域中，对战场受损武器装备的损坏零件进行快速打印或修复，在极短时间内恢复受损武器装备的原有性能，使其重新投入战场。为了及时满足战损装备急需的零部件，2002 年美国研制了柔性的车载零件再制造装备平台——移动零件医院（Mobile Parts Hospital，MPH）（见图 5-70），其中 3D 打印技术尤其是金属 3D 打印技术是其重要的核心技术。

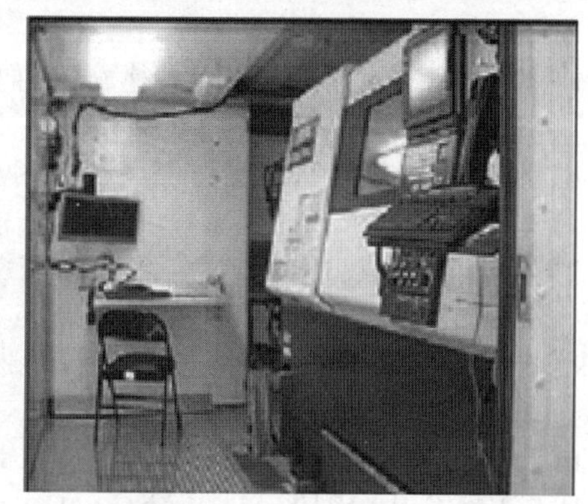

图 5-70　美国军方使用的“移动零件医院”系统

我国西安交通大学牵头并联合华中科技大学及空军装备部武汉汽车修理厂研制出了战场环境 3D 打印维修保障系统。该系统由金属弧焊 3D 打印系统、高分子材料 3D 打印系统、激光金属 3D 打印系统、零部件数据库软件、三维反求测量系统、零件后处理设备及修复材料等模块组成，此维修保障系统的优点是适用范围广、系统机动性强、模块化、技术集成度高，有望成为下一代战场快速应急抢修保障装备。

思考与练习

1. 查阅资料，找一找 3D 打印技术在工业制造领域的国内外最新研究进展和应用。

2. 简述 3D 打印技术在注射模随形冷却水路中的应用。

3. 简述 3D 打印技术在铸造成型中的应用。

4. 简述 3D 打印技术在再制造修复中的应用。

参考文献

[1] 工业和信息化部，国家发展和改革委，教育部，等. 增材制造产业发展行动计划（2017—2020年）[J]. 铸造设备与工艺，2018（2）：59-63.

[2] 史玉升. 3D打印技术的工业应用及产业化发展 [J]. 机械设计与制造工程，2016，45（2）：11-16.

[3] 全国增材制造标准化技术委员会. 增材制造 设计 要求、指南和建议：GB/T 37698—2019 [S]. 北京：中国标准出版社，2019.

[4] 王广春. 增材制造技术及应用实例 [M]. 北京：机械工业出版社，2014.

[5] 杨永强，吴伟辉. 制造改变设计——3D打印直接技术 [M]. 北京：中国科学技术出版社，2014.

[6] 刘永辉，张玉强，张渠. 从快速成形走向直接产品制造——3D打印技术在家电产品设计制造中的应用（下）[J]. 家电科技，2014，（11）：20-21.

[7] 张楠，李飞. 3D打印技术的发展与应用对未来产品设计的影响 [J]. 机械设计，2013，30（7）：97-99.

[8] 李勇，刘远哲. 3D打印技术下的运动鞋设计发展趋势 [J]. 包装工程，2018，39（24）：152-157.

[9] 伍志刚. 随形冷却注射模的设计与制造关键技术研究 [D]. 武汉：华中科技大学，2007.

[10] 刘雷. 基于3D打印的快速模具关键技术研究 [D]. 石家庄：河北科技大学，2018.

[11] WANG Y，YU K M，WANG C C L，et al.Automatic design of conformal cooling circuits for rapid tooling [J].Computer-Aided Design，2011，43（8）：1001-1010.

[12] DANG X P，PARK H S.Design of u-shape milled groove conformal cooling channels for plastic injection mold [J].International Journal of Precision Engineering and Manufacturing，2011，12（1）：73-84.

[13] 张渝. 3D打印技术及其在快速铸造成形中的应用 [J]. 铸造技术，2016，37（4）：759-764.

[14] CHOI H H，KIM E H，PARK H Y.Application of dual coating process and 3D printing technology in sand mold fabrication [J].Surface and Coatings Technology，2017，332：522-526.

[15] 于晓. 3D打印技术对于供应链结构的影响——以航空零备件供应链为例 [J]. 科技展望，2016，26（34）：99.

[16] 罗大成，刘延飞，王照峰，等.3D打印技术在武器装备维修中的应用研究 [J]. 自动化仪表，2017，38（4）：32-36.

[17] 姜舟，任斌斌.3D打印技术在航空维修中的应用研究 [J]. 中国设备工程，2017（18）：42-43.

[18] 郭双全，罗奎林，刘瑞，等.3D打印技术在航空发动机维修中的应用 [J]. 航空制造技术，2015（S1）：18-19+27.

[19] 周长平，林枫，杨浩，等. 增材制造技术在船舶制造领域的应用进展 [J]. 船舶工程，2017，39（2）：80-87.

[20] 宝武集团：3D打印再制造冶金部件技术实现产业化应用 [J]. 表面工程与再制造，

2017，17（2）：55.

［21］程小红，侯廷红，付俊波，等.某型航空发动机高压压气机转子叶片3D打印再制造技术研究［J］.航空维修与工程，2015（4）：37-39.

［22］YANG Q，ZHANG P，CHENG L，et al.Finite element modeling and validation of thermomechanical behavior of Ti-6Al-4V in directed energy deposition additive manufacturing［J］.Additive Manufacturing，2016，12：169-177.

［23］徐滨士，刘世参，张伟，等.绿色再制造工程及其在我国主要机电装备领域产业化应用的前景［J］.中国表面工程，2006，19（10）：17-21.

［24］姚文静.空客实现A350 XWB机型3D打印钛零部件的批量生产［J］.中国钛业，2018，57（4）：42.

［25］杨延蕾，江炜.在轨3D打印及装配技术在深空探测领域的应用研究进展［J］.深空探测学报，2016（3）：282-287.

［26］黄志澄.太空3D打印开启太空制造新时代［J］.国际太空，2015（1）：29-30.

［27］熊兵，胡存，李乙迈.3D快速成型用于舰船装备保障的展望与探索［J］.设备管理与维修，2019（7）：141-144.

第 6 章 3D 打印技术在医疗、文化创意领域的应用

医疗和文化创意是除工业制造之外 3D 打印技术应用最为广泛的两大领域。

3D 打印技术所具有的个性化制作的快速性、准确性及擅长制作复杂形状实体的特性使它在医学领域具有广泛的应用前景。传统的手术治疗是医生通过患者的 CT、MRI 等影像学检查得到的数据，在大脑中进行术前的手术模拟，以确定手术方案，手术具有一定的随机性。此外，体内植入体的传统制造过程周期长，定制化植入体结构及外形不够理想和精确；人体矫形器等康复辅助装置因传统制造方式而难以方便高效地实现个性化制造，极大影响着病人的康复周期和质量。3D 打印技术作为一项跨学科、跨领域的先进制造技术，已经越来越广泛地应用于医疗行业，成为医疗器械研制，特别是精准医疗领域中不可或缺的一项技术。

近年来，3D 打印技术在建筑、食品、考古、影视道具等文化创意领域的应用非常活跃。利用 3D 打印技术，人们可以根据设计需求，创作出美轮美奂的个性化创意产品，这些产品的艺术价值甚至超过其实用价值。传统创意产品的设计首先考虑的是加工工艺的限制而不是结构和性能。而 3D 打印技术最大的魅力是为创意设计提供无限的可能性，人们在利用 3D 打印技术进行产品设计和制造时，只需考虑产品的结构和性能，几乎可以忽略制造工艺的限制，这样可以极大地激发设计人员的创新思维，拓展创新、创意空间。

6.1 3D 打印技术在医疗领域中的应用

3D 打印医疗已经成为国家鼓励发展的战略新兴产业，具有巨大的发展

潜能。2016 年，国务院办公厅发布的《关于促进医药产业健康发展的指导意见》指出，要推动生物 3D 打印技术、数据芯片等新技术在植介入产品中的应用；发布的《“十三五”国家战略性新兴产业发展规划》指出，要利用增材制造（3D 打印）等新技术，加快组织器官修复和替代材料及植介入医疗器械产品创新和产业化。2021 年 12 月，工业和信息化部、国家发展和改革委、科技部等联合发布《“十四五”医疗装备产业发展规划》，明确指出发展生物活性复合材料、人工神经、仿生皮肤组织、人体组织体外培养、器官修复和补偿等，推动先进材料、3D 打印等技术应用，提升植介入器械生物相容性及性能水平。

国家药监局于 2019 年 11 月成立医用增材制造技术医疗器械标准技术归口单位，由中国食品药品检定研究院（NIFD-C）负责组织制定增材制造医疗器械的国家和行业标准。中国医疗器械行业协会也于 2017 年 1 月成立了增材制造医疗器械专业委员会，负责组织制定 3D 打印医疗器械团体标准，截至目前，已发布实施四批共 45 项增材制造医疗器械团体标准。上述标准体系的建立和完善有力地推动我国医用增材制造行业的快速、健康和可持续发展。据统计，我国增材制造医疗器械在医疗个性化需求和高附加值产品的推动下，市场规模正逐年攀升，由 2017 年的 7.7 亿元增长到 2020 年的 20.5 亿元，2021 年中国医疗增材制造市场规模突破 25 亿元，较 2017 年增长 224.68%，发展十分迅速。

依据应用场景划分，目前 3D 打印医疗应用主要包括术前规划模型、手术导板、体内植入物、康复辅具、医疗器械工具等，同时以 3D 打印技术为基础的医工交叉学科研究更是具有较大科研价值，尤其是以生物 3D 打印为代表的再生医学和类组织器官制造，将是未来 3D 打印医疗主要的发展方向。

6.1.1　个性化医疗器械

1. 术前规划模型

术前规划模型是通过三维重建技术，将患者的 CT、MRI 等医学影像数据转化为三维数字模型，并利用 3D 打印技术把模型打印成实物。术前规划模型可以实现病灶的三维可视化，解决了二维断层图像难以理解、二维测量指示点选择受限、单一层面难以评估等问题，可为医生提供更直观、精确的病变位置、空间解剖结构及形态、容积等信息，为复杂外科手术制定手术方案、进行术前预演、术后个体化重建及术后效果评估等提供帮助，从而提高手术的精准性和成功率。

借助于这种术前模型可以更方便医生提前进行手术模拟，进一步增加手术的熟练度和精准度，同时也有利于培养年轻医生，如图 6-1 所示。

此类产品常用的打印材料为光敏树脂等高分子材料，目前最新的3D打印技术已经可以打印出软硬结合、方便手术刀切割的材料。Stratasys公司最新出品的一款全彩、多材料3D打印机J750，能同时装载6种基本材料，可以输出超过36万种不同的色彩；可以进行多材质、多色彩、不同透明度等的一体化打印；打印产品具有超光滑的表面和精致细节，支持医疗认证的生物相容材料，在医学模型制作方面具有无可比拟的独特的优越性。图6-2所示为采用该机型打印的头颈及肝脏模型。

图6-1　用于手术模拟的3D打印模型

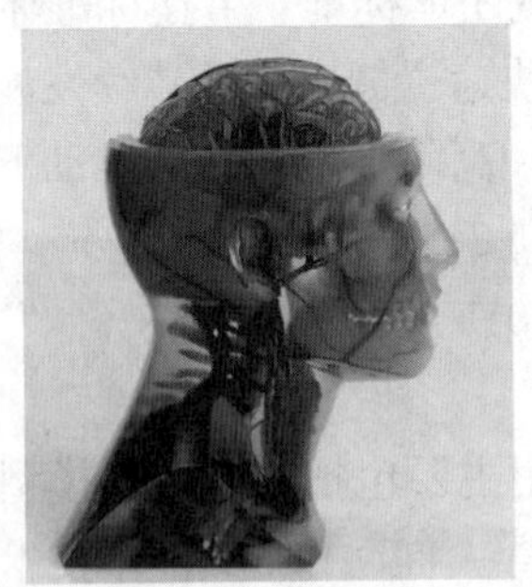

图6-2　全彩、多材料3D打印机J750打印的头颈及肝脏模型

2. 手术导板

手术导板是将术前设计转移到术中实现的关键工具，通过数字化设计并3D打印制作而成的手术导板，为医生提供了截骨、复位与重建的精准标尺，可在手术导板的指引下实现术中准确定位点、线的位置、方向和深度，辅助术中精确建立孔道、截面、空间距离、相互成角关系及其他复杂空间结构等，避开了重要血管和神经，减少出血量，提高了手术安全性。

此类产品常用的打印材料主要有高分子尼龙材料及高强度且有较好韧性的树脂材料（如截骨导板，手术过程中需要用摆锯进行切割，故对强度和韧性有一定要求）、具有一定强度的透明树脂材料（如牙科种植导板）、普通树脂材料或PLA材料（如骶骨神经穿刺导板、脑出血穿刺导板，对导板强度无过高要求）。图6-3所示为3D打印技术在手术导板中的典型应用案例。

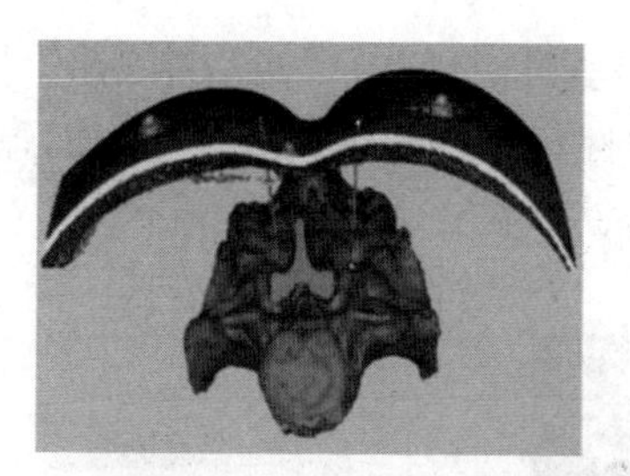

a) 体表穿刺定位模板

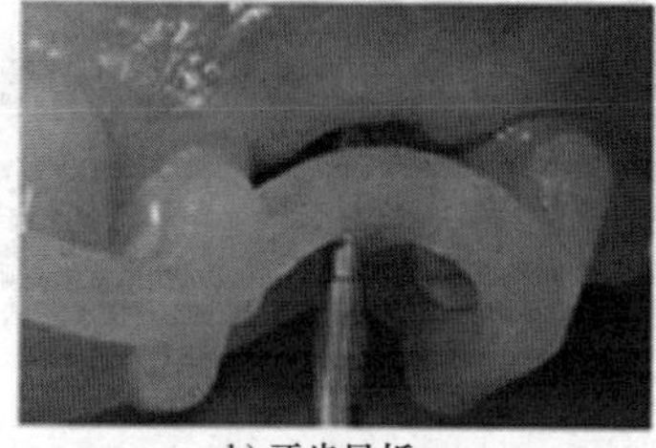

b) 牙齿导板

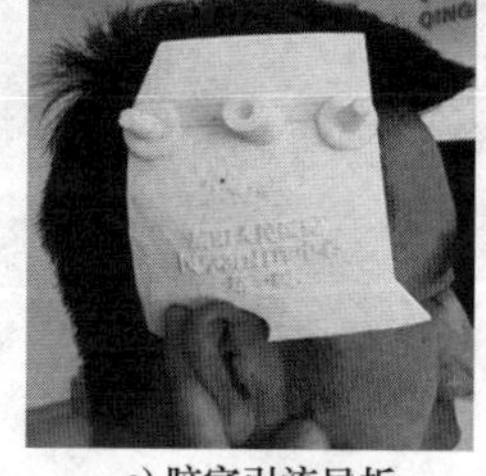

c) 脑室引流导板

图 6-3　3D 打印手术导板

3. 体内植入物

由于患者个体的差异性，尤其对存在显著解剖畸形、肿瘤及翻修的患者，例如骨盆恶性骨肿瘤，病变与切除范围存在很大的个体差异和不确定性，传统的人工关节往往难以帮助患者实现“最优化重建”。而通过 3D 打印技术制作的个性化植入假体，具备传统植入假体无可比拟的优势；通过预先设计，可制造出符合个体需求、完美匹配而且能顺利植入体内的植入物，在植入体表面还可以制造出大小可控的微孔结构，这些微孔结构不仅能够降低金属材料的弹性模量、减少应力，而且能更好地促进骨组织的生长，图 6-4 所示为 3D 打印钛合金多孔结构髋臼杯。

此类产品常用的打印材料为金属钛合金粉末，目前针对一些不需要过多受力承重和摩擦的植入假体（如椎间融合器、颅骨、颞下颌关节等小关节）还可选用 PEEK、镁合金等新型材料。图 6-5 所示为 3D 打印钛合金肋骨，图 6-6 所示为 3D 打印 PEEK 材料颅骨。

图 6-4　3D 打印钛合金多孔结构髋臼杯

4. 康复辅具

传统的康复辅具大都通过石膏取模，再用低温热塑板材加以塑形，但由于石膏具有易吸水、收缩等特点，容易使模型产生形变，影响制作精度，而且在制作过程中过于依赖技师的个人经验。3D 打印技术可以根据不同患者的损伤特点，制作出具有最佳契合形态的个性化康复辅具，极大地增加患者使用过程中的舒适性，提高术后康复效果或非手术康复矫形效果。

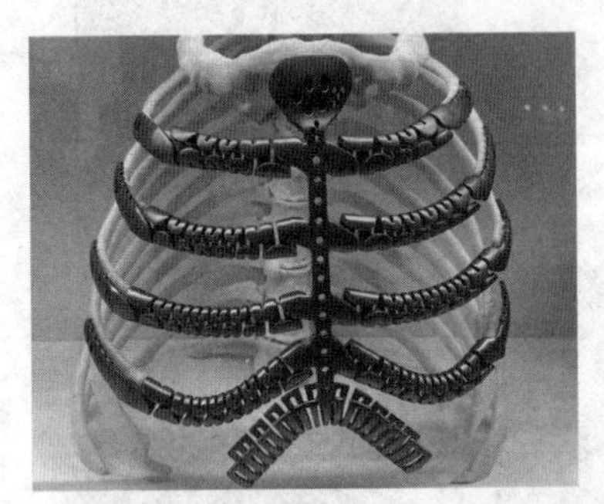

图 6-5　3D 打印钛合金肋骨

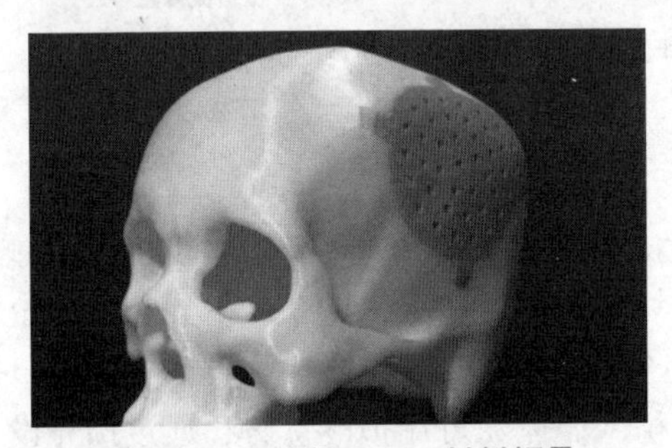

图 6-6　3D 打印 PEEK 材料颅骨

3D 打印康复辅具的具体实现过程如下：首先利用光学三维扫描技术获得人体信息，然后结合患者 CT、MRI 等医学数据通过计算机对康复辅具进行精准设计，最后采用 3D 打印技术制作得到个性化、轻量化的康复辅具。

3D 打印个性化康复辅具的种类主要包括：矫形器、假肢、视听及言语功能代偿辅具、新型残障生活辅助系统——外骨骼机器人等。此类产品常用的打印材料为高分子尼龙材料（如各种需要强度和韧性非常好的矫形器)、TPU 材料（如各类足底生物力学代偿器)、PLA 或高强度树脂材料（如不需要过多受力的一些康复固定支具）等。

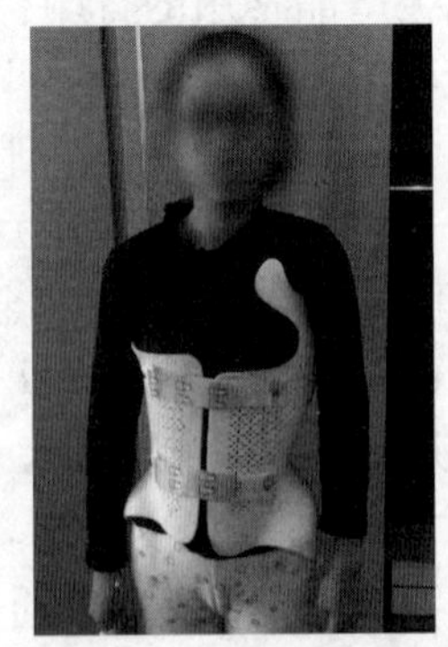

图 6-7　3D 打印个性化脊柱侧弯矫形器

图 6-7 所示为 3D 打印个性化脊柱侧弯矫形器案例。脊柱侧弯是一种常见的疾

病，在人群中的发病率达3%左右，对于这种疾病，最常用的治疗手段就是物理矫正，通过穿戴矫形器来减小脊柱的弯曲程度。然而，传统矫形器具是批量化生产的，不仅笨重而且患者穿戴不舒适，影响治疗效果。3D打印个性化脊柱侧弯矫形器可完美贴合穿戴者的身体轮廓，重量很轻，颜色和花纹都可进行自由设计以实现美观的效果。

图6-8所示为其他3D打印康复辅具的具体案例。

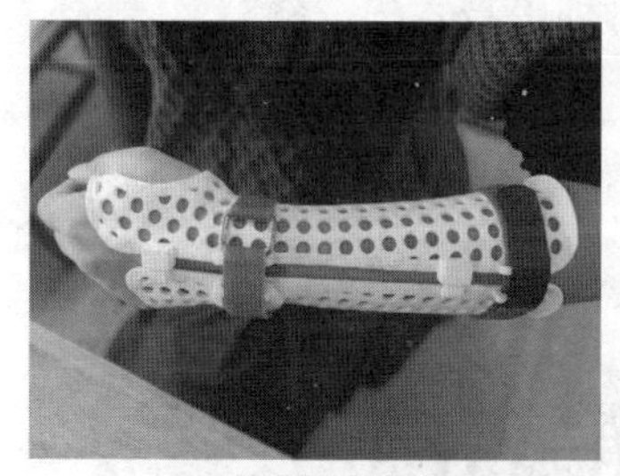

a) 腕部固定支具

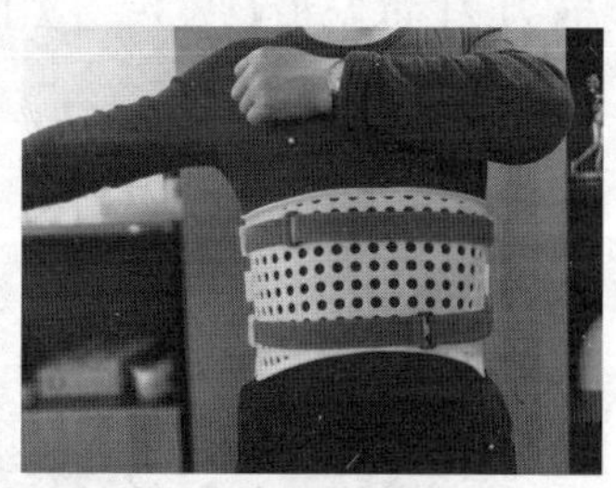

b) 腰部固定支具

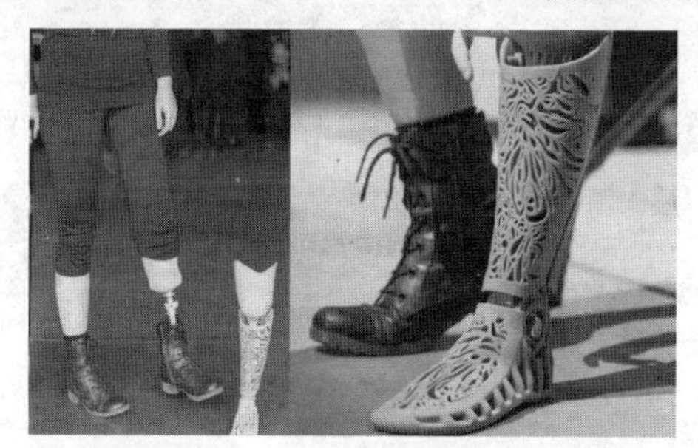

c) 个性化假肢

图6-8　其他3D打印康复辅具的具体案例

6.1.2　生物3D打印

1. 生物3D打印原理

组织工程（Tissue Engineering）的概念于1987年由美国国家科学基金委员会提出，它的基本原理是先将细胞沉积在生物支架（scaffold）上形成细胞-材料复合物，然后将含细胞的支架植入人体内，利用体内环境进行诱导形成相应的组织或器官，从而实现创伤修复和功能重建。通常情况下，组织工程的做法是将支架制造与细胞黏附分离，但这难以在支架不同位置实现不同种类、不同密度细胞的沉积。而生物3D打印则可以实现多细胞空间定向操控及不同细胞密度的可控沉积，恰好可以解决组织工程目前所面临的难题。

生物3D打印（Bioprinting）是将生物制造与3D打印技术结合的一项新

技术，是机械、材料、生物、医学等多学科交叉的前沿技术，为组织工程和再生医学领域的研究提供了新途径。如图 6-9 所示，生物 3D 打印技术是以计算机三维模型为基础，通过离散 - 堆积的方法，将生物材料（水凝胶等）和生物单元（细胞、DNA、蛋白质等）按仿生形态、生物体功能、细胞生长微环境等要求，逐层打印出同时具有复杂结构与功能的生物三维结构、体外三维生物功能体、再生医学模型等生物医学产品的 3D 打印技术，该技术在生命科学领域的应用日益广泛，主要包括软骨、皮肤、血管、肿瘤模型及其他复杂器官的打印等，现已成为 21 世纪最具发展潜力的前沿技术之一。

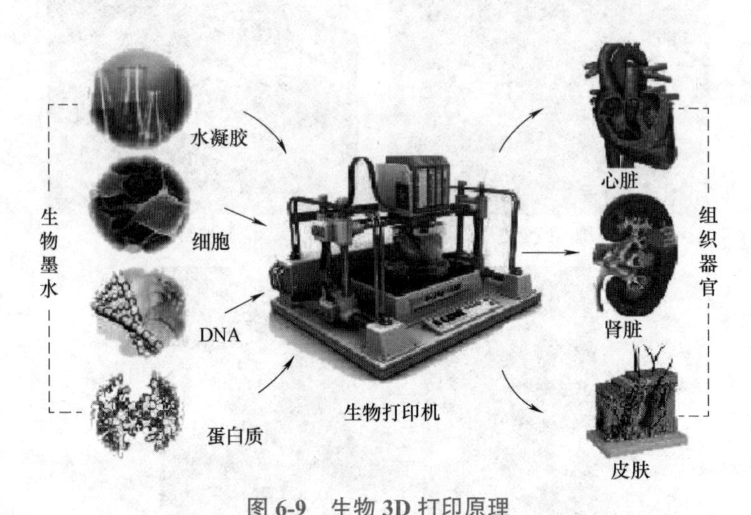

图 6-9　生物 3D 打印原理

图 6-10 所示为采用生物 3D 打印技术进行器官打印的路线图。

与常规的 3D 打印技术类似，生物 3D 打印技术的工艺过程也分为前处理、成型及后处理三个阶段，具体过程如下：

1）前处理。根据患者的 CT 或者 MRI 医学影像数据，基于三维重建技术得到器官或组织的三维 CAD 模型；将三维 CAD 模型进行切片分层，并将生成的切片数据文件进行存储。

2）成型。利用喷头将载有细胞的水凝胶材料（称为生物墨水）可控挤出，沉积到成型平台上形成二维结构，随着喷头或者成型平台在 Z 方向上的运动，二维结构层层堆积形成三维结构体。

3）后处理。将打印好的三维结构体放置在一个特殊的腔室或诱导环境中，以帮助细胞更快、更好地生长；通过上述功能化诱导操作，将打印的三维结构体转化为功能性器官或组织，这一过程是生物 3D 打印从基础研究走向实际应用的核心。

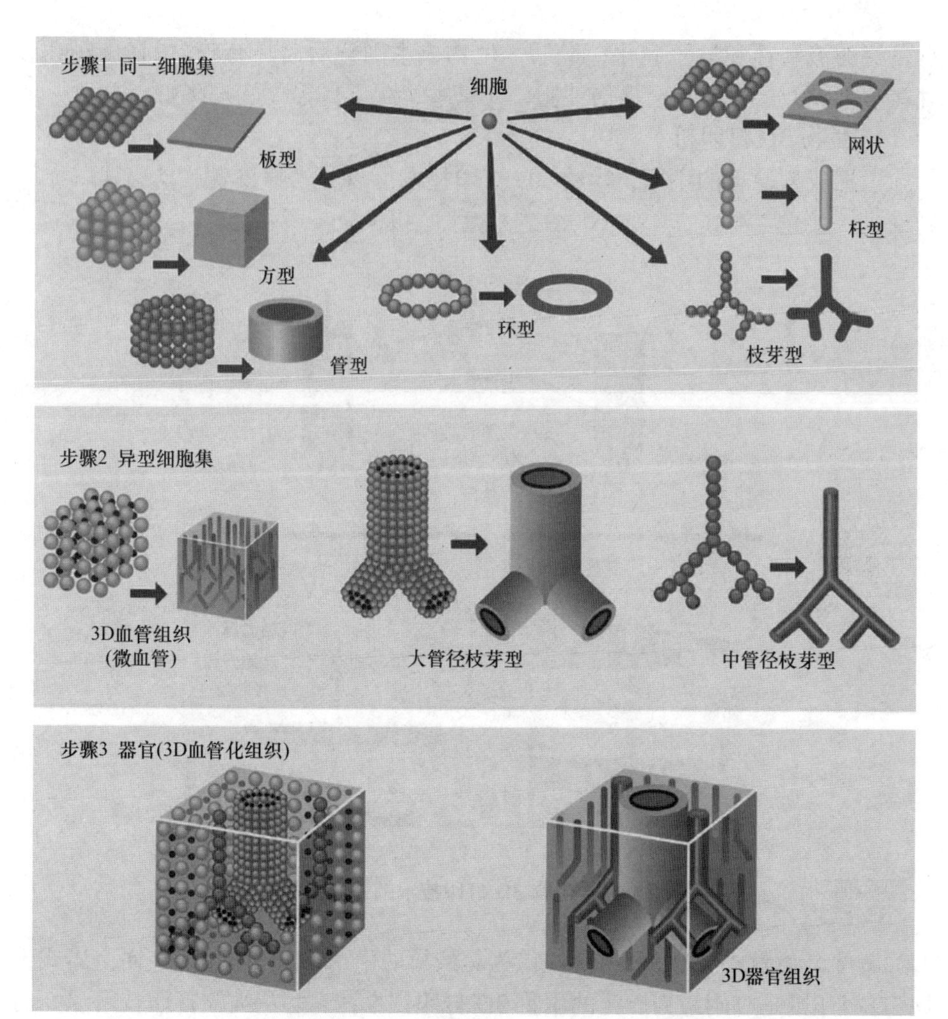

图 6-10　采用生物 3D 打印技术进行器官打印的路线图

可以看出，与传统的 3D 打印制造技术相比，生物 3D 打印在以下三个方面存在着明显不同：①在使用材料上，生物 3D 打印从传统制造的塑料或金属材料变为生物墨水；②在成型方式上，生物 3D 打印从传统制造的化学反应或热反应固化黏结变为水凝胶所特有的交联成型；③在后处理方面，生物 3D 打印从传统制造的金相组织调控变为细胞的功能化诱导。

生物墨水的性能好坏对于 3D 打印三维结构体的功能起着决定性作用。在开发生物墨水时，其试验指标一般从生物兼容性、可打印性及力学性能三个方面来进行综合评价。首先，生物墨水要有非常好的生物活性，以便于打印后的细胞进一步发育；其次，生物墨水还要具有良好的成型性，即在打印时必须具有良好的流动性和易于固化；最后，生物墨水固化后需具有较高的机械强度，且在整个成型过程中不会损伤细胞，在某些情况下还需要实现降解。

2. 生物 3D 打印机

根据成型原理的不同，生物 3D 打印技术可以分为喷墨式、挤出式、立体光刻式、激光直写式打印等不同工艺类型，如图 6-11 所示。

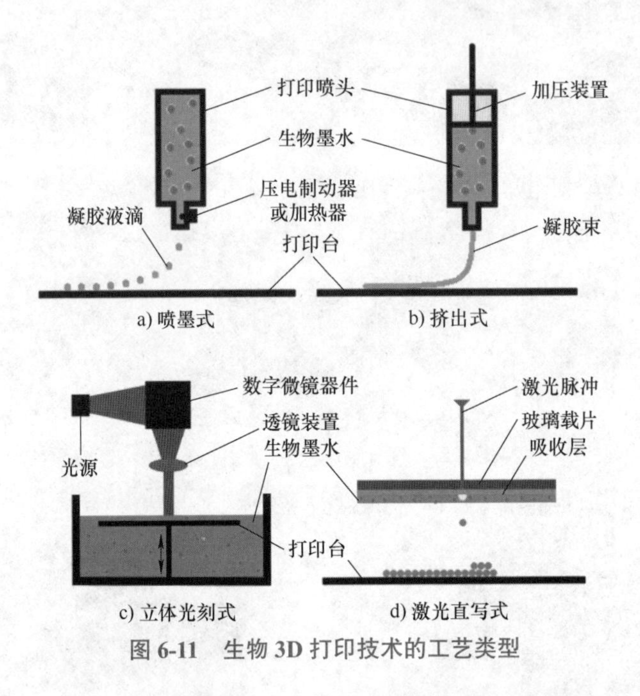

图 6-11　生物 3D 打印技术的工艺类型

其中，喷墨式生物 3D 打印被认为是最早的生物 3D 打印技术，而挤出式生物 3D 打印则是应用最为广泛的生物 3D 打印技术，它是从喷墨打印技术演变而来，可以打印黏度较高的生物材料。这一方法利用气压或者机械驱动的喷头将生物墨水以丝状形式挤出，微纤维从喷头处被挤出，沉积到成型平台上形成二维结构，随着喷头或者成型平台在 Z 方向上的运动，二维结构层层堆积形成三维结构。挤出式生物 3D 打印可以打印不同黏度的生物材料和不同浓度的细胞，材料适用范围比较广，可以制造出形状复杂、结构强度较好的组织结构。

典型的基于挤出方式的生物 3D 打印机结构包括四个模块，分别是三维运动模块、喷头挤出模块、成型功能模块及辅助功能模块。

（1）三维运动模块　三维运动模块是形成三维结构的基础模块，通过控制器控制电动机的转动，通过丝杠导轨带动滑块做水平运动。其中运动平台的行程决定打印结构体的最大尺寸，定位精度影响成型结构体的精度，移动速度影响打印效率。

（2）喷头挤出模块　挤出模块包括挤出装置和喷头，利用挤出装置将储料腔内的材料通过喷头挤出，这个过程要求挤出力足够大，可以打印不同黏度的材料。挤出形式包括气压式、活塞式和螺杆式，可适用于不同材料的打印。

（3）成型功能模块　成型功能模块是保证材料形成三维结构的核心，主要根据水凝胶的交联原理（温敏、光敏等）设置相应的喷头加热装置、平台制冷装置、光固化装置等，以保证水凝胶挤出后，可以快速交联定形，形成精度较高、稳定性较好的三维结构。

（4）辅助功能模块　辅助功能模块一般有摄像装置、清洗装置、灭菌装置等，用于成型过程观察、喷头处理及打印细胞时提供无菌环境等。

市面上成熟的生物3D打印机大多是基于挤出式打印原理研发的，包括德国EnvsionTEC公司的3D Bioplotter、美国Organovo公司的NovoGen MMX 3D Bioprinter、瑞士RegenHU公司的BioFactory和3D Discovery系列生物打印机等（见图6-12），除了外观设计不同，它们的结构类似，均配有多喷头，支持多材料打印。

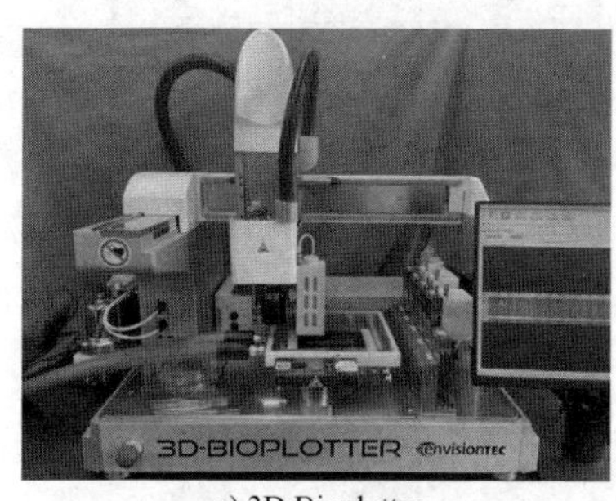

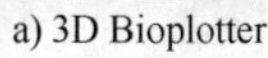
a) 3D Bioplotter

b) 3D Discovery

图6-12　商业化的生物3D打印机

目前国内外典型生物3D打印成型设备的特性参数见表6-1。

3. 生物3D打印应用

目前生物3D打印在组织器官制造中的应用越来越广泛，主要包括软骨、皮肤、血管、耳朵及其他复杂器官的打印等。

（1）3D打印皮肤　美国维克森林大学再生医学研究所（WFIRM）研发了一种将皮肤细胞直接3D打印到烧伤伤口上的皮肤修复方法（见图6-13），研究人员首先将细胞和水凝胶基质组成的生物墨水放入生物3D打印机中，然后通过激光扫描仪对伤口进行扫描，扫描数据被传送到控制软件中，最后打印头定位到伤口的位置进行打印修复。该方法可以使用患者自己的细胞“打印”新皮肤，帮助治愈大伤口或烧伤，并且这种设备是移动式的，可以移动到病人的床边直接在伤口上进行皮肤打印。

表 6-1 国内外典型生物 3D 打印成型设备的特性参数

市场	单位	设备型号	最大成型尺寸 /（mm × mm × mm）	扫描速度 /（mm/s）	成型材料	应用领域
国外	德国 EnvisionTEC 公司	3D Bioplotter 基础型	260 × 220 × 70	0.1~150	Hydroxyapatite、Polycaprolactone、Silk、PCL、PLLA、PLGA、Fibrin 等	骨骼再生、药物缓释、软组织生物构建、器官打印等
	瑞士 RegenHU 公司	R-GEN 200	130 × 90 × 65	—	Polylactic acid、Polyurethanes、Hydroxyapatite、Alginate、Cellulose 等	人体皮肤打印、个性化医疗、细胞药物发现模型创建等
	美国 CELLINK 公司	BIO X	130 × 90 × 70	0~40	Collagen methacryloyl、Hyaluronan、Alginate、Chitosan、Silk 等	药物研发、皮肤打印等
国内	捷诺飞生物科技有限公司	Bio-Printer-WS	170 × 170 × 150	0~190	细胞、水凝胶、高分子和无机材料等	生命科学、生物材料、临床医学、微电子等交叉学科领域研究
	永沁泉智能设备有限公司	BP6601	100 × 100 × 50	0~50	羟基磷灰石、生物陶瓷、壳聚糖、明胶、纳米黏土、PCL 等	骨支架打印、高强度壳聚糖打印、水凝胶低温打印、高精度支架定向诱导、大尺寸血管化组织制造等

（2）3D打印血管　早在20世纪50年代，人造血管就已经被“织造”出来，并且在临床上广泛用于大动脉血管的替换，但在直径6mm以下的静脉血管研究上，一直没有取得突破性进展。主要原因是：人造毛细血管不仅要求足够细小，而且还要具有和真实血管一样的弹性和生物相容性。然而，传统的人造血管在制备成小管径时无法同时保证其依然具有良好的弹性结构，而且存在内皮化问题，较易出现堵塞，约10年后就须更换。生物3D打印技术完美地解决了细小尺寸、弹性和生物相容性等问题，而且打印的血管可终身使用。

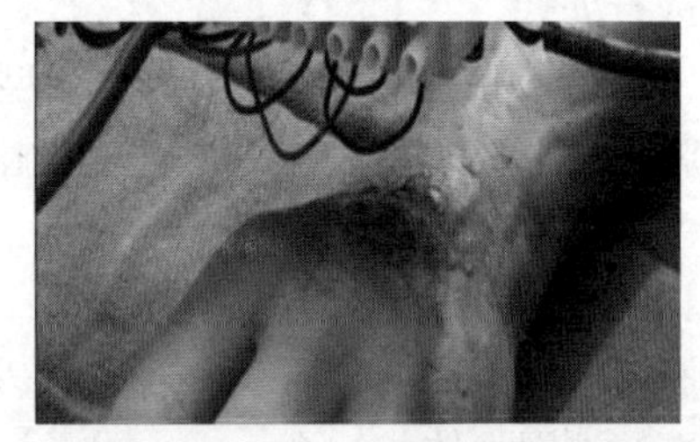

图6-13　在烧伤处打印皮肤细胞的示意图

2010年，Organovo公司使用生物3D打印机制造出了第一根生物3D打印的人体血管，自此利用生物3D打印技术制造血管结构或血管流道网络成为组织工程领域的研究热点。3D打印技术制造出的毛细血管，不但可以应用在制备血管通路、更换坏死的血管上，还可以与人造器官技术结合，有力推动大型人体器官制造技术的发展。

2015年，德国弗朗霍夫激光技术研究所首次成功利用3D打印技术制造出与真实血管功能类似的人造血管，如图6-14所示。3D打印制造血管的关键是要找到合适的打印材料，研究人员采用丙烯酸酯基的合成聚合物，并利用喷墨打印与立体光刻相结合的3D打印工艺，突破了打印只有20μm厚的多孔、多分叉人造血管的关键技术。该成果有望被广泛应用于治愈皮肤创伤、人工皮肤再造和人造器官等医学领域。

图6-14　3D打印制成的人造血管

（3）3D打印耳朵　耳朵等软骨组织的细胞组成比较简单，并且没有复杂的毛细血管，因此用生物打印制造软骨组织相对容易得多。2013年，美国康奈尔大学研究团队采用3D打印机和活体细胞喷射成型方法成功制造了人体再生耳朵（见图 6-15），这一成果为成千上万出生时患有先天性小耳畸形的儿童带来了新的希望。其制造过程为：首先，生物工程师对患者耳朵的 3D 扫描数据进行处理，在 CAD 建模系统上完成耳朵各部分结构造型及其型腔模具的设计，并使用 3D 打印机打印出耳朵型腔模具；其次，科学家们将一种高密度的凝胶灌入该模具型腔内，这些凝胶由 2.5 亿个牛软骨细胞和从鼠尾提取的胶原蛋白（作为支架使用）制成；然后，经过 15min 后，研究人员将得到的耳朵从模具中移出并放置在细胞培养皿中进行培育；最后，软骨细胞吸收胶原蛋白，形成坚固且柔韧的软骨。与合成植入物不同的是，由活体细胞培育而成的耳朵能更好地同人体相结合。

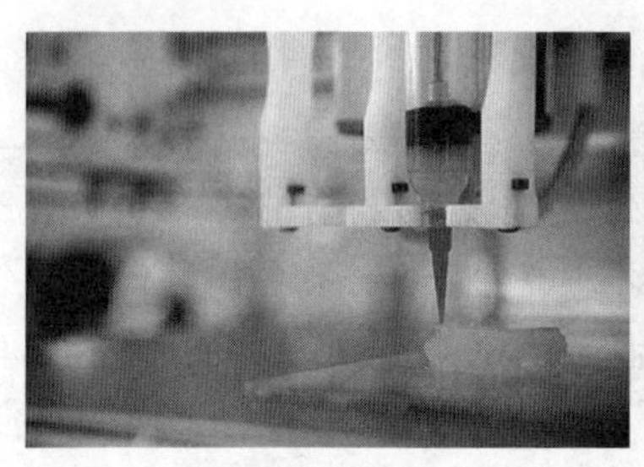

图 6-15　采用 3D 打印技术制造的人体再生耳朵

2022 年，康奈尔大学创立的美国 3D Bio 公司宣布，首次在临床试验中成功移植了由患者自身耳细胞生长而成的 3D 打印耳朵，如图 6-16 所示。

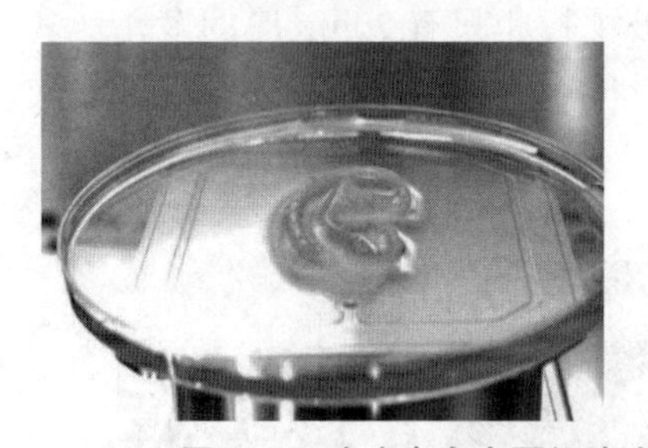
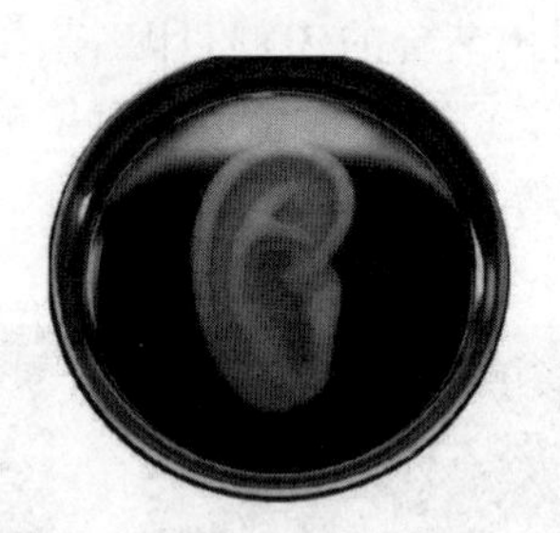

图 6-16　由患者自身耳细胞生长而成的 3D 打印耳朵

（4）3D 打印复杂组织器官　目前生物 3D 打印技术已经从单一成分打印向多种成分打印发展，从单一组织向多组织协同打印发展，从无响应性向刺激响应性发展。人体内大部分组织器官都由不同功能的细胞、不同尺度的结构组成，虽然复杂组织器官 3D 打印仍然存在免疫反应、血管化、多组织打印、仿生结构等诸多方面的瓶颈和挑战，然而回顾近年来的每一次 3D 打印器官技术的突破，有理由相信 3D 打印器官距离移植到人体不会太遥远。

1）3D 打印肺。2019 年 *Science* 杂志封面报道，美国莱斯大学与华盛顿大学的研究团队带来一项具有里程碑意义的发明：首次 3D 打印出“会呼吸”的肺，如图 6-17 所示。他们通过三维光刻技术，使用生物相容的水凝胶，3D 打印了一个包含血管和气道的肺脏组织，它具有与人体血管、气管结构相同的网络结构，能够像正常肺部一样向血管输送氧气，完成“呼吸”过程。此外，他们还构建了一小块肝脏组织，移植到小鼠体内后成功存活。

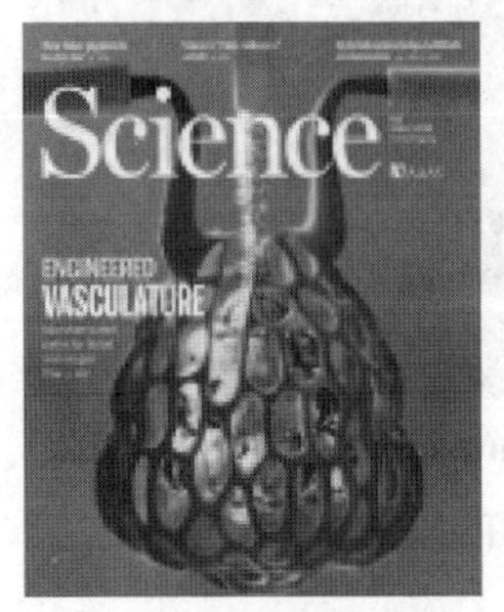

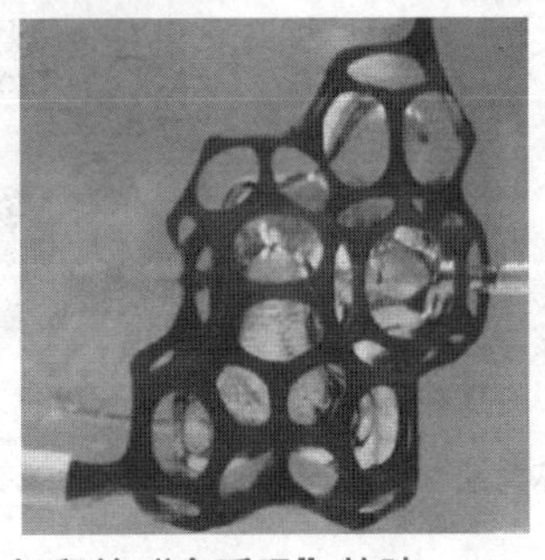

图 6-17　世界首例 3D 打印的“会呼吸”的肺

2）3D 打印肾脏。2011 年，美国维克森林再生医学研究所（WFIRM）的 Anthony Atala 在 TED 大会上展示了 3D 打印肾脏的技术，该技术使用肾脏细胞与水凝胶逐层打印，水凝胶降解后，细胞构成完整肾脏器官，该 3D 打印器官在后期培养中会产生部分尿样物质，证明具有初步的肾脏功能，如图 6-18 所示。

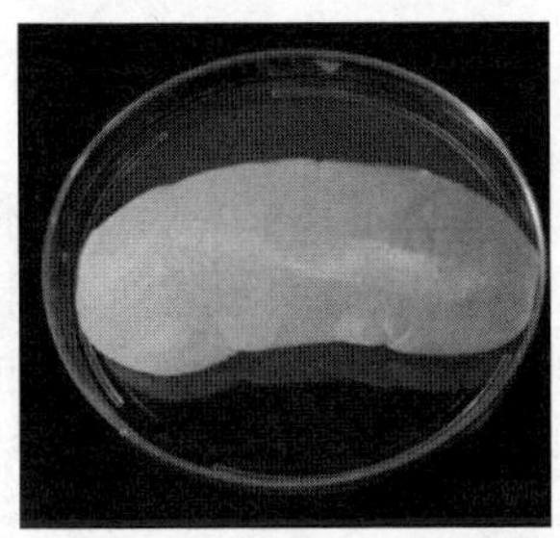

图 6-18　具有初步功能的 3D 打印肾脏

国内杭州电子科技大学的徐铭恩教授团队自主研发了可打印生物材料和活细胞的商业化 3D 打印机，成功打印出了具有活性的人体肾脏，该项成果为患者进行 3D 打印肾脏移植手术带来了希望，如图 6-19 所示。

3）3D 打印肝脏。2013 年，美国 Organovo 公司利用生物 3D 打印技术逐层打印出微型肝脏器官（见图 6-20），由 20 层肝实质细胞和肝星状细胞组成。

该肝脏器官虽然只有4mm宽、0.5mm深，但却具有真实肝脏器官的多项功能，能够进行血液过滤、运送营养物质和新陈代谢，并且能够合成白蛋白、细胞色素P450和胆固醇。Organovo公司使用的3D打印机具有两个打印头，一个负责打印器官形支架，另一个负责添加人体肝脏细胞，最后打印出活体组织。

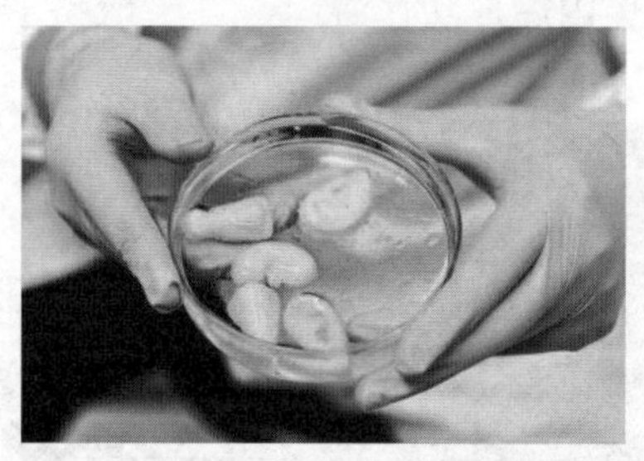

图 6-19　徐铭恩教授团队 3D 打印出的具有活性的人体肾脏

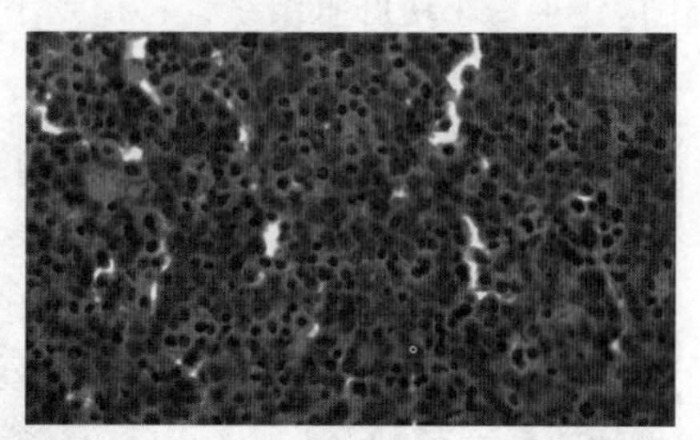

图 6-20　Organovo 公司 3D 打印出的微型肝脏器官

6.2　3D 打印技术在文化创意领域中的应用

6.2.1　建筑领域

3D打印技术的应用日益广泛，不仅在工业制造、医疗等领域逐步获得成功应用，随着BIM技术、建筑自动化与智能化技术的推广，在建筑施工领域也得到了广泛的发展和应用。

1. 建筑模型

3D打印技术在建筑设计和可视化方面发挥着重要作用，利用3D打印技术制作缩尺建筑模型已经成为一个成熟的产业。由于建筑设计方案的日益复杂，传统模型制作技术越来越不能满足设计师的需求。3D打印技术已逐渐成为建筑设计师不可或缺的工具，制作建筑模型的目的一般只有一个，那就是“交流”。

在建筑模型中，外观设计往往十分重要。建筑模型的尺寸应尽可能大，然而考虑到许多3D打印工艺在打印尺寸和成本方面的限制，3D打印建筑模型在长度、宽度方向的尺寸通常控制在1.0m×0.5m的范围内。

用于制作建筑模型的3D打印工艺主要有材料挤出、粉末床熔融、黏结剂喷射、立体光固化等。在选择具体的3D打印制作技术时，需要综合考虑制作成本和模型质量要求等因素，其中对模型数据所需花费的成本进行正确评估是

成功制作的关键。

材料挤出工艺的优点是应用比较广泛，但其缺点是成型速度慢，成型件表面有明显的条纹，并且需要去除支撑结构，因此对于制作建筑模型来讲，材料挤出工艺并不是一种理想的技术。由于无须支撑结构，黏结剂喷射工艺和粉末床熔融工艺（基于高分子材料的）对于制作建筑模型来讲是不错的选择（见图6-21和图6-22），但是模型的表面比较粗糙，并且有明显的颗粒感。

图6-21　利用粉末床熔融工艺制作的建筑模型

图6-22　利用黏结剂喷射工艺制作的建筑模型

（3D Systems公司ProJet X60打印设备）

立体光固化工艺的优点是能够制作结构复杂、尺寸比较精细的产品模型，可打印大尺寸部件并且价格适中，因此特别适合制作建筑模型，但其缺点是需要制作和去除支撑，后处理过程比较烦琐，这在一定程度上限制了它的广泛使用。图6-23所示为利用立体光固化工艺制作的建筑模型。

图6-23　利用立体光固化工艺制作的建筑模型

自21世纪初开始用于建筑模型以来，全彩3D打印工艺尤其是材料喷射工艺一直得到比较广泛的关注，如图6-24所示。材料喷射的优点是成型工件的精度和表面质量均较高，能够实现彩色打印，但其缺点是成本较高、打印速度较慢并且全彩色模型数据的处理过程十分烦琐，因而没有得到普及应用。2020年，Mimaki公司和Stratasys公司分别发布了尺寸更小、价格更低廉的基于材料喷射的全彩3D打印设备。然而，与上述两家公司相比，3D Systems公司的ProJet CJP系列设备由于具有更快的打印速度和更低的价格，目前仍然是制作彩色3D打印建筑模型的首选。

图6-24　全彩3D打印的建筑模型

2. 直接打印建筑

1997年，美国Pegna首先提出了3D打印建筑的设想，这一概念的引入，也将建筑业带入数字领域。近年来，3D打印技术在工程建筑领域的应用越来越广泛，由于其主要成型材料为混凝土，故也称为3D打印混凝土技术（3D Concrete Printing，3DCP）。它是一种新兴的节能、环保、高效的建筑技术，其主要优势为自动化程度高、人力成本低、现场工作量少、建造效率高、可建造复杂构件、材料利用率高等。随着3D打印技术的不断发展完善，3D打印混凝土技术的应用将会越来越广泛。

需要指出的是，3D打印建筑所使用的材料通常不是标准的混凝土（因为它们不包含石子），而是以砂浆为主，同时可通过纤维材料等其他添加物来改善成型体的性能。在选取3D打印混凝土材料时，既要求材料必须具有足够的流动性以保证能够顺利挤出，又要求材料能够快速硬化以避免坍塌。然而，由于与之相匹配的材料种类有限，并且在挤出的同时难以添加增强钢筋等，3D打印混凝土的成型结构体比传统钢筋混凝土结构体的强度要低。此外，与传统模板加工相比，3D打印混凝土成型结构体的孔隙率较高，也会影响最终建造体的强度。基于上述原因，目前3D打印混凝土技术不能打印整个建筑物，主要应用于墙壁、建筑构件以及小型建筑体的建造。

图6-25　基于材料挤出工艺的3D打印混凝土装置

目前工程应用较为广泛的是基于材料挤出工艺的3D打印混凝土技术。图6-25所示为基于材料挤出工艺的3D打印混凝土装置，其主要成型过程为：首先，对混凝土材料施加一定的压力通过喷嘴挤出，成型一层材料；然后等前一层材料固化后，进行下一层材料成型；最后，通过逐层累积的方式建造成最终的结构体。

2016 年，全球首座利用 3D 打印技术建造的办公室——“未来办公室”在迪拜揭幕，总建筑面积为 250m²，其墙壁、地板和天花板均采用 3D 打印方式建造，如图 6-26 所示。该建筑耗资约 14 万美元，由中国盈创建筑科技有限公司（WinSun）采用模块化装配方式建造而成，建筑模块提前在工厂加工，然后运输到现场进行安装，仅用两天时间即可安装完毕。据估计，3D 打印技术可以将建筑时间减少 50%~70%，并将人工成本降低 50%~80%。迪拜的目标是到 2030 年约有 25% 的建筑物采用 3D 打印技术来进行建造。

图 6-26　利用 3D 打印技术建造的“未来办公室”

2020 年，迪拜再次利用 3D 打印技术建成市政府用楼，如图 6-27 所示。该大楼高 9.5m，占地面积为 640m²，由美国 Apis Cor 公司负责建造，被誉为“世界上最大的 3D 打印两层建筑”。大楼的地基是传统的建筑结构，墙壁是通过 3D 打印建造的，通过在 3D 打印的柱子模板中人工填充钢筋和普通混凝土来加固；墙体结构打印完成后，建筑工人再安装门、窗户和屋顶等。整个项目仅耗时 3 周，其中打印整个建筑的墙体结构只需要 1 台机器和 3 个工人，可移动式 3D 打印装备可以实现现场直接打印建造。

图 6-27　世界上最大的 3D 打印建筑在迪拜竣工

除了建造房屋，3D 打印混凝土技术还被越来越广泛地应用到其他户外建筑领域，例如装饰物、桥梁、艺术品等。3D 打印技术适用于复杂结构和元素的建造，这些复杂结构和元素如果利用传统建造技术往往很难实现。图 6-28 所示为带有 3D 打印弧形墙壁的建筑，这些复杂的造型为建筑增添了艺术性和观赏性。

图 6-28　带有 3D 打印弧形墙壁的建筑

2019 年，由马国伟团队设计建造的装配式混凝土 3D 打印赵州桥在河北工业大学北辰校区落成，如图 6-29 所示。该桥按照原赵州桥以 1∶2 比例缩小打印，总长 28.1m，单拱跨度 18.04m，桥宽 4.20m，为世界上规模最大的 3D 打印步行桥。桥梁采用模块化打印技术并对节点装配形式进行了优化设计，通过现场直接装配的方式建造而成。

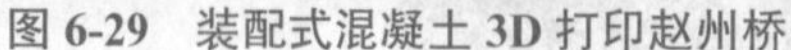
图 6-29　装配式混凝土 3D 打印赵州桥

6.2.2　食品领域

随着人们生活水平的不断提高，健康饮食理念深入人心，越来越多的人追

求个性化、美观化的营养饮食，然而传统食品加工技术很难满足这些需求。食品 3D 打印技术不仅能够根据人们的情感需求改变食物形状，增加食品的趣味性，还可以改善食品品质，通过自由搭配、均衡营养来满足不同消费群体的个性化营养需求，因此食品 3D 打印技术为个性化健康饮食提供了可能性，在食品工业中具有良好的发展前景。

图 6-30 所示为食品 3D 打印过程示意图。

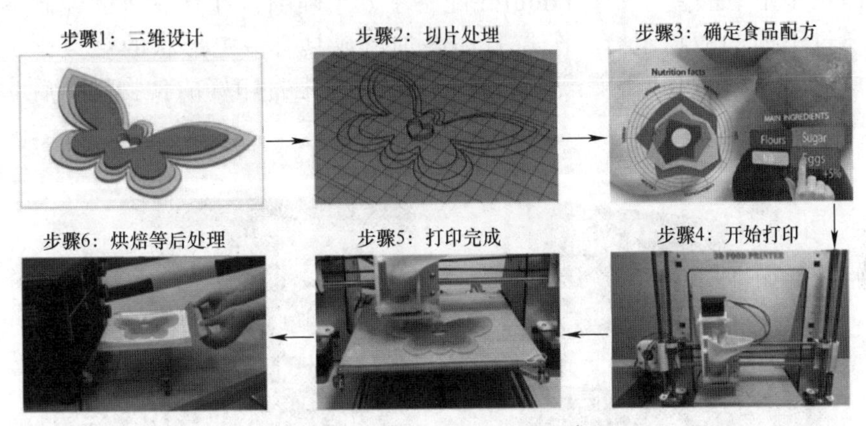

图 6-30 食品 3D 打印过程示意图

目前，食品 3D 打印技术主要有选择性烧结、材料挤出成型、黏结剂喷射和喷墨打印四种，其中应用最为广泛的是材料挤出成型。根据原料性质的不同，材料挤出成型又分为热熔挤出、室温挤出和凝胶挤出，如图 6-31 所示。热熔挤出主要应用于加热时有良好流动性、常温下易凝固成型的原料，如糖果、奶酪、巧克力等食品的 3D 打印，其具体过程为：首先，通过喷头上端的加热部件将原料融化成具有半固化特征的流体；其次，流体经喷头挤出后在打印平台上冷却凝固；最后，通过层层堆叠得到 3D 打印产品。室温挤出是在常

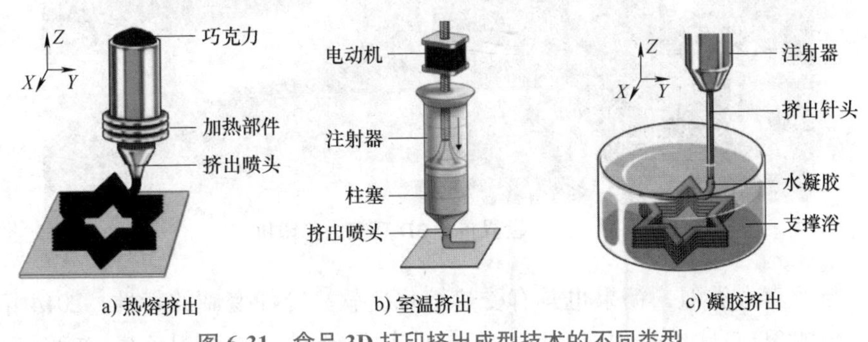

图 6-31 食品 3D 打印挤出成型技术的不同类型

温环境下使用半固态食品原料直接挤压成型，主要应用于自身具有一定黏结性的食品，如土豆泥、饼干等。凝胶挤出是将原料挤出到支撑浴中形成水凝胶，主要用于琼脂和糖果等食品的打印。

2014 年，第一台商用食品 3D 打印机 Foodini 诞生于西班牙 Natural Machines 公司（见图 6-32），该打印机能够制作汉堡、比萨、意大利面和蛋糕等多种食物。Foodini 将打印食物所需的各类原材料以乳化液的形式存储在多个“墨盒”中；Foodini 配备了 6 个喷嘴，在计算机的控制下可以通过不同的喷嘴组合，分层打印叠加形成具有一定形状的个性化定制食物；但是 Foodini 不能烹煮食物，用户需要把打印好的食物制熟后才能食用。

图 6-32　第一台商用食品 3D 打印机 Foodini

2011 年，英国埃克塞特大学研发出世界首台 3D 巧克力打印机（见图 6-33），并于 2012 年 4 月推向市场，使用者可以制作出自己喜爱的专属形状的巧克力。这台 3D 巧克力打印机以液体巧克力为原料，并装有保温和冷却系统，能够比较精确地控制巧克力在输入和输出时的黏稠度和温度，实现巧克力从加热挤出到凝固成型的过程。

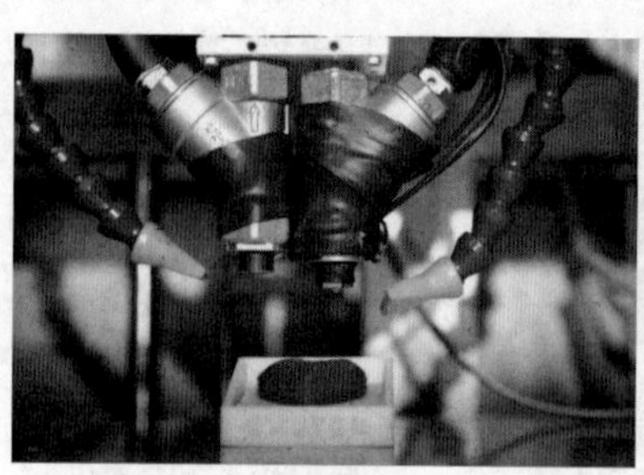

图 6-33　世界首台 3D 巧克力打印机

与巧克力类似，糖果也具有受热熔化变软、冷却变硬的特性。2014 年 3 月，全球 3D 打印巨头 3D Systems 公司推出了 Chef Jet 系列打印机，能够制作

3D 打印糖果和巧克力，如图 6-34 所示。

图 6-34　3D Systems 公司推出的 Chef Jet 系列 3D 打印机

2020 年，以色列初创公司 Redefine Meat 推出了世界上第一块 3D 打印的素食牛排，这种牛排由大豆、豌豆蛋白、营养酵母和椰子脂肪等植物原料制成，可以真实复制肉类的质地、味道和外观，如图 6-35 所示。

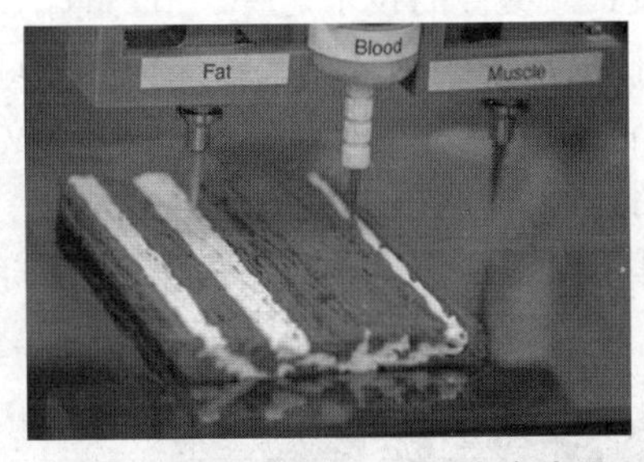

图 6-35　世界上第一块 3D 打印的素食牛排

2021 年，日本科学家利用 3D 打印技术成功组装了含有肌肉、脂肪和血管且与真实牛排高度相似的整块和牛肉（见图 6-36）。

尽管食品 3D 打印技术在近年来取得突破性进展，但要将其在更大范围内进行推广，还面临着诸多挑战，主要包括食品安全性、打印成本和速度、食品口感、食材种类的限制等。

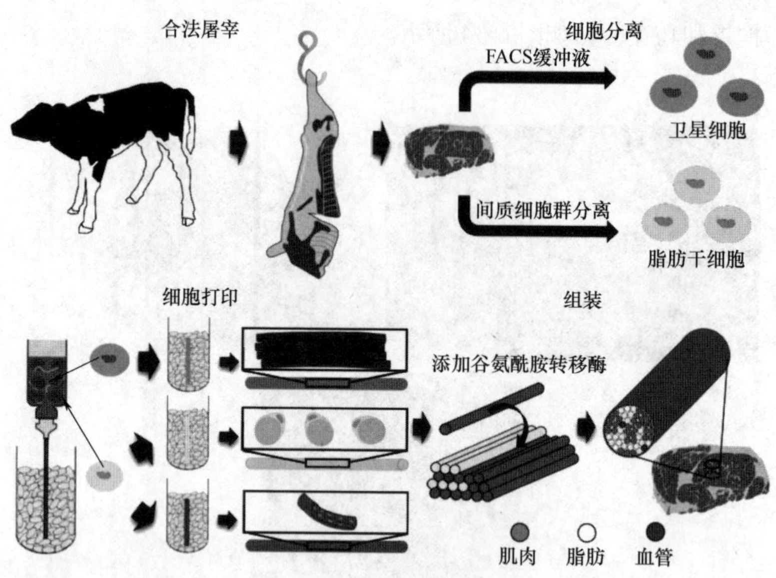

图 6-36　利用细胞培养和 3D 打印组装的拟真和牛肉

6.2.3　文物保护领域

人类在历史发展过程中会留下许多文物古迹，这成为现代人了解过往历史和文明的重要载体。随着时间的推移，很多珍贵的历史文物已经变得残缺不全，如何更好地保护历史文物、传承人类文明，成为一个十分重要而迫切的问题。

作为 21 世纪最具颠覆性的技术之一，3D 打印技术的重要价值正逐渐被挖掘出来，其与三维扫描技术的结合在文物保护等领域具有巨大的应用前景。越来越多的考古工作者开始尝试将 3D 打印技术用于文物复制、残缺文物修复等方面，使珍贵文物的风采神韵得以流传。

美国哈佛大学闪族博物馆的考古专家利用 3D 打印和三维扫描技术，成功修复了一个在 3000 年前被打碎的瓷器狮子，如图 6-37 所示。

图 6-37　利用 3D 打印和三维扫描技术成功修复的瓷器狮子

陕西博物馆利用3D打印技术，制作出国宝级文物——鹿形金怪兽的复制品，该复制品与文物原件几乎一模一样，如图6-38所示。使用3D打印的文物复制品展览可以防止文物失窃或者受到环境伤害，从而更好地保护文物原件。

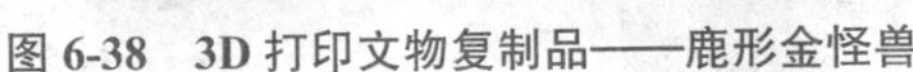

图6-38　3D打印文物复制品——鹿形金怪兽

6.2.4　影视领域

3D打印在影视领域的应用主要与道具、视觉特效等有关。由于3D打印技术能够准确地还原、便捷地制作影视剧组所需的各类特殊物品，因此在影视领域大放异彩。

影视道具需求太过个性化，尤其是科幻、玄幻等类型的影视作品中道具造型千奇百怪，而且对于道具的逼真度、精细度有较高要求，但数量上往往只需要一个或者几个，上述产品需求和3D打印“小批量、个性化、快速成型”的优势有着天生的契合度。与传统制造工艺相比，3D打印技术无须制作模具和使用刀具，只要设计好模型，就可以快速而精密地打印出任意复杂形状的道具，节省大量制作时间和成本，加速影视作品的制作过程。

好莱坞大片《复仇者联盟：奥创时代》中反派角色Vision的头部装饰造型十分独特（见图6-39），这样惊艳的效果如果不用3D打印技术根本无法完成。该3D打印头饰的具体实现过程如下：首先，对扮演者Paul的头部进行3D扫描以获取头部的三维数据；其次，基于头部三维数据，在计算机中完成头部装饰的设计；然后，利用3D打印机和透明树脂材料将其打印出来；最后，对3D打印的头部装饰进行上色，上色完成后最终让这个装饰看起来不像头盔而像一层皮那样紧贴在头上。

电视剧《青云志》剧组将3D打印技术大量地运用到服化道制作中，剧中的鬼王宗、炼血堂面具等都是通过3D打印技术制作完成的。图6-40所示为《青云志》剧组利用3D打印技术制作的角色面具。

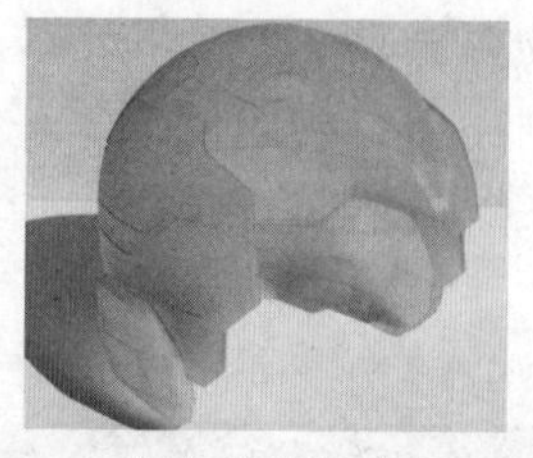

图 6-39　利用 3D 打印为反派角色 Vision 制作的独特头饰造型

图 6-40　《青云志》剧组利用 3D 打印技术制作的角色面具

思考与练习

1. 查阅资料，找一找 3D 打印技术在生物医疗、文化创意等领域的国内外最新研究进展和应用。

2. 3D 打印技术在生物医疗领域应用的优势是什么？

3. 3D 打印技术在文化创意领域应用的优势是什么？

参考文献

［1］王广春. 3D 打印技术及应用实例［M］. 北京：机械工业出版社，2020.

［2］闫红蕾. 3D 打印在文化创意产品设计中的应用［J］. 现代制造技术与装备，2019（8）：112-113.

［3］王锦阳，黄文华. 生物 3D 打印的研究进展［J］. 分子影像学杂志，2016（1）：44-46+62.

［4］贺永，高庆，刘安，等. 生物 3D 打印——从形似到神似［J］. 浙江大学学报（工学版），2019，53（3）：407-419.

［5］吴春亚，吴佳昊，吴喆冉，等. 生物 3D 打印技术的新研究进展［J］. 机械工程学报，2021，57（5）：114-132.

［6］郭文文，曹慧，刘静. 3D 打印技术在生物医学领域的应用［J］. 中国临床研究，2016，29（8）：1132-1133+1138.

[7] 闫志文，李硕峰，李傲，等. 3D生物打印技术在组织工程和器官移植中应用的研究进展［J］. 吉林大学学报（医学版），2019，45（1）：197-201.

[8] 王海燕. 3D打印技术在工程建筑领域的应用及展望［J］. 江西建材，2022（8）：5-8.

[9] PEGNA J.Exploratory investigation of solid freeform construction［J］. Automation in construction，1997，5（5）：427-437.

[10] 张超，邓智聪，马蕾，等. 3D打印混凝土研究进展及其应用［J］. 硅酸盐通报，2021，40（6）：1769-1795.

[11] 曹沐曦，詹倩怡，沈晓琦，等. 3D打印技术在食品工业中的应用概述［J］. 农产品加工，2021（1）：78-82.

[12] 李鑫，张爽，许月明，等. 3D打印技术在肉类加工中应用的研究进展［J］. 武汉轻工大学学报，2022，41（4）：24-30+52.

[13] SUN J，ZHOU W，Yan L，et al.Extrusion-based food printing for digitalized food design and nutrition control［J］. Journal of Food Engineering，2018，220：1-11.

[14] 师平，白亚琼. 3D打印技术在食品加工领域中的应用［J］. 食品工业，2021，42（10）：231-235.

[15] 井乐刚，沈丽君. 3D打印技术在食品工业中的应用［J］. 生物学教学，2016，41（2）：6-8.

[16] 廖小军，赵婧，饶雷，等. 未来食品：热点领域分析与展望［J］. 食品科学技术学报，2022，40（2）：1-14+44.

[17] 刘雅辉，刘淑梅，曹向珂，等.CAD和3D打印技术在文物考古中的应用［J］. 上海工程技术大学学报，2014，28（2）：154-157.

[18] Wohlers Associates.Wohlers Report［R］. 2023.

第 7 章 3D 打印实训

7.1 FDM 及正向建模（UG 软件）实例：创意花瓶

7.1.1 实训目的与准备

1. 实训目的

1）学习应用 3D 设计软件表达创意，并通过操作 3D 打印机把创意设计变成实物。

2）以创意花瓶的建模过程为例，介绍基于 UG 软件的正向建模方法。图 7-1 所示为创意花瓶模型。

3）掌握 FDM 成型设备的构造、工作原理及使用方法，体会 3D 打印技术自由成型的独特优势以及与传统制造方法的不同。

图 7-1 创意花瓶模型

2. 实训原理

参见第 3 章正向建模技术和第 2 章 FDM 技术的相关内容。

3. 实训软件、设备和材料

本实训使用正向建模软件 UG NX 开展三维模型设计。采用上海复志信息科技有限公司双喷头 FDM 3D 打印设备，型号为 Raised 3D pro2 plus（见图 7-2），切片软件为 IdeaMaker，该软件是与复志 3D 打印设备相配套的切片软件。FDM 工艺成型材料为丝状热塑性材料，本实训采用 PLA（聚乳酸）材料，该材料具有无毒、可生物降解等优点。

图 7-2 上海复志信息科技有限公司双喷头 FDM 3D 打印设备

7.1.2 三维建模

1. 创建花瓶外形

1）绘制底面草图。单击 UG 软件中的“草图”命令，选择 *XY* 视图基准面进行草图绘制，完成如图 7-3 所示的底面草图。

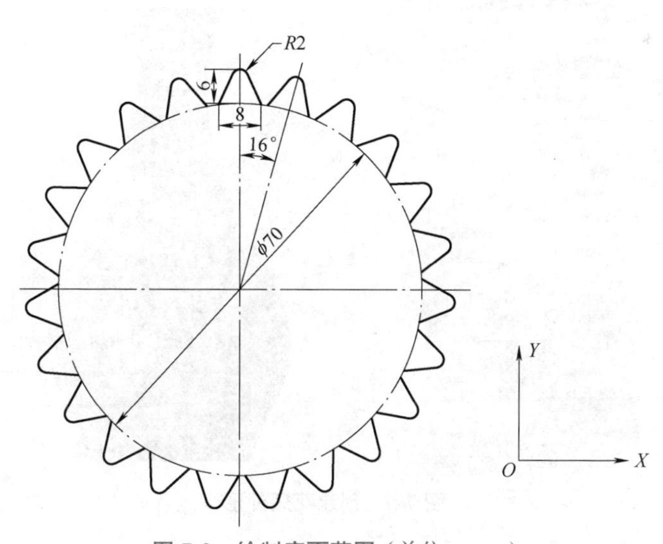

图 7-3 绘制底面草图（单位：mm）

2）绘制侧面草图。单击 UG 软件中的“草图”命令，选择 *XZ* 视图基准面进行草图绘制，完成如图 7-4 所示的侧面草图。

3）生成实体。单击“扫掠”命令，完成花瓶外形三维实体创建，如图 7-5 所示。

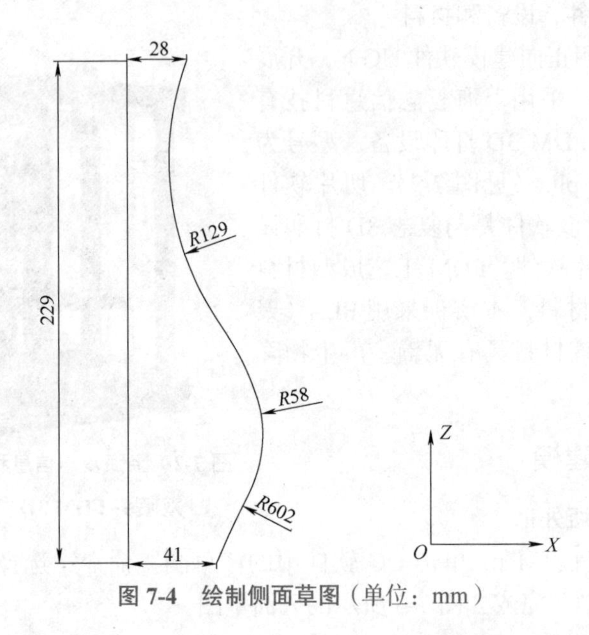

图 7-4　绘制侧面草图（单位：mm）

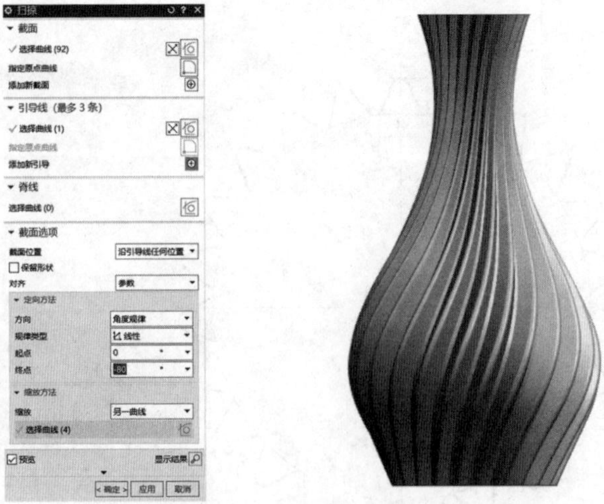

图 7-5　创建花瓶外形

2. 创建花瓶内腔

1）绘制内腔草图。单击“草图”命令，选择 *XZ* 视图基准面进行草图绘制，完成如图 7-6 所示的内腔草图。

2）生成花瓶内腔。单击“旋转”命令，并选择“布尔”项的“减去”运算选项，完成花瓶内腔结构及整个模型的创建，如图 7-7 所示。

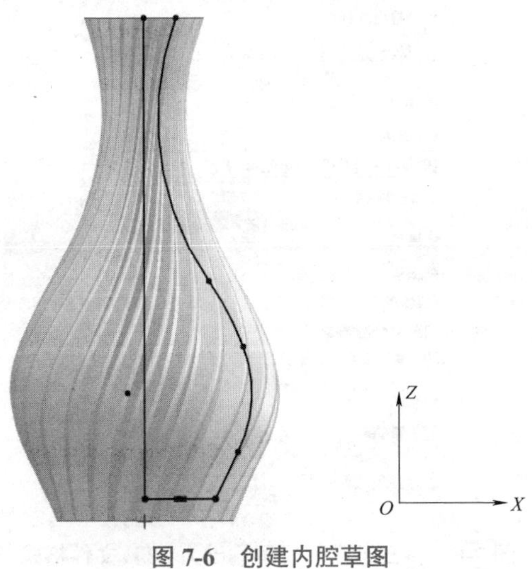

图 7-6 创建内腔草图

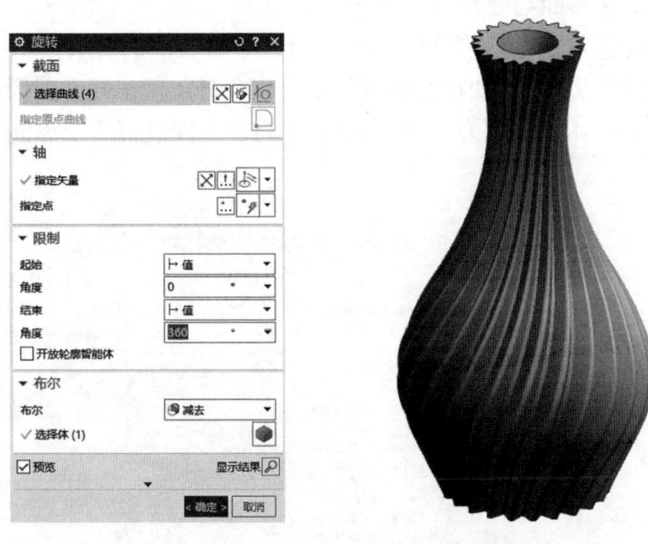

图 7-7 创建花瓶内腔结构及整个模型

7.1.3 数据处理

1. STL 格式文件的生成

依次选择和单击菜单栏中的“文件”“导出”和“STL”命令，弹出“STL

导出”对话框，将三维几何模型输出为 STL 文件格式（见图 7-8）。

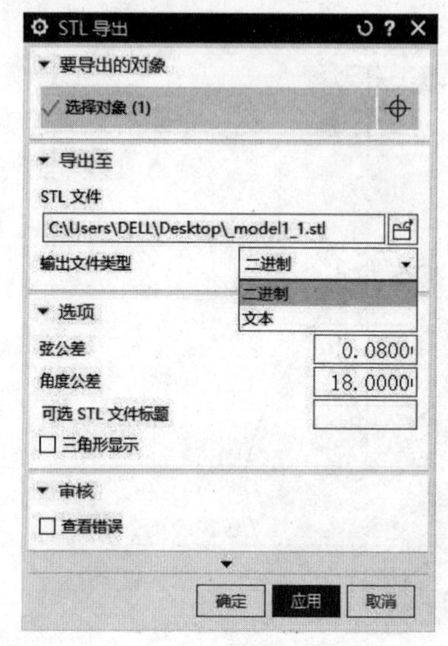

图 7-8　将三维几何模型输出为 STL 文件格式

2. STL 文件诊断与修复

3D 打印工艺对 STL 文件的正确性和合理性有较高的要求，要保证 STL 模型无裂缝、孔洞、重叠面和相交面等错误，以免分层后出现不封闭的环和歧义现象。可以通过 Magics 等专业修复软件对 STL 文件进行质量诊断与修复，如图 7-9 所示。

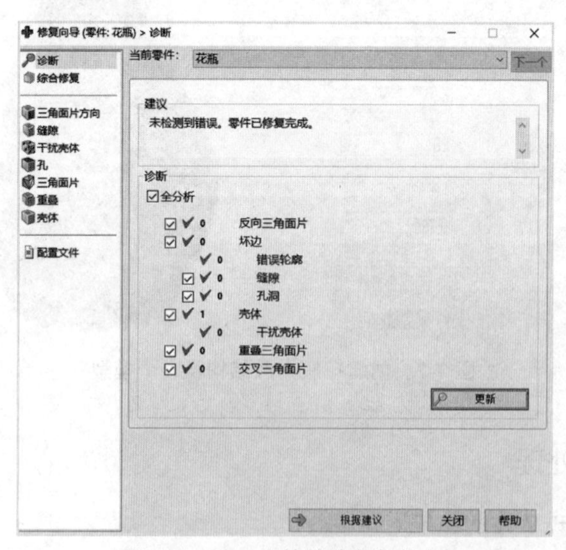

图 7-9　STL 文件的诊断与修复

3. STL 文件的切片

1）载入模型。将修复无误的STL文件导入切片软件IdeaMaker，如图7-10所示。

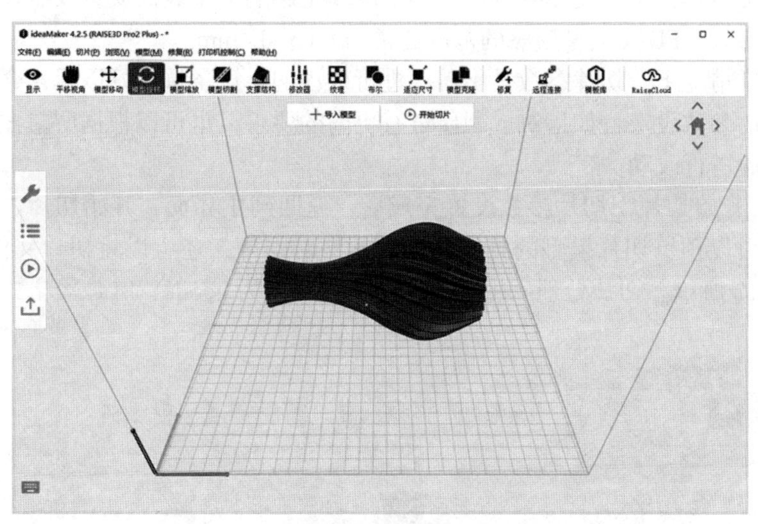

图7-10　载入模型

2）确定模型摆放位置。综合考虑花瓶制作的各种影响因素，例如模型强度、表面精度、支撑材料的添加以及成型时间等，确定模型的摆放位置，如图7-11所示。

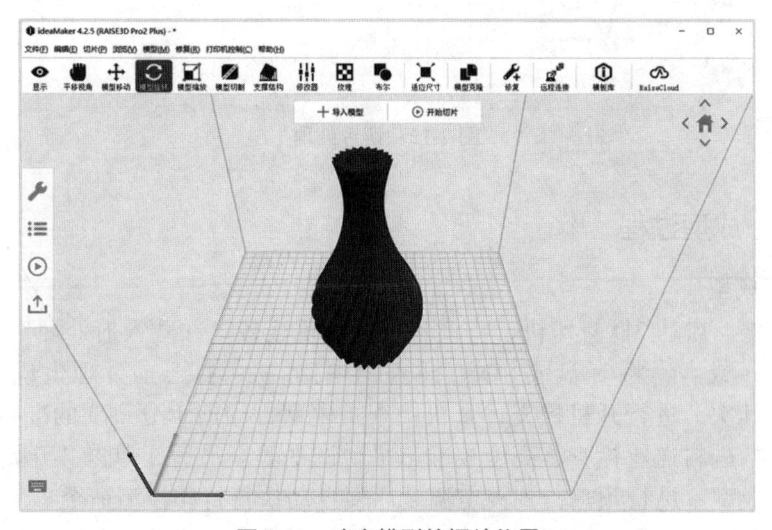

图7-11　确定模型的摆放位置

如果需要同时制作多个模型，还需要对模型进行复制，并重新摆放位置，或者导入不同的模型。

3）设定切片参数。切片参数主要包括层厚、填充密度、壁厚、挤出喷嘴温度、支撑临界角、支撑类型等。其中层厚是影响模型表面质量及制作时间最重要的参数，FDM成型层厚的范围通常为0.05~0.4mm。

通常情况下，切片参数是不需要进行改动的，设备调试好以后，会保存一个合理的参数设定。如果对成型质量有更高的要求，也可以根据所掌握的参数设定经验进行改动。

4）开始切片。切片参数设置完成后，返回到主界面，开始切片。切片完成后，可以预览切片模型的打印层数、预估时间等，还可以将切片文件导出，如图7-12所示。切片处理后生成的文件格式一般为gcode、SLC等格式。

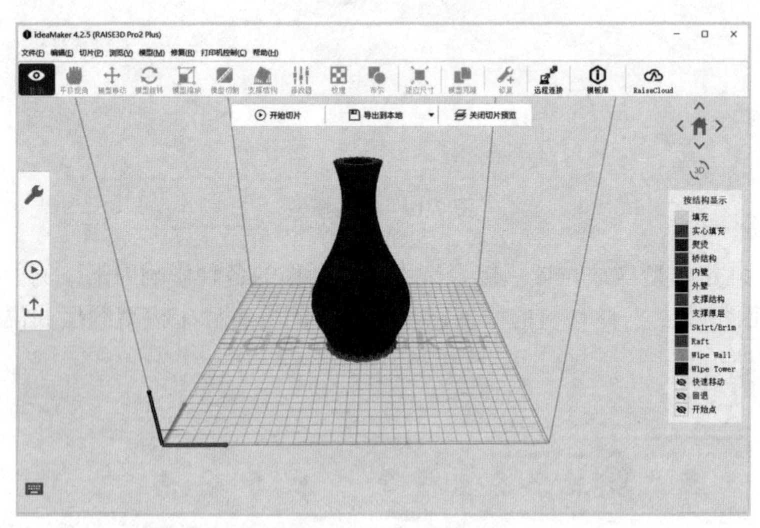

图7-12　切片处理

7.1.4　成型过程

1. 成型

首先，启动3D打印机，将设备与计算机连接，并载入前处理生成的切片模型；或者，将U盘或SD卡插入3D打印机，打开前处理生成的切片模型。其次，进行开机检查，开机检查是模型打印前十分重要的准备工作，主要包括进料送丝检查、高度校准与平台调平等。最后，单击“开始打印”按钮，成型室进行预热，到设定温度后便自动执行打印模型命令。

打印初始阶段，应注意3D打印机是否正常出料且成功打印第一层模型截

面。如果出现打印失败等情况时，应果断取消打印。经过逐层打印后，模型成型结束（见图 7-13），将模型从平台上取下。

2. 后处理

FDM 的模型后处理比较简单，主要就是去除支撑并对实体进行打磨、抛光等表面处理。图 7-14 所示为去除支撑后的花瓶模型。

图 7-13　打印完成后的花瓶模型

图 7-14　去除支撑后的花瓶模型

7.2 FDM 及正向建模（云 CAD 设计）实例：智能台灯

7.2.1 实训目的与准备

1. 实训目的

1）学习 3D 打印技术与智能硬件相结合的创新产品开发方法。通过 3D 设计和 3D 打印的方式，配合开源硬件，完成一个具备艺术性、功能性及人机交互性的作品。

2）以智能台灯的建模过程为例，介绍基于云 CAD 设计软件 CrownCAD 的正向建模方法。云 CAD 颠覆了传统 PC 端软件下载困难、安装复杂、计算机性能要求高等局限性，设计者在任意地点和终端打开浏览器（网址为 http://www.crowncad.com）即可进行产品设计和协同分享，极大地提升了产品设计的便捷性和效率。图 7-15 所示为智能台灯的最终建模效果，共分为灯罩和底盖两个零件。

3）采用 FDM 的方式成型台灯模型，掌握 FDM 成型设备的构造、工作原理及使用方法。

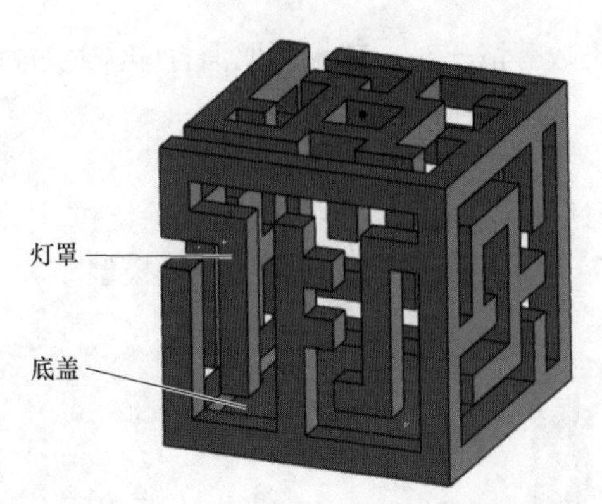

图 7-15 智能台灯的最终建模效果

2. 实训原理

参见第 3 章基于云架构的三维建模平台 CrownCAD 和第 2 章 FDM 技术的相关内容。

3. 实训软件、设备和材料

本实训使用基于云 CAD 正向建模软件 CrownCAD，CrownCAD 是山东华云三维科技有限公司推出的国内首款、完全自主的基于云架构的三维 CAD 平台。

采用上海复志信息科技有限公司双喷头 FDM 3D 打印设备，型号为 Raised 3D pro2 plus，如图 7-2 所示。切片软件为 IdeaMaker，该软件是与复志 3D 打印设备相配套的切片软件。FDM 工艺成型材料为丝状热塑性材料，本实训采用 PLA（聚乳酸）材料，该材料具有无毒、可生物降解等优点。

7.2.2 三维建模

1. 登录平台

按照 3.2.2 节“CrownCAD 平台界面”介绍的方法，只需通过网络浏览器在线登录 CrownCAD 平台并进入建模界面（见图 3-8)。

2. 创建灯罩

1）新建零件。在建模界面中单击“新建文档”，弹出如图 7-16 所示的对话框，输入名称、类型等内容，单击“创建”命令，完成“灯罩”零件文档的创建并返回建模界面。

2）绘制草图 1。单击“绘制草图”命令，分别选择右视基准面、前视基准面、上视基准面进行草图绘制，完成如图 7-17 所示的三个草图。

新建文档 ×

文档名称：

灯罩

类型：

零件

模板：

GB_零件

创建 关闭

图 7-16 新建“灯罩”零件

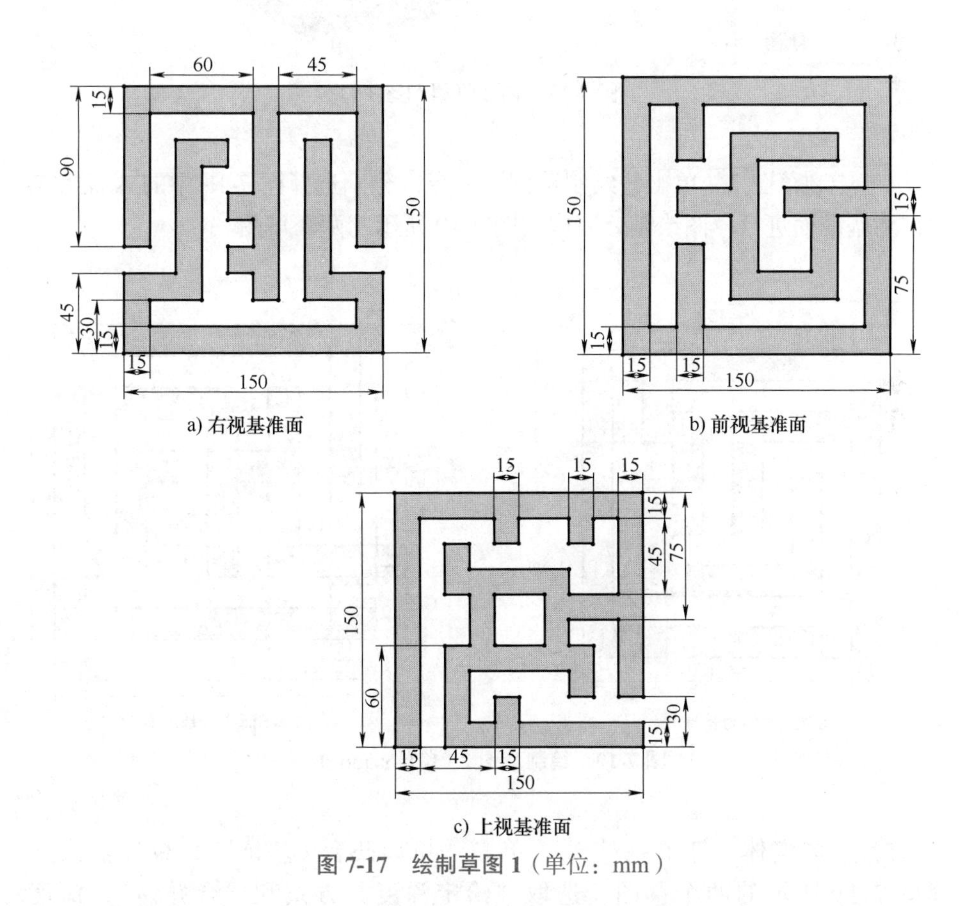

a) 右视基准面

b) 前视基准面

c) 上视基准面

图 7-17 绘制草图 1（单位：mm）

3）生成实体（灯罩侧壁 1）。单击“拉伸凸台 / 基体”命令，依次选择图 7-17 所示的三个草图，选取“给定深度”方式和“合并体”，深度值设置为

15mm，单击“确定”生成拉伸实体（灯罩侧壁 1），如图 7-18 所示。

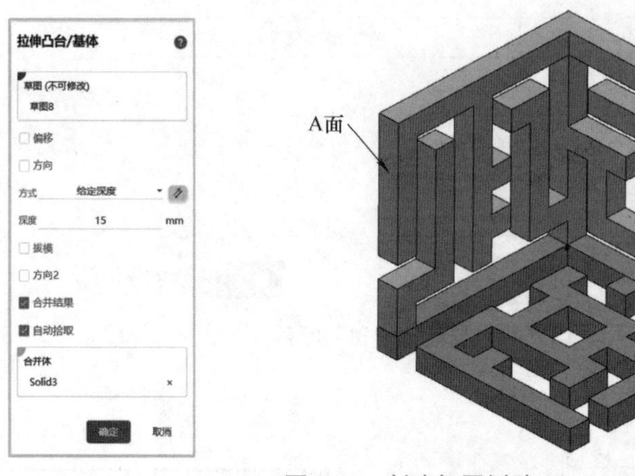

图 7-18　创建灯罩侧壁 1

4）绘制草图 2。单击“绘制草图”命令，分别选择图 7-18 中的 A 面和 B 面作为基准面进行草图绘制，完成如图 7-19 所示的两个草图。

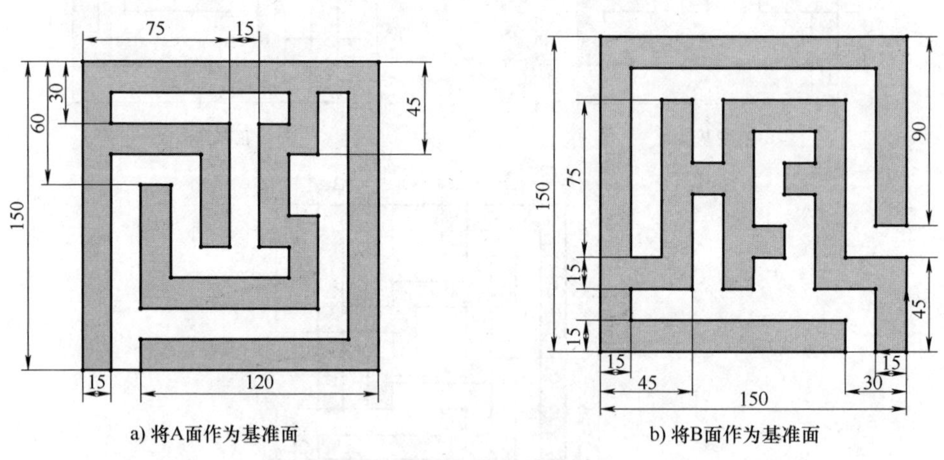

图 7-19　绘制草图 2（单位：mm）

5）生成实体（灯罩侧壁 2）。单击“拉伸凸台 / 基体”命令，依次选择图 7-19 所示的两个草图，选取“给定深度”方式和“合并体”，深度值设置为 15mm，单击“确定”生成拉伸实体（灯罩侧壁 2），如图 7-20 所示。

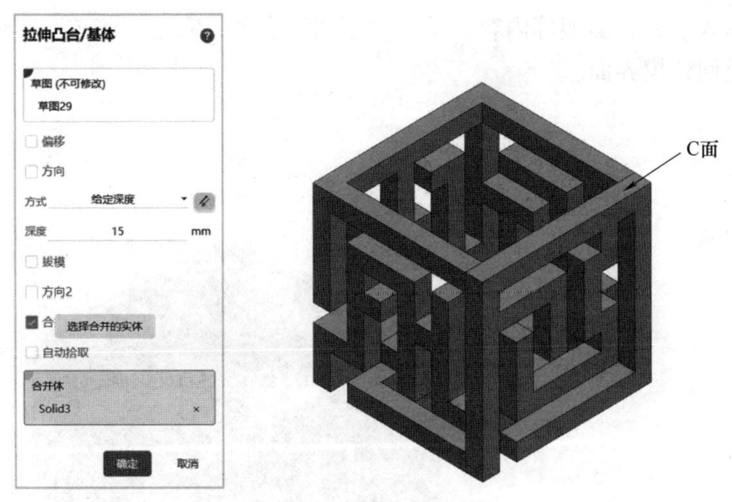

图 7-20　创建灯罩侧壁 2

6）绘制草图 3。单击“绘制草图”，选择图 7-20 中的 C 面作为基准面进行草图绘制，完成如图 7-21 所示的草图。

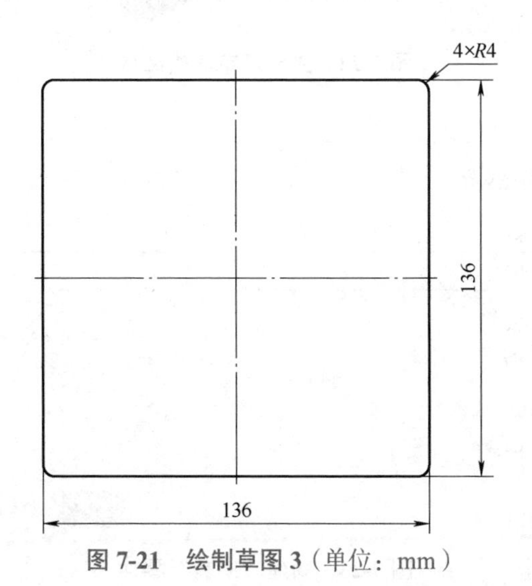

图 7-21　绘制草图 3（单位：mm）

7）生成灯罩底槽结构。灯罩和底盖两个零件通过底槽结构进行过盈配合。单击“拉伸切除”命令，选择图 7-21 所示的草图，选取“给定深度”方式和“切除体”，深度值设置为 7mm，单击“确定”生成灯罩底槽结构，如图 7-22 所示。

3. 创建底盖

1）新建零件。在建模界面中单击“新建文档”，弹出如图 7-23 所示的对话框，输入名称、类型等内容，单击“创建”命令，完成“底盖”零件文档的创建并返回建模界面。

图 7-22　生成灯罩底槽结构

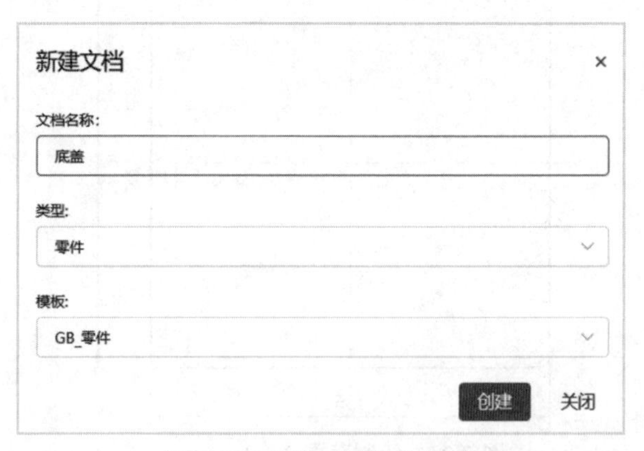

图 7-23　新建“底盖”零件

2）绘制草图。单击“绘制草图”命令，选择图 7-20 中的 C 面作为基准面进行草图绘制，完成如图 7-24 所示的草图。

3）创建实体（底盖）。单击“拉伸凸台 / 基体”命令，选择图 7-24 所示的底盖草图，选取“给定深度”方式，深度值设置为 7mm，单击“确定”生成拉伸实体（底盖），如图 7-25 所示。

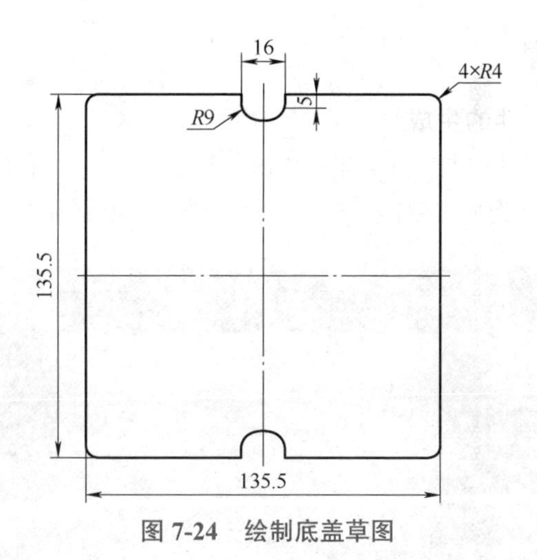

图 7-24　绘制底盖草图

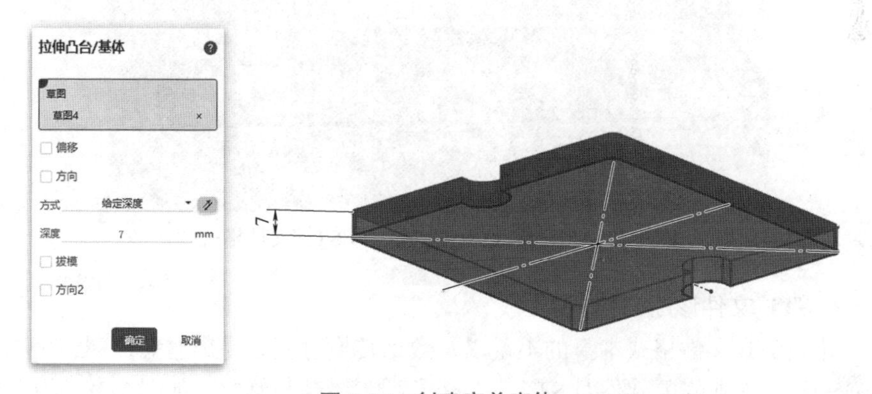

图 7-25　创建底盖实体

4. 保存文件

单击菜单栏“文件”中的“保存”命令，对三维模型进行保存，完成智能台灯的三维建模过程，如图 7-26 所示。

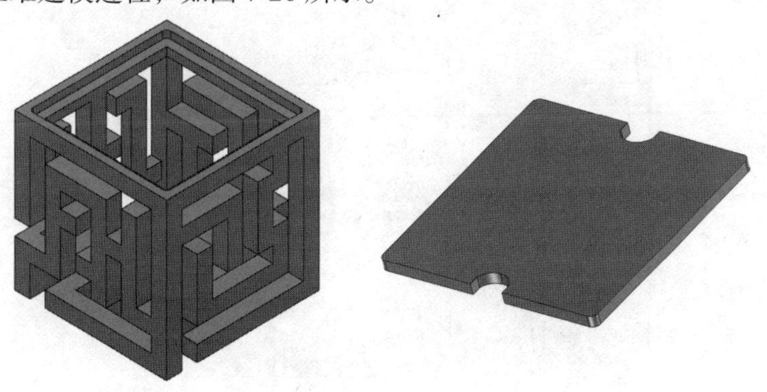

图 7-26　智能台灯三维模型

7.2.3 数据处理

1. STL 格式文件的生成

在建模界面中单击“导入/导出”中的“导出”命令，弹出如图 7-27 所示的对话框，选择 STL 文件类型，单击“确定”将三维几何模型输出为 STL 文件格式。

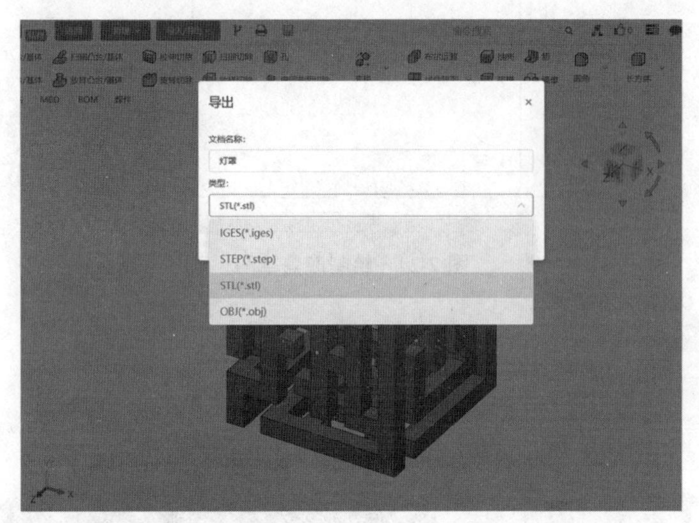

图 7-27　将三维几何模型输出为 STL 文件格式

2. STL 文件诊断与修复

由于 STL 文件格式本身的不足以及数据转换过程中易出错等原因，可以通过 Magics 等专业修复软件对 STL 文件进行质量诊断与修复，如图 7-28 所示。

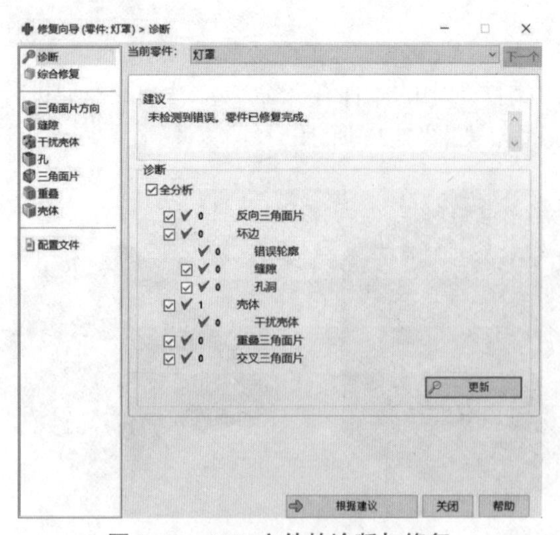

图 7-28　STL 文件的诊断与修复

3. STL 文件的切片

1）载入模型。将修复无误的STL文件导入切片软件IdeaMaker，如图7-29所示。

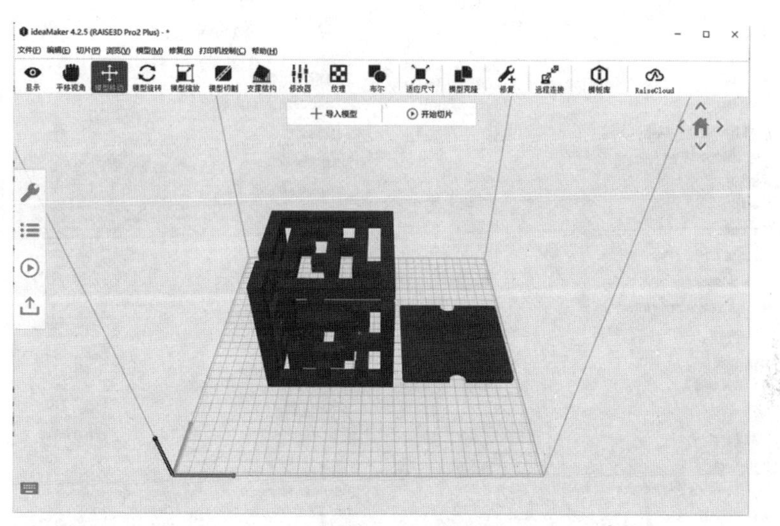

图 7-29　载入模型

2）确定模型的摆放位置。综合考虑3D打印成型的各种影响因素，确定台灯模型的摆放位置（见图7-30），应将灯罩按照开口向上的方向摆放，可以减少支撑结构。

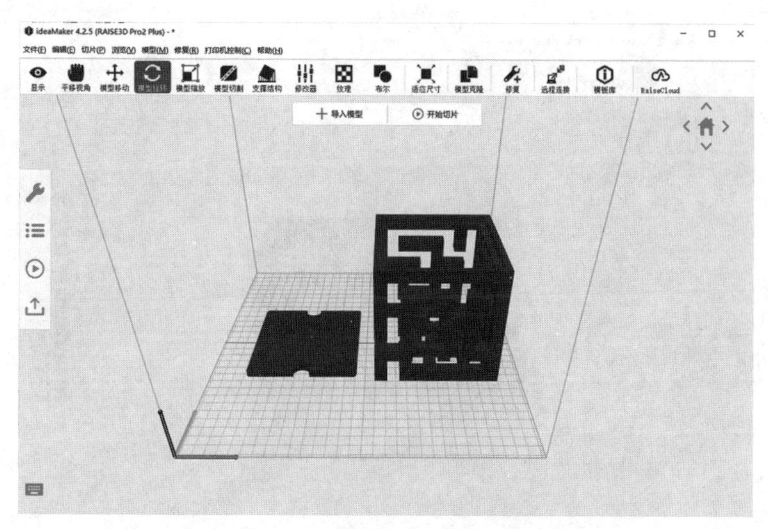

图 7-30　确定模型的摆放位置

3）设定切片参数。切片处理过程中切片软件参数设置是否合适直接影响模型的打印效果。台灯模型的3D打印切片参数设置如图7-31所示。

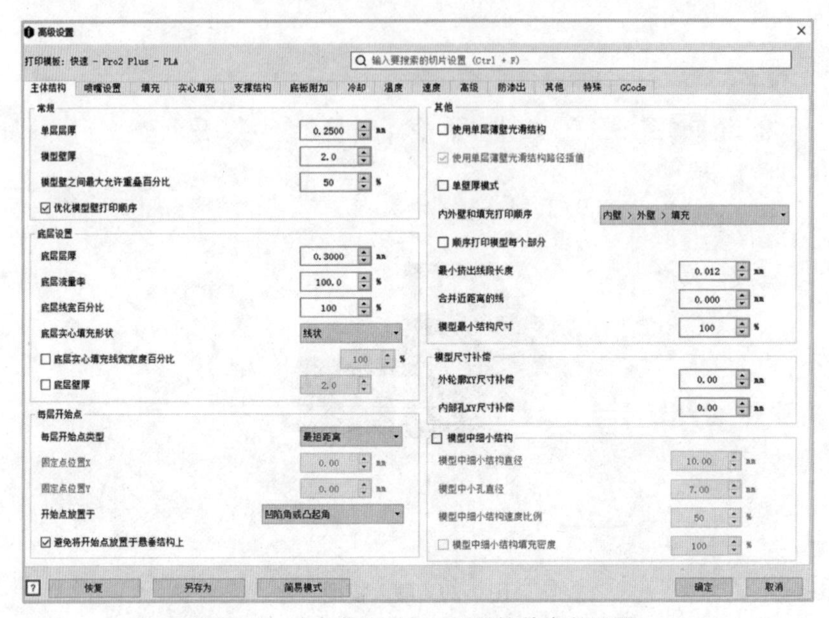

图7-31 台灯模型的3D打印切片参数设置

4）开始切片。切片参数设置完成后，返回主界面开始切片。切片完成后，可以预览切片模型的打印层数、预估时间等，还可以将切片文件导出，如图7-32所示。

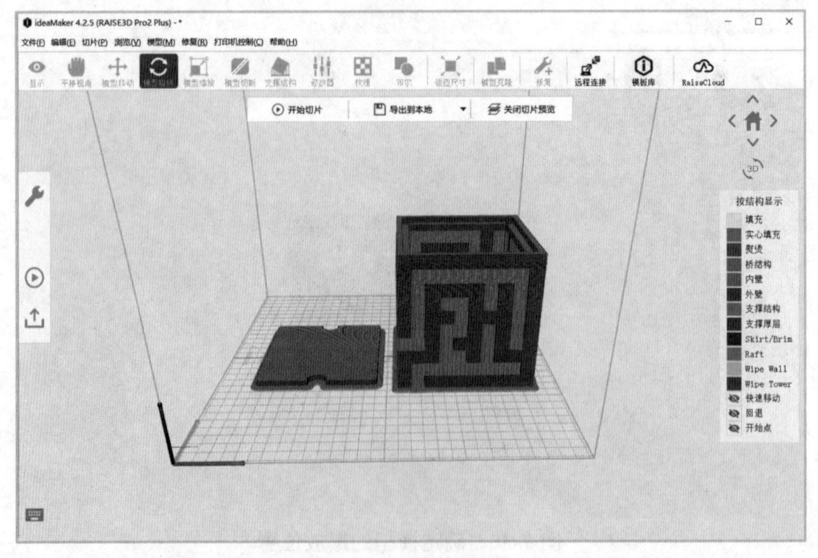

图7-32 切片处理

7.2.4 成型过程

1. 成型

首先，启动3D打印机，将设备与计算机连接，并载入前处理生成的切片模型；或者，将U盘或SD卡插入3D打印机，打开前处理生成的切片模型。其次，进行开机检查，开机检查是模型打印前十分重要的准备工作，主要包括进料送丝检查、高度校准与平台调平等。然后，单击“开始打印”按钮，成型室进行预热，到设定温度后便自动执行打印模型命令。最后，模型成型结束，取出模型，如图7-33所示。

2. 后处理

FDM的模型后处理比较简单，主要是去除支撑并对实体进行打磨、抛光等表面处理。图7-34所示为去除支撑后的台灯模型。

图7-33 打印完成后的台灯模型

图7-34 去除支撑后的台灯模型

7.2.5 3D打印与智能硬件的结合

1. LED声光控节能灯

本实训选取的智能硬件是LED声光控节能灯。分别将灯珠、电阻、半导体、三极管、电容、光敏电阻、话筒等各个电路元器件焊接到控制板上，可得到LED声光控节能灯组件，如图7-35所示。

LED声光控节能灯集声音感知、光效感应、延时控制于一体，内置声音感应元器件、光效感应元器件和延时开关智能模块。在白天光线比较强的情况下，光效感应元件将感应信号传递给延时开关，延时开关自动处于锁定状态，有声音振动也不开锁，节能灯也就不会亮。当光线比较暗时，光效感应元器件再将感应信号传递给延时开关，延时开关自动开锁，但是否让节能灯亮要由声音感应元件给出的信号决定，当有声音振动时，声音感应元件就会将信号传递给延时开关，通知开启工作，节能灯亮。

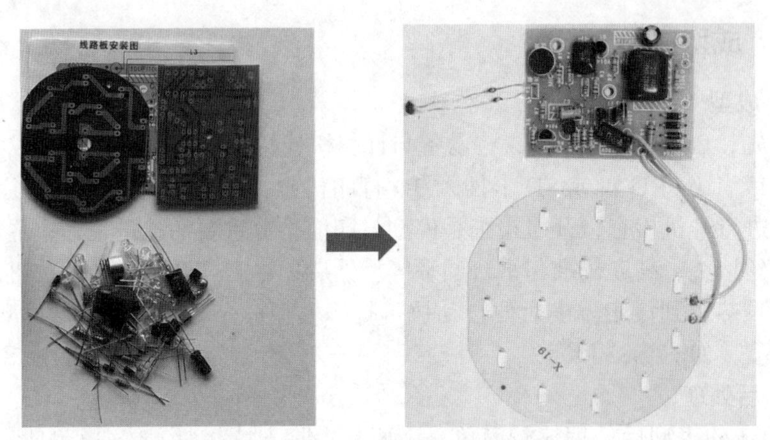

图 7-35　LED 声光控节能灯组件

2. 组装得到智能台灯

将 3D 打印制作的台灯与声光控节能灯智能硬件相结合，就组装得到一个智能台灯产品，如图 7-36 所示。

图 7-36　最终得到的智能台灯产品

7.3　SLA 及创成式设计实例：摩托车三角轧头

7.3.1　实训目的与准备

1. 实训目的

1）学习面向 3D 打印的创成式设计方法。以摩托车三角轧头这一工业产品为例，介绍基于 Autodesk Fusion 360 软件的创成式设计过程，通过设计软件和算法自动实现产品的优化设计。图 7-37 所示为摩托车三角轧头的最终建模效果。

2）采用 SLA 的方式成型摩托车三角轧头，掌握 SLA 工业级成型设备的构造、工作原理及使用方法。

3）了解 3D 打印技术和创成式设计的结合会颠覆传统的设计与制造模式，在建筑、汽车工业制造、家居家电、珠宝首饰等领域具有广阔的发展前景。

2. 实训原理

参见第 3 章面向 3D 打印的自由设计技术和第 2 章 SLA 技术的相关内容。

3. 实训软件、设备和材料

本实训使用建模软件 Autodesk Fusion 360 的创成式设计模块和专业切片软件 Magics。Fusion 360 是美国 Autodesk 公司开发的一款集三维设计、三维渲染、仿真制造以及创成式设计为一体的三维设计软件平台，该软件广泛应用于工程机械、航空航天、汽车工程等领域。

采用上海联泰 SLA 工业级 3D 打印设备，型号为 Lite800，如图 7-38 所示。SLA 工艺成型材料为光敏树脂，可应用于汽车、医疗、消费电子等工业制造领域的母模、概念模型、一般部件和功能性部件的制作。本实训采用光敏树脂材料的牌号为 Syn E20。

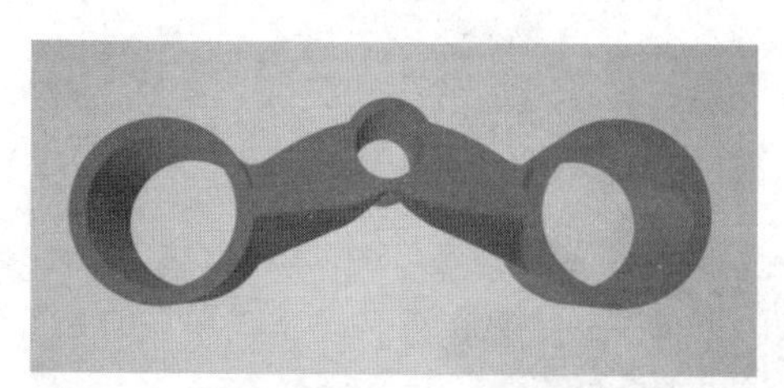

图 7-37　摩托车三角轧头的最终建模效果

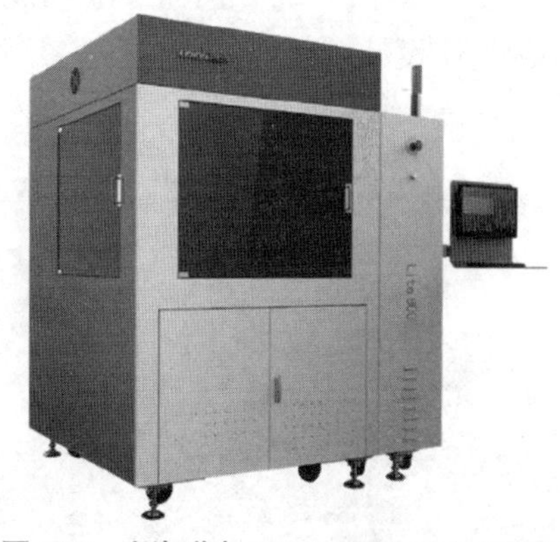

图 7-38　上海联泰 SLA 工业级 3D 打印设备

7.3.2　对象描述

摩托车三角轧头是摩托车的重要部件（见图 7-39），必须保证三角轧头在工作过程中不会断裂或弯曲，同时质量又不能设计太大，因此本实训的设计目标是利用创成式设计方法对摩托车三角轧头进行优化设计，在保障性能要求的同时大幅减轻零件质量。

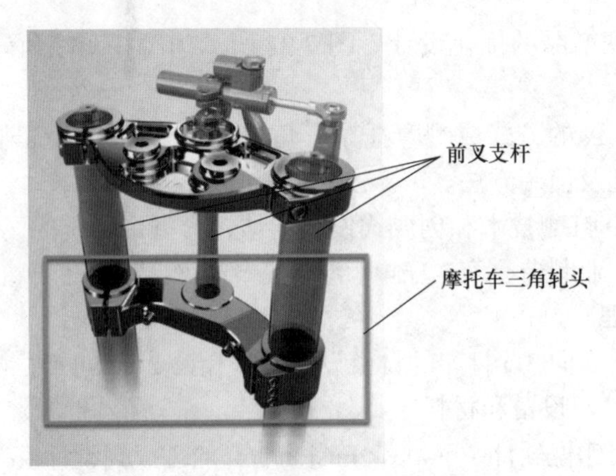

图 7-39　摩托车三角轧头

7.3.3　创成式设计

创成式设计是一种通过设计软件和算法自动生成产品模型的设计方法。通过输入设计目标以及性能要求、空间要求、使用材料、制造方法和成本约束等参数，软件会自动生成若干个满足要求的设计方案，通过对不同设计方案进行对比，获得最优设计结果。

图 7-40 所示为 Fusion 360 创成式设计软件模块的主界面，摩托车三角轧头的具体设计过程如下：

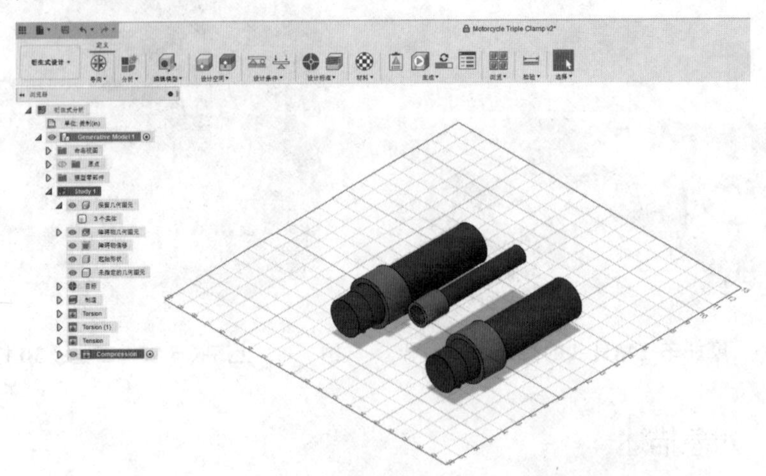

图 7-40　Fusion 360 创成式设计软件模块的主界面

1. 定义设计空间

首先，在 Fusion 360 中定义设计空间。创成式设计无须给出初始模型，只需根据原始设计的机械结构定义设计空间，即确定创成式设计中的保留几何

图元与障碍物几何图元，其中保留几何图元是指新设计部件中必要的组成元素，障碍几何图元是指已存在的区域或需要限制新设计部件几何尺寸的区域。

在本实训中，轧头必备单元是新设计轧头必要的组成元素，为保留几何图元；前叉支杆属于已经存在的物体，为障碍物几何图元；两块空间限制隔板用来限制新轧头的生成空间，也为障碍物几何图元，如图 7-41 所示。将上述模型中的倒角等细节进行简化，使模型达到合理的最简状态。

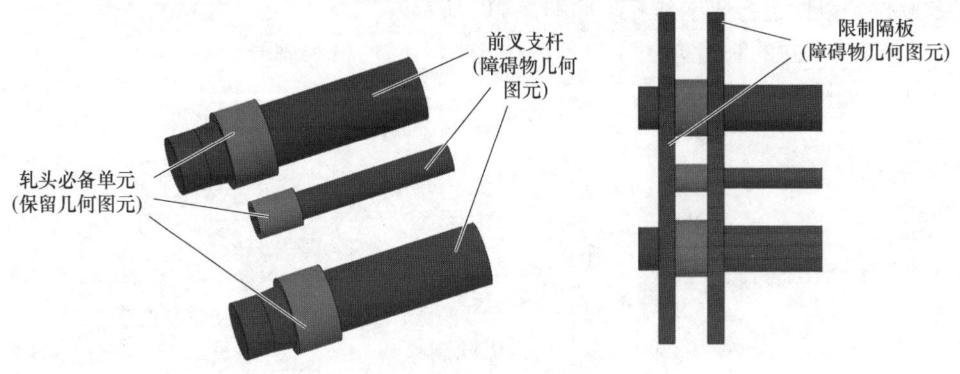

图 7-41　定义设计空间

2. 定义设计条件

设计条件主要包括添加约束条件和载荷，计算机根据施加的约束和载荷生成相应的符合条件的计算结果。在本实训中，将轧头必备单元中间部件的内壁面分别在 X、Y、Z 轴方向上完全固定。所施加的结构载荷分别有系统内部所有构件的自重及受到沿前叉支杆方向上的压力。

依次单击“设计条件”“结构载荷”命令，弹出“结构载荷”对话框。根据实际受力情况，定义力的方向与大小，如图 7-42 所示。

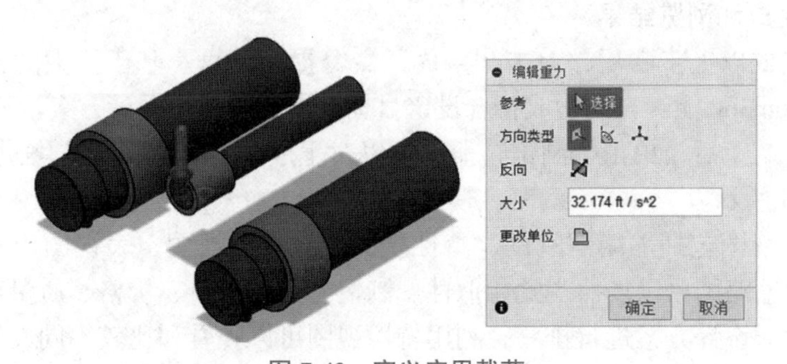

图 7-42　定义应用载荷

3. 选择设计目标、制造方法和材料

在本实训中，摩托车三角轧头的设计目标是在满足结构强度和功能要求的情况下，达到质量最小化，因此在“目标和限制”对话框中选择“最小化质量”作为目标，并将“安全系数”设置为2.00，如图7-43a所示。

新轧头所采用的制造方法，共有“无限制”“增材”“铣削”“2轴切削”和“铸造”五种加工选项。本实训选用“增材”加工方法，并相应设置成型“方向”“悬垂结构角度”和“最小厚度”，此外还可以设置“产量”参数为500件，以便进行成本估算，如图7-43b所示。

针对不同的制造方法在材料库中选择不同的材料牌号，本实训选用ABS塑料，如图7-43c所示。

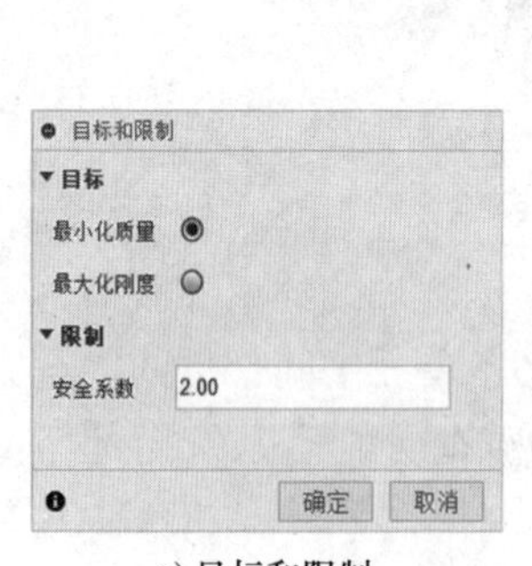

a) 目标和限制

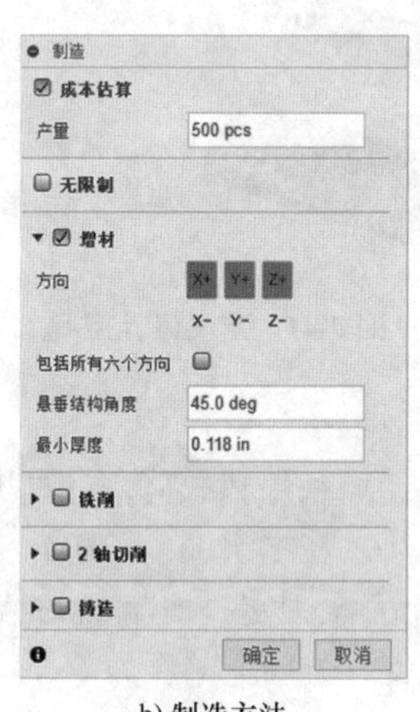

b) 制造方法

c) 材料

图7-43 选择设计目标、制造方法和材料

4. 生成和浏览结果

在完成以上步骤后，单击“生成”命令提交计算。基于强大的云计算能力，Fusion 360能够自动生成符合设定目标要求的若干个设计方案。

计算结束后，单击“浏览”命令可以对生成的若干个设计方案进行浏览，如图7-44所示。

浏览视图包括缩略图视图、特性视图、散布图视图、表视图四种显示形式。利用缩略图可以按照视觉相似性、制造方法、材料、价格、质量和体积等多种因素对设计方案进行排序，利用特性视图可以查看和比较不同设计方案的具体特性参数（见图7-45）。

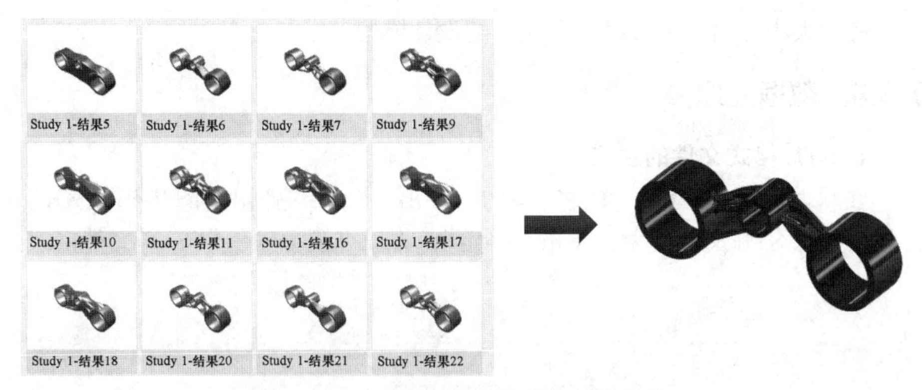

图 7-44 生成和浏览结果（缩略图视图）

特性	Study 1 - 结果 5	Study 1 - 结果 6	Study 1 - 结果 7	Study 1 - 结果 9
状态	已完成	已融合	已融合	已融合
材料	Titanium 6Al-4V	Titanium 6Al-4V	Titanium 6Al-4V	Aluminum 6061
方向	X+	Y+	Z+	X+
制造方法	增材	增材	增材	增材
视觉相似性	唯一	组 1	组 4	唯一
产量 (pcs.)	500	500	500	500
单个零件成本				
范围 (USD)	1,663 - 1,827	804 - 932	886 - 1,019	167 - 250
中值 (USD)	1,758	884	967	220
完全负担成本				
范围 (USD)	1,663 - 1,829	804 - 934	886 - 1,021	167 - 252
中值 (USD)	1,759	885	968	221
体积 (in^3)	21.494	9.092	9.731	11.637
质量 (lbmass)	3.44	1.455	1.557	1.135
最大 Mises 等效应力 (psi)	11,469.509	63,998.852	63,998.582	19,942.496
安全系数限制	2	2	2	2
最小安全系数	11.16	2	2	2
最大全局位移 (in)	0.007	0.072	0.06	0.03

图 7-45 特性视图中的结果

除了特性视图，还经常使用散布图来快速筛选符合设计要求的最佳方案。散布图采用坐标系的方式对不同设计模型进行排布，可以将横纵坐标轴分别指定为想要对比的特性（例如最小质量和安全系数），圆点颜色代表另一种特性（例如材料），这样通过设计模型在坐标系中的分布能够快速、直观地选取质量较小且安全系数较大的模型。

通过对不同设计方案进行对比分析，并综合考虑材料、加工方式、最小质量与应力大小等因素，最终选定最佳的设计模型。

7.3.4 数据处理

1. STL 格式文件的生成

在软件界面中单击“文件”中的“导出”命令，弹出如图 7-46 所示的对话框，选择 STL 文件类型，单击“确定”，将三维模型输出为 STL 文件格式。

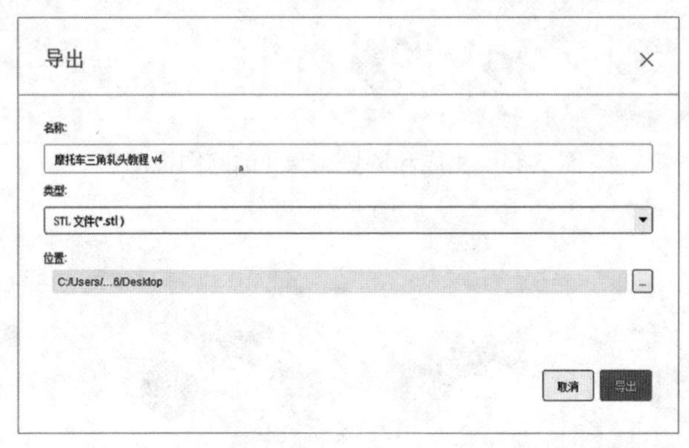

图 7-46 Fusion 360 STL 导出

2. STL 文件诊断与修复

由于 STL 文件格式本身的不足以及数据转换过程中易出错等原因，可以通过 Magics 等专业修复软件对 STL 文件进行质量诊断与修复，如图 7-47 所示。

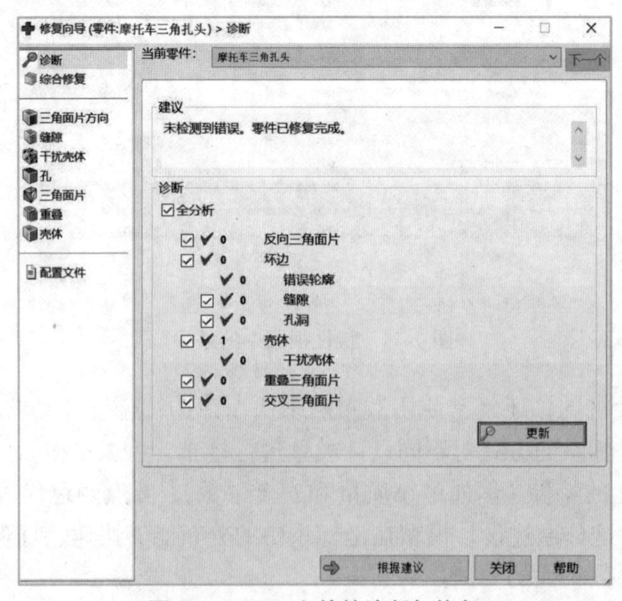

图 7-47 STL 文件的诊断与修复

3. STL 文件的切片

1）载入模型并确定模型的摆放位置。将修复无误的 STL 文件导入专业的切片软件 Magics，综合考虑 3D 打印成型时的各种影响因素，确定图 7-48 所示的模型摆放位置。

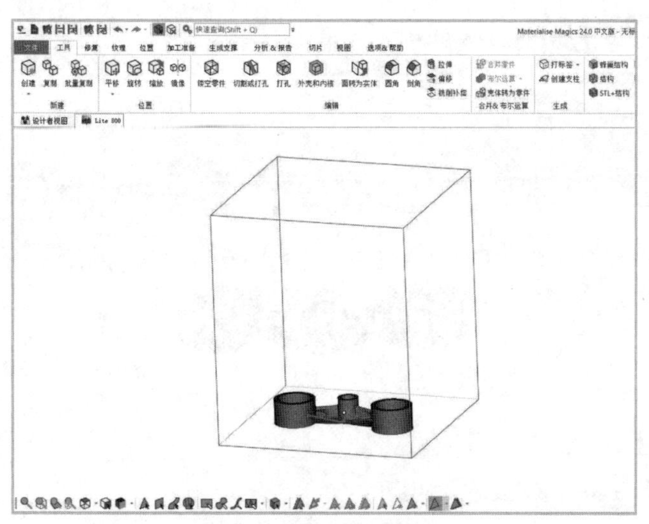

图 7-48　确定模型的摆放位置

2）设定切片参数。摩托车三角轧头模型的切片参数设置如图 7-49 所示。

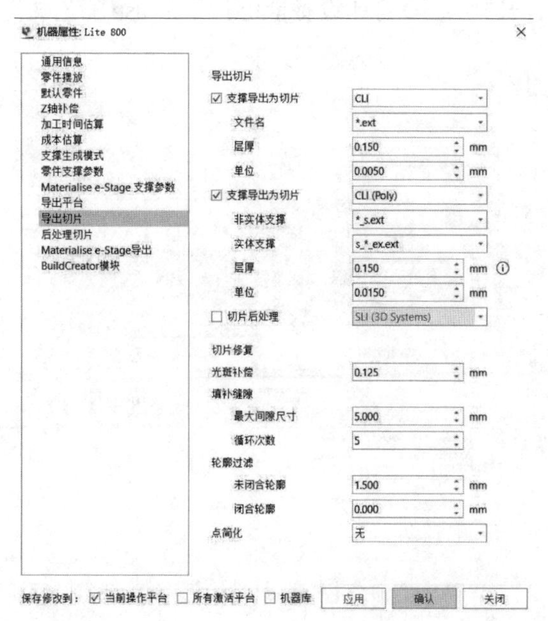

图 7-49　摩托车三角轧头模型的切片参数设置

3）开始切片。切片参数设置完成后，对模型进行切片。切片完成后，可以预览切片模型的打印层数、预估时间等（见图 7-50），最后将切片文件导出和存储。

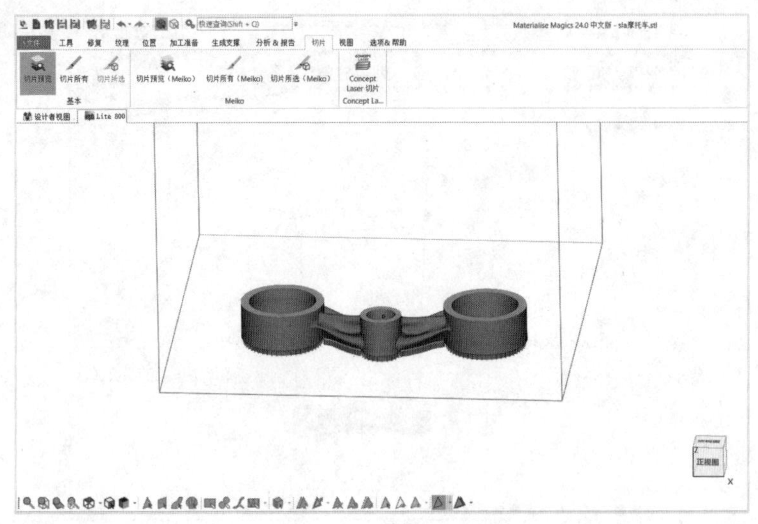

图 7-50　切片处理

4）转换打印文件格式。将 cli 格式切片文件导入上海联泰 Union Tech BPC 定制化软件模块，转换为3D打印设备能够识别的usp工艺文件格式，如图 7-51 所示。

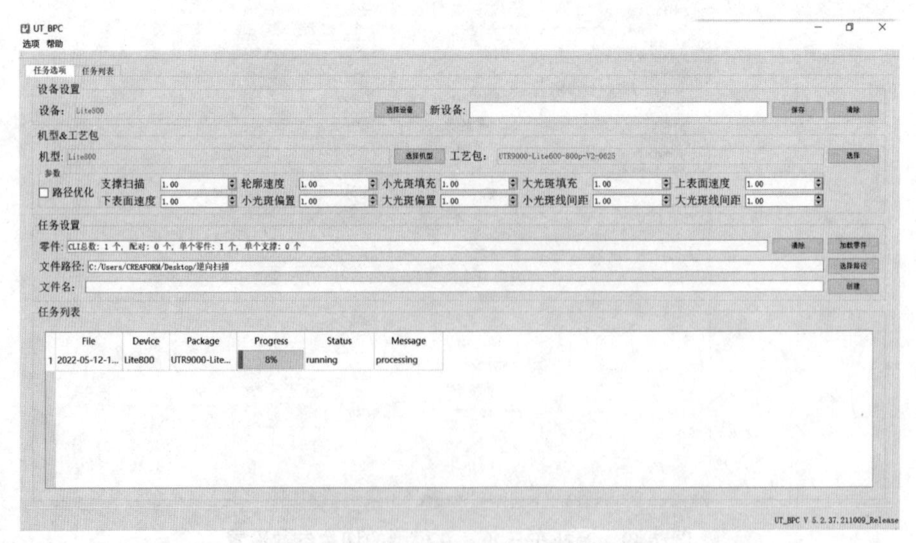

图 7-51　转换为 usp 工艺文件格式

7.3.5 成型过程

1. 成型

首先，启动 Lite800 SLA 工业级 3D 打印机，在控制软件中导入 usp 工艺文件。其次，进行模型打印前的检查和准备工作，包括清理刮刀、检查树脂液位、检查平台上是否有残留碎屑、校准功率等。然后，单击“准备”按钮，设备运动部件归零，同时控制软件界面显示所需的打印时间，如图 7-52 所示。最后，单击“开始打印”按钮，3D 打印机自动执行打印命令。当 3D 打印成型过程结束后，带有 3D 打印成型零件的打印基板自动上升，如图 7-53 所示。

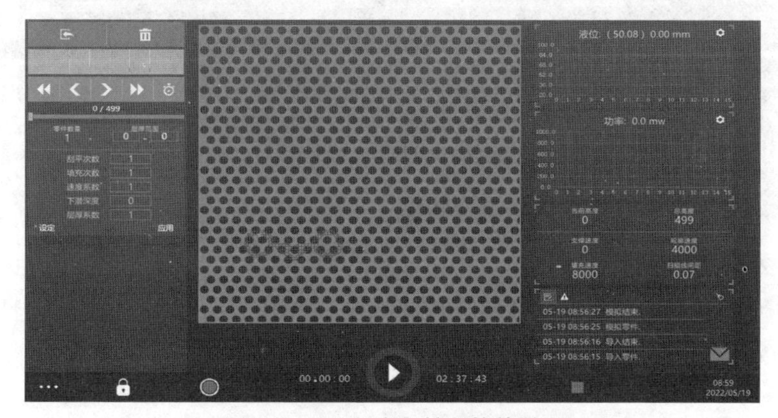

图 7-52　3D 打印机控制软件界面

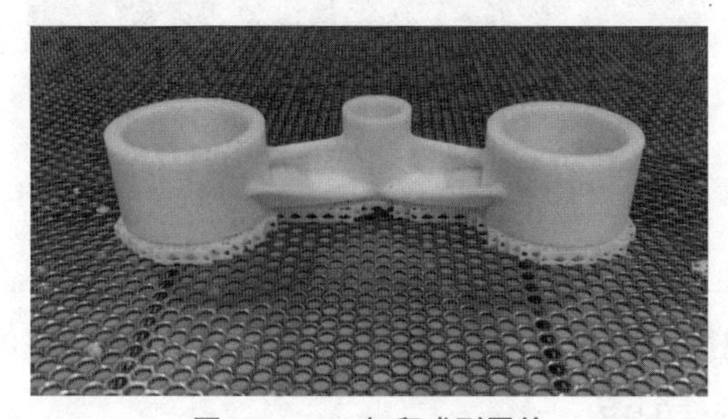

图 7-53　3D 打印成型零件

2. 后处理

将 3D 打印成型零件从基板上取下，去除支撑并使用纯度为 95% 的乙醇清洗成型零件表面残留的树脂，如图 7-54 所示。

清洗完毕后，为提高成型零件的性能和尺寸稳定性，还需将其放在固化箱中进行二次固化，固化时间的长短可以根据成型零件的大小来设定，如图 7-55 所示。

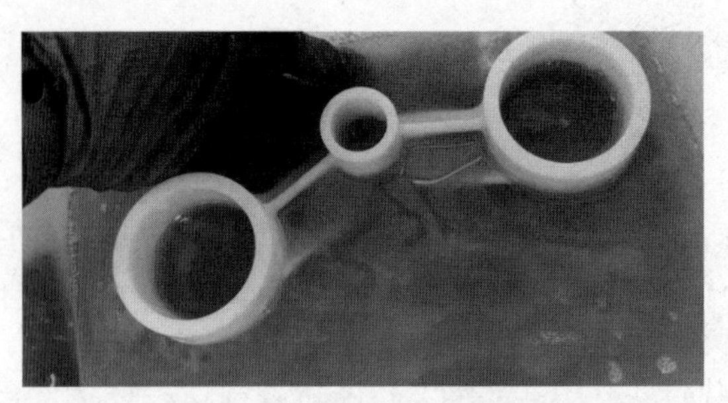

图 7-54 使用乙醇清洗成型零件

图 7-55 对成型零件进行二次固化

二次固化过程完成后，从固化箱中取出成型零件，图 7-56 所示为最终得到的 3D 打印成型零件。

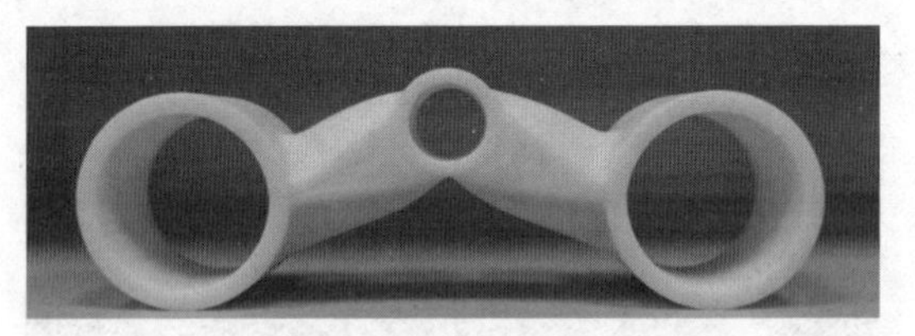

图 7-56 最终得到的 3D 打印成型零件

7.4 FDM 及逆向建模（基于 Mimics 软件）实例：人体骨骼

7.4.1 实训目的与准备

1. 实训目的

1）学习逆向建模技术（医学图像三维重建）的基本原理和方法。以人体骨骼（骨盆）的建模过程为例（见图 7-57），介绍基于 Mimics 软件的逆向建模过程，实现从 CT 断面图像到建立三维数字模型。

2）采用 3D 打印的方式成型骨盆模型，掌握 FDM 成型设备的构造、工作原理及使用方法。

3）了解 3D 打印技术应用于医疗领域实现个性化、定制化以及精准医疗的独特优势。

2. 实训原理

参见第 3 章中的逆向建模技术和第 2 章中的 FDM 技术的相关内容。

3. 实训软件、设备和材料

本实训使用 CT 图像数据处理逆向建模软件 Mimics 和专业切片软件 Simplify3D。采用青岛三易三维技术有限公司 FDM 成型设备，机械结构为并联臂式，型号为 3E3D-R600，如图 7-58 所示。FDM 工艺成型材料为丝状热塑性材料，常用的材料种类有 PLA、ABS、尼龙、石蜡等，本实训采用 PLA（聚乳酸）材料，该材料具有无毒、可生物降解等优点。

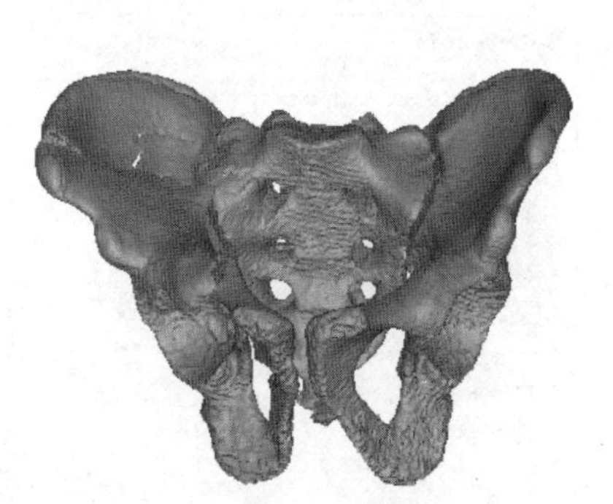

图 7-57 骨盆模型

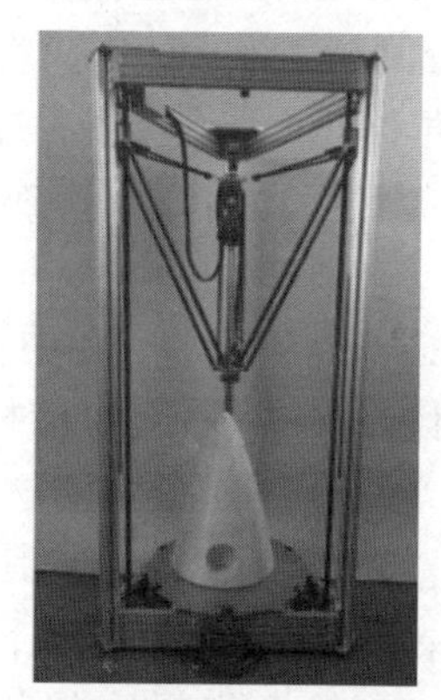

图 7-58 青岛三易三维技术有限公司 FDM 3D 打印设备

7.4.2 逆向建模

本实训利用 Mimics 软件重建一名骨盆骨折患者的病灶模型，并利用 3D 打印技术制造出医学模型。3D 打印医学模型能够为骨盆骨折的诊断、手术方案的规划提供充分、直观的依据，大大缩短手术时间，提高手术的精准性和成功率。骨盆的具体建模过程如下：

1. CT 图像数据导入

将患者骨盆 CT 的 DICOM 图像数据导入 Mimics 软件后，可得到冠状面、矢状面和水平面三个不同视角的断面图像，如图 7-59 所示。

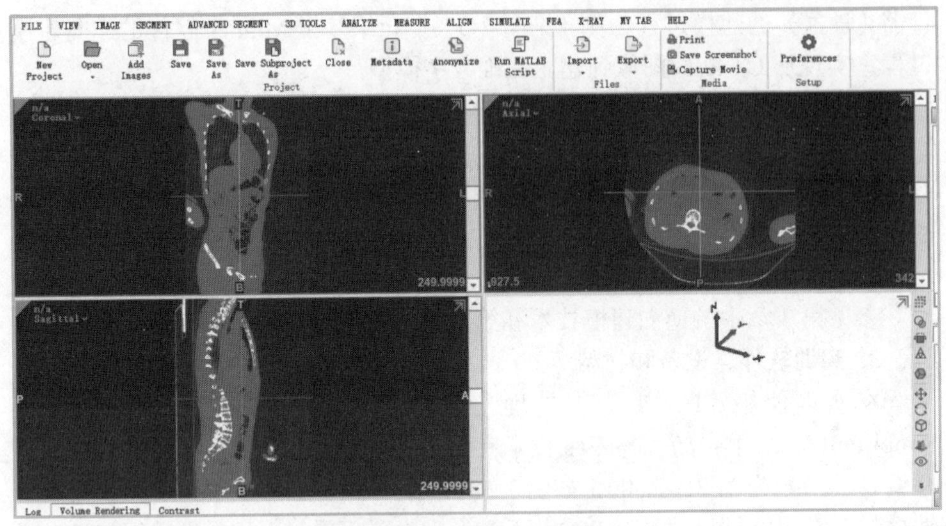

图 7-59　CT 图像数据导入

2. 阈值设定和图像分割

图像分割是三维重建中关键的一步。在 CT 断面图像中，由于不同组织对应的灰度值不同，因此可以通过设置较为准确的灰度阈值来对不同组织进行区分。

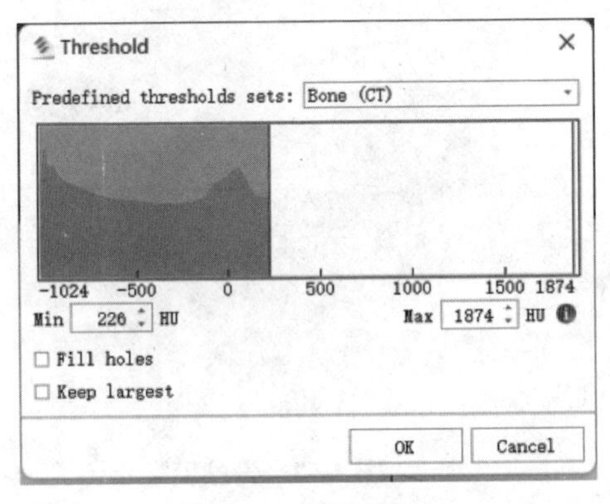

图 7-60　阈值设定

在 SEGMENT 菜单栏中单击"Threshold"命令后弹出对话框（见图 7-60），将灰度阈值类型选择为 Bone，调整冠状面视图（或其他视图）中的绿色框线至刚好覆盖骨盆区域。Mimics 软件会将提取的阈值范围内的像素存入一个蒙版中，同时 Mimics 软件提供一系列的蒙版编辑工具，可以对蒙版进行编辑以添加或删除相应的组织，这些工具包括绘画、擦除、孔洞填充、局部阈值划分、动态区域增长以及布尔运算等，最终提取完成所需的组织结构，如图 7-61 所示。

3. 三维重建

单击"Calculate Part"命令，生成三维模型并以 STL 文件格式输出保存，如图 7-62 所示。重建的三维模型完美再现组织器官的三维立体形态，可以进行 3D 打印、有限元分析、手术规划、导板制作等多种后续操作。

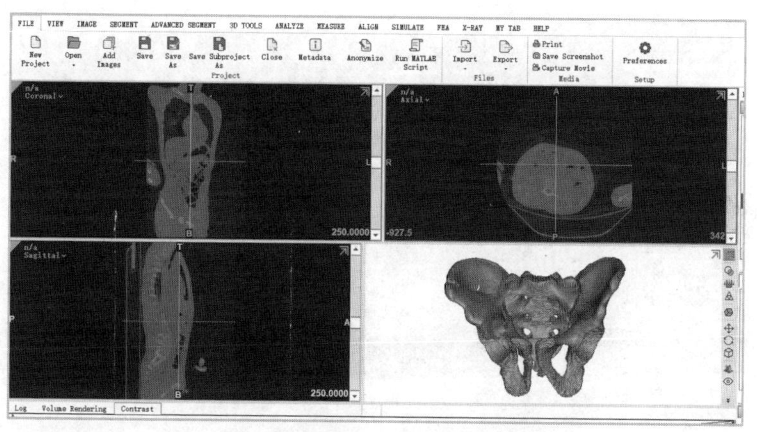

图 7-61　最终提取完成的骨盆组织结构

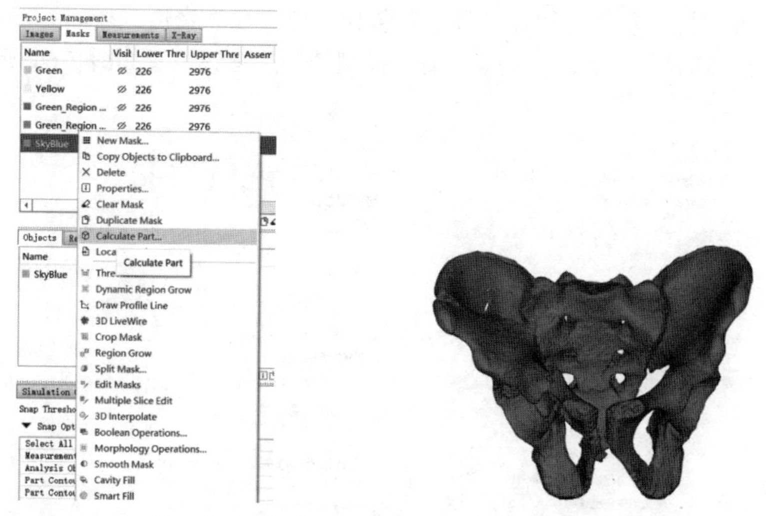

图 7-62　利用 Calculate Part 命令生成三维模型

7.4.3　数据处理

1. STL 文件诊断与修复

由于 STL 文件格式本身的不足以及数据转换过程中易出错等原因，在切片处理前需要通过 Magics 等专业修复软件对 STL 文件进行诊断与修复。

2. STL 文件的切片

1）载入模型并确定模型的摆放位置。将修复无误的 STL 文件导入专业切片软件 Simplify3D，综合考虑模型制作时的各种影响因素，选取确定图 7-63 所示的模型摆放位置。

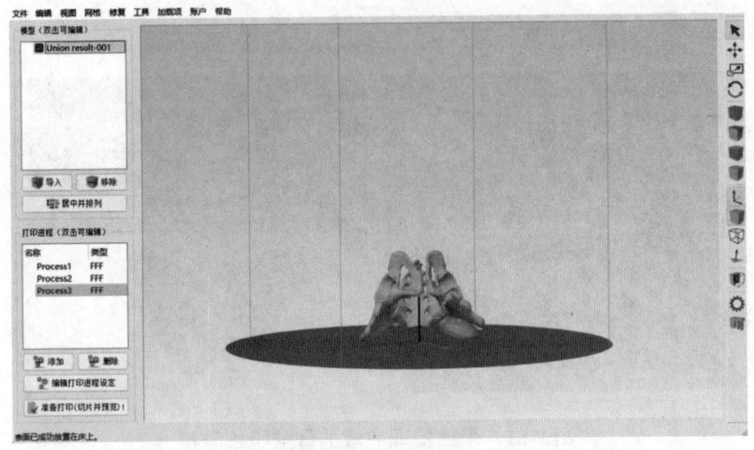

图 7-63　确定模型的摆放位置

2）设定切片参数。切片参数主要包括层厚、填充密度、壁厚、挤出喷嘴温度、支撑临界角、支撑类型等，骨盆模型的切片参数设置如图 7-64 所示。

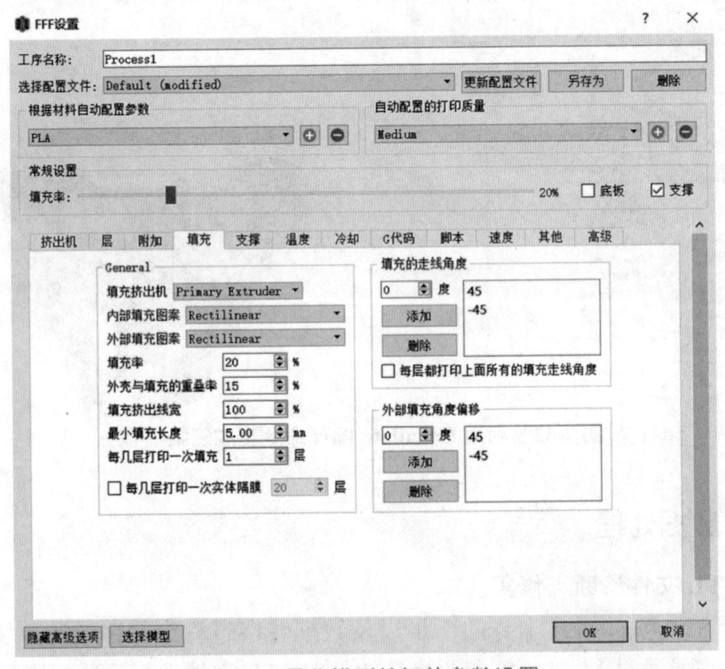

图 7-64　骨盆模型的切片参数设置

3）开始切片。切片参数设定完成后，对模型进行切片。切片完成后得到一个由层片累积起来的模型文件（见图 7-65），将其存储为 gcode 等 3D 打印机能够识别的文件格式。

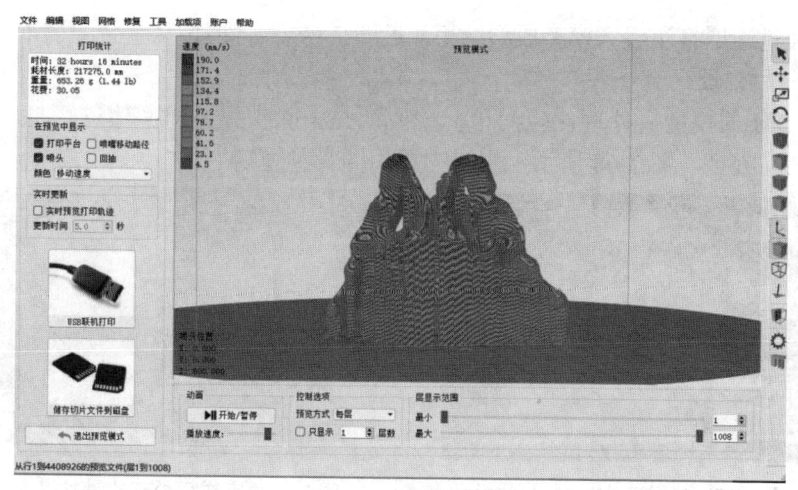

图 7-65　切片处理

7.4.4　成型过程

1. 成型

首先，起动3D打印机，将设备与计算机连接，并载入前处理生成的切片模型；或者，将U盘或SD卡插入3D打印机，打开前处理生成的切片模型。其次，进行开机检查，开机检查是模型打印前十分重要的准备工作，主要包括进料送丝检查、高度校准与平台调平等。最后，单击“开始打印”按钮，成型室进行预热，到设定温度后便自动执行打印模型命令。刚开始时，应注意3D打印机是否正常出料且成功打印第一层模型截面。如果出现打印失败等情况时，应果断取消打印。图7-66所示为正在打印的骨盆模型。

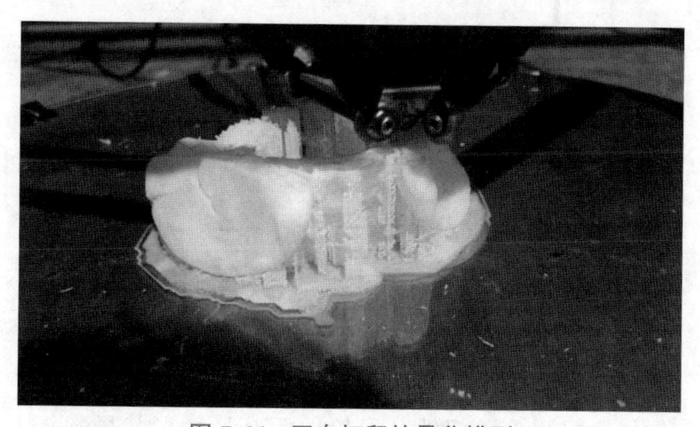

图 7-66　正在打印的骨盆模型

经过逐层打印后，模型成型结束（见图 7-67），将模型从平台上取下。

2. 后处理

FDM 的模型后处理比较简单，主要就是去除支撑并对实体进行打磨、抛光等表面处理。图 7-68 所示为去除支撑后的骨盆模型。

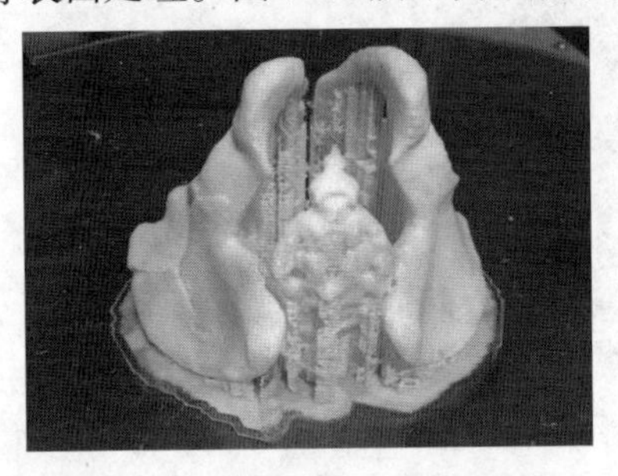

图 7-67 打印完成后的骨盆模型

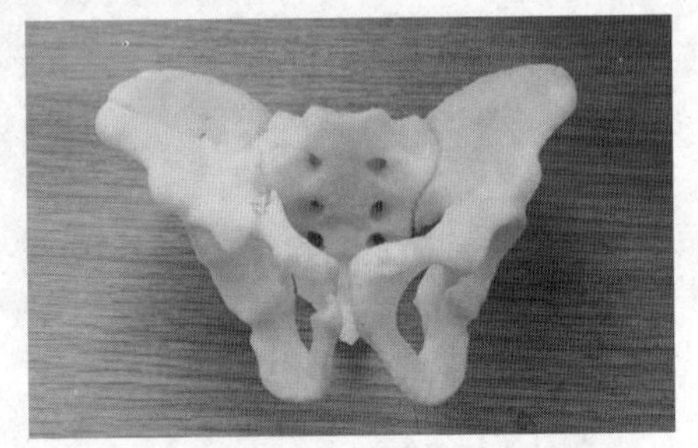

图 7-68 完成后处理的骨盆模型

7.5 SLM 及逆向建模（三维扫描仪）实例：涡轮增压叶片

7.5.1 实训目的与准备

1. 实训目的

1）学习逆向建模技术（三维扫描仪）的基本原理和方法。掌握三维扫描仪系统的基本操作方法，以涡轮增压叶片的建模过程为例，介绍基于三维扫描仪的逆向建模过程，实现从工业产品实物到建立三维数字模型，如图 7-69 所示。

图 7-69 涡轮增压叶片实物及三维扫描仪

2）作为动力机械的关键部件，涡轮增压叶片的形状异常复杂，其成型技术一直是工业制造领域的一个重要课题。采用 SLM 工艺成型涡轮增压叶片模型，掌握 SLM 工业级成型设备的构造、工作原理及使用方法，体会 3D 打印技术自由成型的独特优势及其与传统制造方法的不同。

3）了解逆向建模结合 3D 打印技术应用于工业制造领域，在加快新产品研发、消化吸收先进技术等方面的显著优势。

2. 实训原理

参见第 3 章逆向建模技术和第 2 章 SLM 技术的相关内容。

3. 实训软件、设备和材料

本实训选用先临三维科技股份公司的 Autoscan Inspec 全自动多功能三维扫描仪以及扫描软件 UltraScan，如图 7-69 所示。AutoScan Inspec 将快速精准的三维扫描测量和功能齐全的三维全尺寸检测进行结合，专注于小尺寸精密工件的扫描，广泛应用于逆向设计、产品质量检测等工业领域。

采用华曙高科工业级 SLM 金属成型设备，型号为 FS121M，如图 7-70 所示。成型材料选用 FS316L 不锈钢粉末，与其他金属材料相比，FS316L 的优点是制件具有良好的耐蚀性能、耐高温氧化性能和焊接性能，而且表面质量好、强度高。

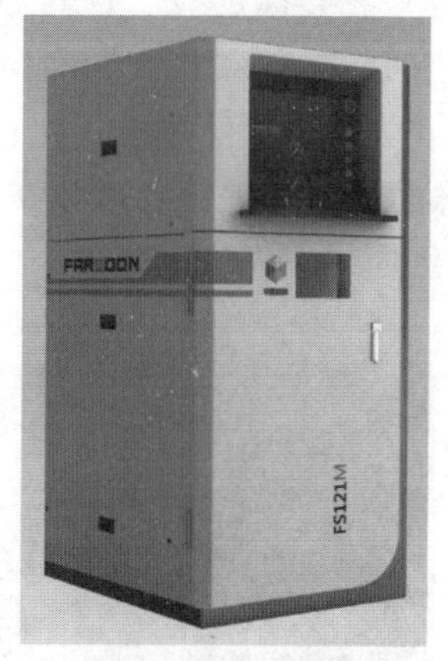

图 7-70　华曙高科工业级 SLM 3D 打印设备

7.5.2　逆向建模

一般来说，基于三维扫描仪的逆向建模可以分为扫描样件预处理、系统标定、扫描、点云处理等步骤，具体介绍如下：

1. 扫描样件预处理

1）表面进行喷粉处理。对于暗黑色、高反光、透光等材质，需要对扫描样件的表面进行喷粉处理，即在物体表面喷上薄薄的一层显像剂，这样做的目的是为了减少透明层或反光材料的干扰，更好地扫描出物体的三维特征，保证扫描数据的准确性。

2）贴标记点。为确保扫描数据能够进行准确的拼接，在三维扫描之前需要在扫描样件上贴标记点，如图 7-71 所示。要根据扫描样件的大小选择合适的标记点尺寸。除了标记点拼接这一最常用的数据拼接方式，其他的拼接方式还包括特征拼接、纹理拼接、转轴拼接等。

在本实训中，由于扫描样件不是暗黑色、高反光、透光等材质，而且采用的 Autoscan Inspec 三维扫描仪是利用转轴进行拼接，因此不需要对样件进行表面喷粉和贴标记点的预处理工作。

图 7-71　在扫描样件上贴标记点

2. 系统标定

系统标定本质上是设备的校准过程，以确保设备能够进行精准的数据扫描和拼接。如果未进行系统标定，打开软件后会提示“未标定”，则无法进行后续的扫描工作。

系统标定的操作方法如下：

1）装夹标定板。打开 UltraScan 扫描软件，进入“标定”界面，如图 7-72 所示。首先选择所使用的标定板序列号文件（标定板序列号信息记录在标定板背面），然后按照提示要求依次将垫块、标定板放置在扫描仪底盘上，注意要保持标定面干净完整。

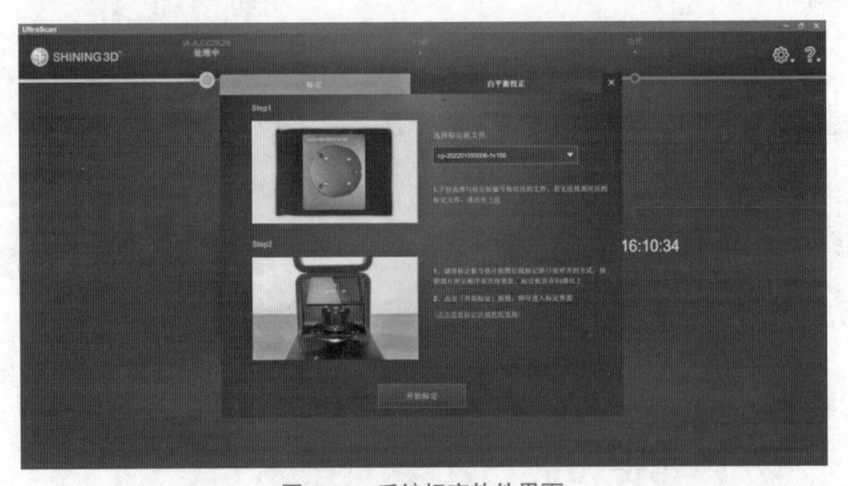

图 7-72　系统标定软件界面

2）开始标定。单击“开始标定”按钮，设备开始进行自动标定（见图 7-73），当标定结束时，软件会显示“标定成功”，则整个标定过程完成。

需要指出的是，系统标定不是每次进行扫描之前都必须要执行的操作，只有初次使用扫描仪、运输过程中发生过严重的振动及扫描过程中出现“拼接错误”“拼接失败”或者“数据不完整”等错误提示时才需要进行。

图 7-73　系统标定过程

3. 扫描

1）装夹扫描样件。将扫描样件通过设备自带的通孔夹具固定在扫描平台上，如图 7-74 所示。

图 7-74　将扫描样件装夹到平台上

2）新建扫描文件。在 UItraScan 软件中单击“新建工程”，弹出“新建工程”对话框（见图 7-75），填写扫描文件名称，并选择相应参数。本实训选择“单件”扫描模式，选择“关闭”扫描纹理，并设置保存路径，然后单击“确定”。

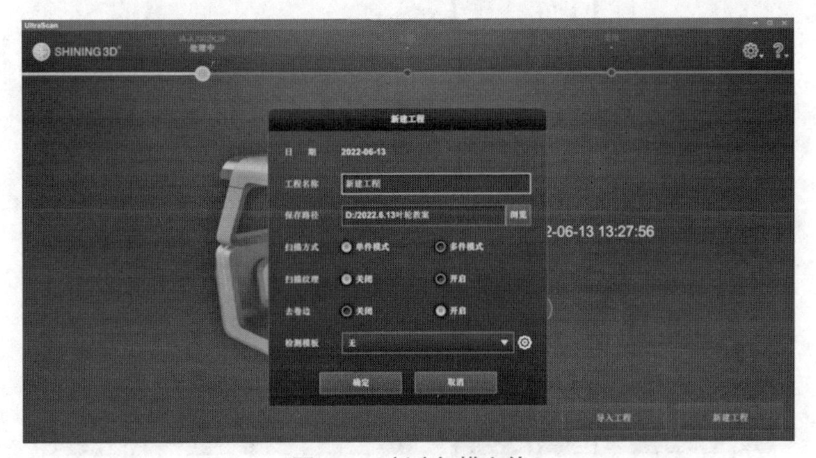

图 7-75　新建扫描文件

3）开始扫描。调整亮度，使扫描样件表面清晰明亮，单击“开始扫描”按钮，即可开始扫描，如图 7-76a 所示。

为了对扫描样件从不同角度进行全方位的扫描，需要在正面扫描结束后，将样件取下来，翻转后固定在扫描平台上，单击“翻转扫描”按钮，对翻转面进行扫描，如图 7-76b 所示。

a) 正面扫描

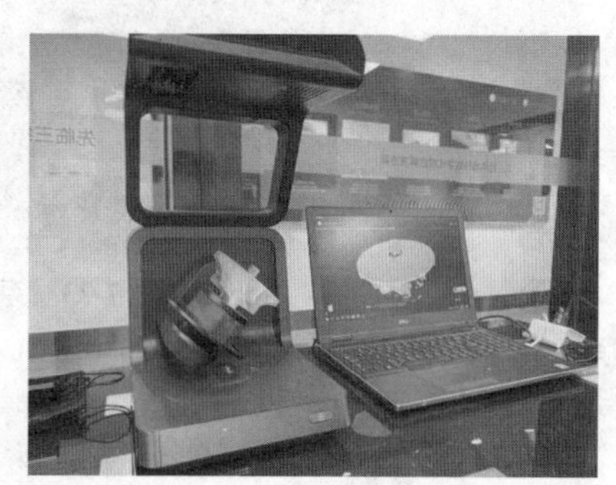

b) 翻转扫描

图 7-76　扫描过程

4. 点云处理

1）点云数据拼接。目前市面上主流的三维扫描仪均能够对扫描得到的点云数据进行自动拼接，生成物体的三维点云模型，通常还需要进行去除噪点、填补空洞和光顺处理等操作。

在本实训中，待整个扫描过程完成后，单击“拼接”命令，系统会自动对两次扫描得到的点云数据进行拼接，并显示合并后的点云模型效果，如图 7-77 所示。通过模型预览可以评估自动拼接的效果是否正确，否则可选择手动拼接方式。

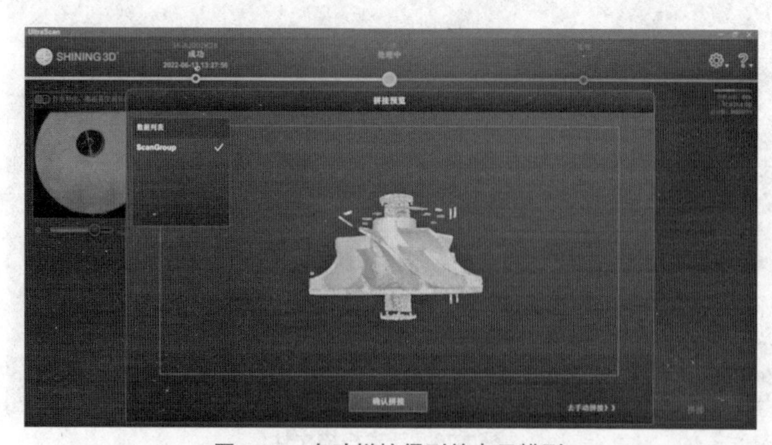

图 7-77　自动拼接得到的点云模型

2）网格化。单击“数据处理”命令，将点云数据进行网格化，即自动将点云数据转换成 STL 等通用格式的三维网格模型，如图 7-78 所示。

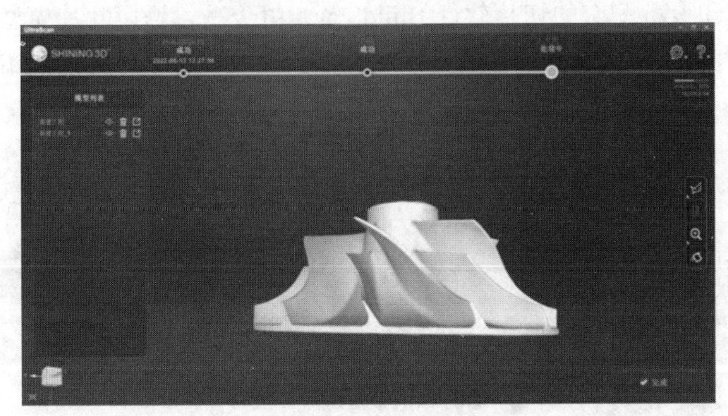

图 7-78　将点云数据转换成三维网格模型

7.5.3　数据处理

1. STL 文件诊断与修复

3D 打印制造工艺对 STL 文件的正确性和合理性有较高的要求，主要是保证 STL 模型无裂缝、孔洞，无悬面、重叠面和相交面等，以免分层后出现不封闭的环和歧义现象。可以通过 Magics 等专业修复软件对逆向建模得到的 STL 文件进行质量诊断与修复，如图 7-79 所示。

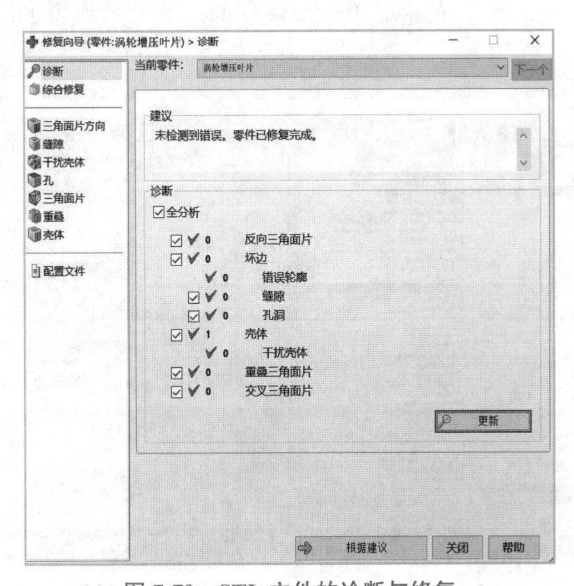

图 7-79　STL 文件的诊断与修复

2. STL 文件的切片

1）载入模型并确定模型的摆放位置。将修复无误的 STL 文件导入华曙高科 SLM 打印设备配套的切片软件 BuildStar，由于涡轮增压叶片模型有圆孔结构，应竖直摆放以保证其圆柱度，因此选取图 7-80 所示的模型摆放位置。

图 7-80 确定模型的摆放位置

2）设定切片参数。对 SLM 成型工艺，其切片参数主要包括激光功率、层厚、扫描速度、扫描间距、扫描方式等，其中层厚是影响模型表面质量及制作时间的最重要参数之一。涡轮增压叶片模型的切片参数设置如图 7-81 所示。

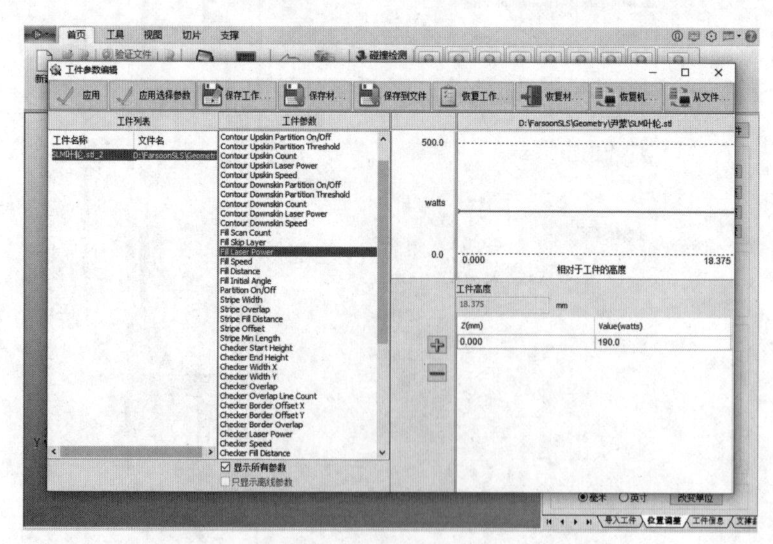

图 7-81 涡轮增压叶片模型的切片参数设置

3）开始切片。切片参数设定完成后，对模型进行切片。切片完成后得到一个由层片累积起来的模型文件（见图 7-82），将其存储为 SLM 3D 打印设备能够识别的 bpf 切片格式。

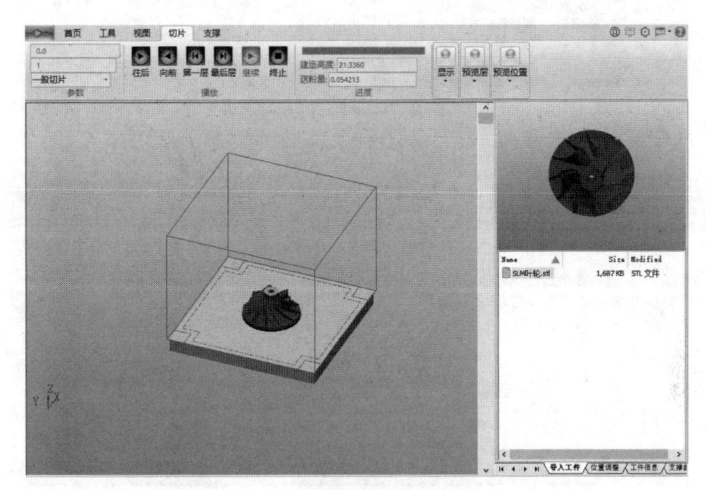

图 7-82　切片处理

7.5.4　成型过程

1. 成型

1）打开华曙高科 SLM 打印设备控制系统 MakeStar，单击“手动”命令进行打印前的准备工作，如图 7-83 所示。

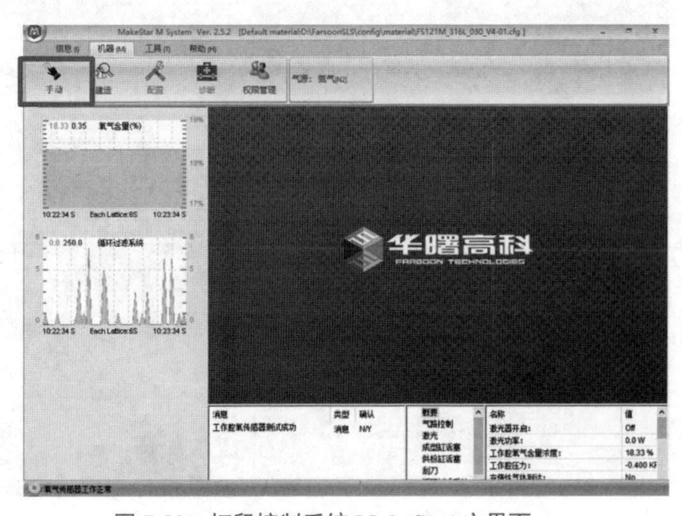

图 7-83　打印控制系统 MakeStar 主界面

2）进入“手动”操作界面后，单击“运动”命令，分别将供粉缸、成型缸和刮刀移动至正确位置，如图 7-84 所示。

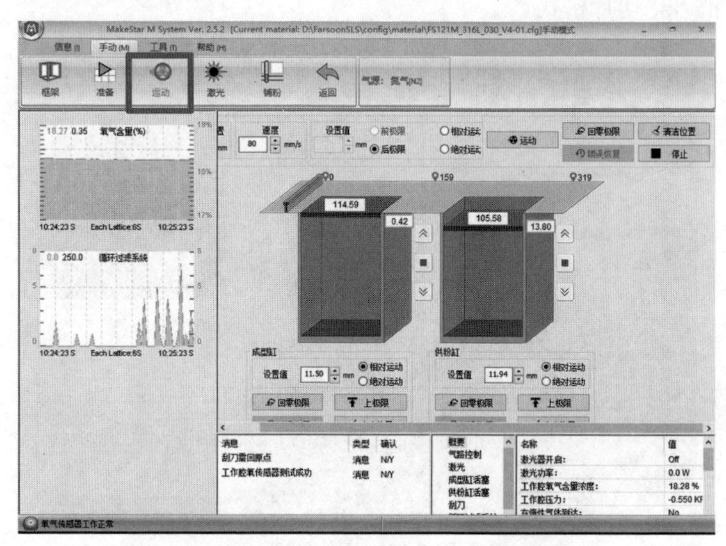

图 7-84　将供粉缸、成型缸和刮刀移动至正确位置

3）单击“准备”命令进入操作界面，进行成型气氛设置，如图 7-85 所示。设定氧气含量比例（例如氧气含量设置为 0.35%）以最大限度地减小金属粉末的氧化，并勾选“使能”选项开始充氮，充氮过程结束后，单击“返回”命令回到主界面。

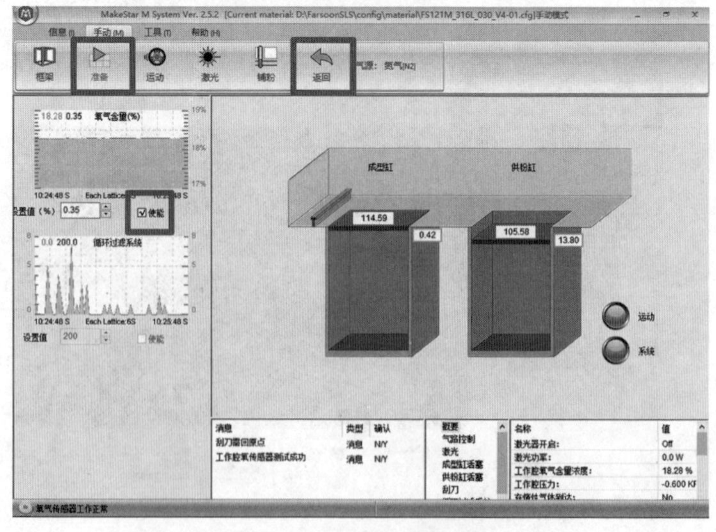

图 7-85　进行成型气氛设置

4）在主界面单击“建造”命令，进入如图 7-86 所示的操作界面。将涡轮增压叶片模型切片文件导入后，单击“开始”命令，开始打印。

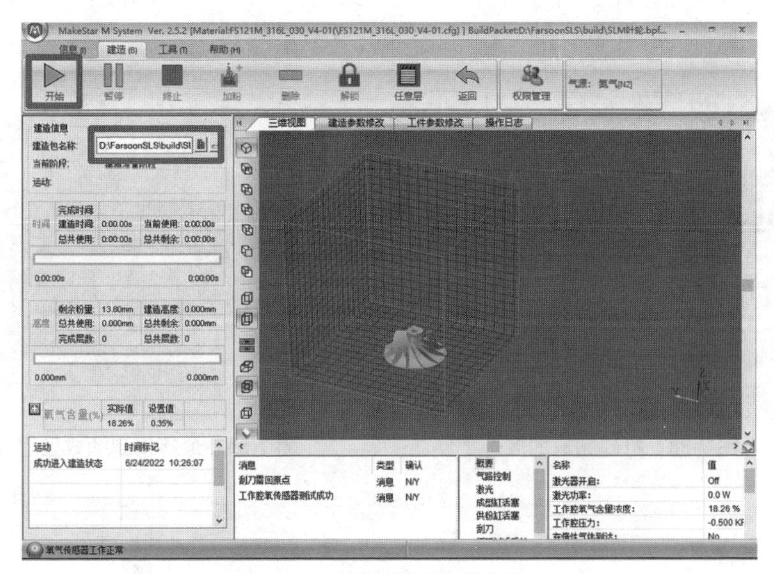

图 7-86　导入模型开始打印

具体打印过程如下：首先，刮刀将金属粉末平铺到成型室的基板上，激光束将按当前层的轮廓信息选择性地熔化基板上的粉末，加工出当前层的轮廓；然后，可升降系统下降一个层厚的距离，刮刀再在已加工好的当前层上铺设金属粉末，设备调入下一图层进行加工；如此循环往复，直到整个零件加工完毕。整个加工过程在抽真空或通有气体保护的成型室中进行，以避免金属在高温下与其他气体发生反应。成型室内的打印过程如图 7-87 所示。

图 7-87　成型室内的打印过程

2. 后处理

SLM 工艺的后处理主要包括清理粉末、去除支撑、抛光、热处理等。首先，成型完成后，将掩埋在粉末中的成型零件和基板取出并将附着的粉末清除干净，如图 7-88 所示。其次，利用线切割设备，将成型零件与基板分离，去除支撑材料并对零件表面进行打磨抛光。最后，可通过退火等热处理消除成型件的残余应力。图 7-89 所示为最终得到的成型零件。

图 7-88　打印完成的成型零件

图 7-89　最终得到的成型零件